EXCAVACIONES BAJO EL NIVEL FREÁTICO. SOLUCIONES CONSTRUCTIVAS

Cosimo **IASIELLO GALASSO**

Juan Carlos **GUERRA TORRALBO**

BELLISCO
Ediciones Técnicas y Científicas

MADRID 2024

1ª Edición 2024

© *Cosimo Iasiello Galasso - Juan Carlos Guerra Torralbo*
© *BELLISCO. Ediciones Técnicas y Científicas*
  Cebreros 152. Local Posterior
  28011 MADRID

  Teléfono: **91 464 18 02**
  Correo Electrónico: **información@belliscovirtual.com**

 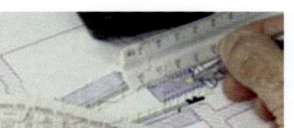

Librería Técnica online en: **www.belliscovirtual.com**

PEDIDOS:

1. **En web (www.belliscovirtual.com)**
2. **Por Teléfono: 91 464 18 02 o Fax: 91 464 18 28**
3. **Correo Electrónico: pedidos@belliscovirtual.com**
4. **En su Librería habitual**

Impreso en España

Printed in Spain

ISBN: 978-84-129283-1-0

Depósito Legal: M-26983-2024

IMPRESO POR: TORCULO

Imagen cubierta: "Estación Marítima Puerto de Denia" (Alicante)
Autor: Juan Carlos Guerra (octubre, 2008)

Índice

Índice de Figuras

Índice de Tablas

A nuestro querido compañero y amigo:

Guillermo Martínez Ruiz (D.E.P.)
Director Técnico de Ingeniería del Terreno y Obras Subterráneas
Ayesa Ingeniería, S.A.

1. CONCEPTOS BÁSICOS DE HIDRÁULICA EN LOS MEDIOS POROSOS

1.1 Introducción

El agua subterránea, generalmente, se divide en dos tipos principales: agua freática o humedad del suelo en el zona no saturada y agua subterránea en la zona saturada. Esta división se realiza principalmente debido a las diferencias en la física del flujo de agua en la zona saturada con respecto a la zona no saturada. Estas diferencias se discutirán más adelante en este capítulo. Tal y como siguiere la AITES-ITA [3], la herramienta más importante desarrollada en los últimos años para el estudio del agua subterránea en los medios porosos ha sido la evolución de los programas informáticos. Efectivamente, los modelos numéricos del flujo de aguas subterráneas se han convertido en un análisis fundamental del movimiento del agua subterránea en medios porosos y resultan habituales en los estudios de aguas subterráneas que se realicen con un cierto rigor.

La calidad y cantidad de los datos en la evaluación cuantitativa de las propiedades del agua subterránea son directamente dependientes de la heterogeneidad de la mayoría de las formaciones geológicas, sus propiedades hidráulicas y la dificultad y el coste de perforar (sondeos de investigación, pozos de bombeo, etc.) para obtener datos más fiables del terreno. Consecuencia del reciente advenimiento de los métodos estocásticos para el análisis de los datos hidrogeológicos, ahora hay mejores formas de interpolar, extrapolar y predecir tendencias en los parámetros hidráulicos del agua en el terreno.

A pesar de los avances de la Ciencia, tanto teóricos como técnicos, todavía hay un hecho primordial en Hidrogeología: las ecuaciones de flujo y transporte son muy diferentes en la naturaleza respecto al enfoque matemático y requieren condiciones de contorno para su solución completa.

Las ecuaciones diferenciales parciales del flujo o transporte de agua subterránea dependen directamente de la precisión de las condiciones de contorno utilizadas. Las condiciones de contorno son de naturaleza geológica y son tan precisas como el conocimiento de la geología del área que se investiga.

Las interpretaciones de las predicciones de los modelos matemáticos de flujos de agua en el terreno solo pueden hacerse después de una comprensión profunda de la geología asociada al modelo. No obstante, con frecuencia es difícil obtener una precisión elevada en la búsqueda de valores de los parámetros geotécnicos y, por ende, hidráulicos asociados a los acuíferos en el terreno.

Existen variaciones en la estructura geológica que, en ocasiones, son demasiado pequeñas para ser detectadas pero que, obviamente, afectan la conductividad hidráulica en una escala significativa. Incluso en sistemas bastante homogéneos, este problema puede dificultar los objetivos buscados por los analistas de los modelos matemáticos de cálculo de flujos, y se necesita mucha más investigación "in situ" del terreno.

Quizás el área más importante de la investigación de aguas subterráneas en la actualidad es la búsqueda de nuevos y mejores métodos para adquirir, cuantificar y utilizar adecuadamente unos buenos datos hidrogeológicos del subsuelo con un mínimo gasto de tiempo y dinero.

1.2 Propiedades hidráulicas de los terrenos

En este párrafo vamos a describir las propiedades hidráulicas más importantes del terreno. En literatura técnica se encuentran otras propiedades fundamentales véase, por ejemplo, en Bouwer [19].

1.2.1 Porosidad

La porosidad (n) se define como el volumen de los poros de una muestra de roca o suelo (V_p) dividido por el volumen total (V_t) de ambos poros y material sólido. Es decir,

$$n = \frac{V_p}{V_t}$$

$(1-1)$

Cuando una roca se forma por precipitación, enfriamiento de una fusión ígnea, por desprendimiento de sedimentos, o cuando un suelo se forma por primera vez por la meteorización de materiales rocosos y, a lo mejor, posterior acción biológica, la nueva entidad contendrá una cierta porosidad inherente conocida como porosidad primaria. Esta porosidad puede reducirse con el paso del tiempo mediante la cementación de los precipitados del agua subterránea circulante, o por la compactación que acompaña a la deposición de sedimentos de edad geológica posterior. Sin embargo, fracturas o cavidades de disolución formadas en la roca, o los tubos radiculares y las madrigueras de animales en los suelos pueden formarse más tarde y se conocen como porosidad secundaria.

Por lo tanto, la porosidad total de una muestra será la suma de las porosidades primaria y secundaria, antes citadas. La porosidad de una muestra consolidada se puede determinar simplemente cortando primero la muestra a una dimensión conocida como un cilindro o cubo y medir el volumen total. A continuación, la muestra se sumerge en un volumen conocido de agua y se deja saturar. Después de la saturación, el volumen de agua desplazado será el volumen de sólidos en la muestra. El volumen de vacíos es simplemente la diferencia entre el volumen total y el volumen de sólidos y la porosidad pueden calcularse mediante la fórmula anterior (1-1).

1.2.2 Humedad

El Contenido de humedad (Φ) puede medirse y describirse gravimétrica o volumétricamente. Gravimétricamente, la ecuación es la siguiente:

$$\Phi = \frac{W_w}{W_t} \qquad (1\text{-}2)$$

donde W_w es el peso del agua contenida en una muestra y W_t es el peso total de los sólidos y del agua en la muestra. Esta definición, aunque útil para algunos propósitos, pero no indica el grado de saturación de la roca o el suelo. Es por ello que la definición volumétrica siguiente es de uso más extendido:

$$\Phi = \frac{V_w}{V_t} \qquad (1\text{-}3)$$

donde,

V_w = volumen de agua en la muestra.
V_t = el volumen total de agua y sólidos.

Estrechamente relacionada con esta expresión, está la relación de saturación, que es el volumen de agua contenida dividido por el volumen de huecos, y el grado de saturación, o índice de saturación, que es la relación de saturación multiplicada por 100, $(V_w/V_v)\times100$.

Si la relación de saturación es inferior a la unidad, o el grado de saturación es inferior al 100%, la muestra es no saturada y los poros se llenan parcialmente con aire.

El contenido de humedad gravimétrico se puede determinar pesando una muestra para obtener el peso total y luego secarlo en un horno para expulsar la humedad. La muestra seca se pesa para obtener el peso de los sólidos y la diferencia es el peso del agua contenida en la muestra.

1.2.3 Capilaridad

Las fuerzas capilares juegan un papel importante en el movimiento del agua a través de materiales no saturados. El agua es atraída por los granos sólidos del suelo por adhesión.

El fenómeno de la ascensión capilar puede demostrarse sumergiendo en agua la parte inferior de un tubo de vidrio de diámetro muy pequeño, que recibe el nombre de tubo capilar. Al ponerlo en contacto con el agua, por ser la atracción entre el agua y el vidrio superior a la existente entre las moléculas de agua, el agua asciende dentro del tubo hasta una altura "hc" por encima del nivel del agua libre. Esta altura "hc", se denomina altura de ascensión capilar.

$$h_c = \frac{2\,\sigma\cos\alpha}{\gamma_w r} \qquad (1\text{-}4)$$

Bouwer, en las referencias [18] y [19], desarrollaron la siguiente ecuación para estimar la altura de ascensión capilar en suelos:

$$h_c = \left(\frac{2.2}{d_h}\right)\left[\frac{1-n}{n}\right]^{2/3} \qquad (1\text{-}5)$$

donde,

d_h = diámetro medio del (en milímetros).
n = es la porosidad.

El incremento capilar en las gravas gruesas, por ejemplo, puede ser de tan solo unos pocos milímetros, pero en las arcillas puede ser de hasta tres o cuatro metros (véase los estudios de [4] y [5]).

Dentro del tubo capilar, sucede que, la superficie superior del agua toma la forma de una superficie cóncava por arriba, llamada "menisco", que se une con las paredes del tubo formando con el mismo un ángulo "α" determinado. Este valor dependerá del material del tubo y de las impurezas que cubran la pared de este. Así, en el caso de tubos de vidrio con paredes limpias, dicho ángulo toma valor nulo y el agua asciende hasta la máxima altura posible.

Esta ascensión capilar del agua se debe a la tensión superficial o fuerza de atracción molecular que se desarrolla en la interfase o en la superficie entre los materiales de diferentes estados físicos (líquido/gas, sólido/líquido).

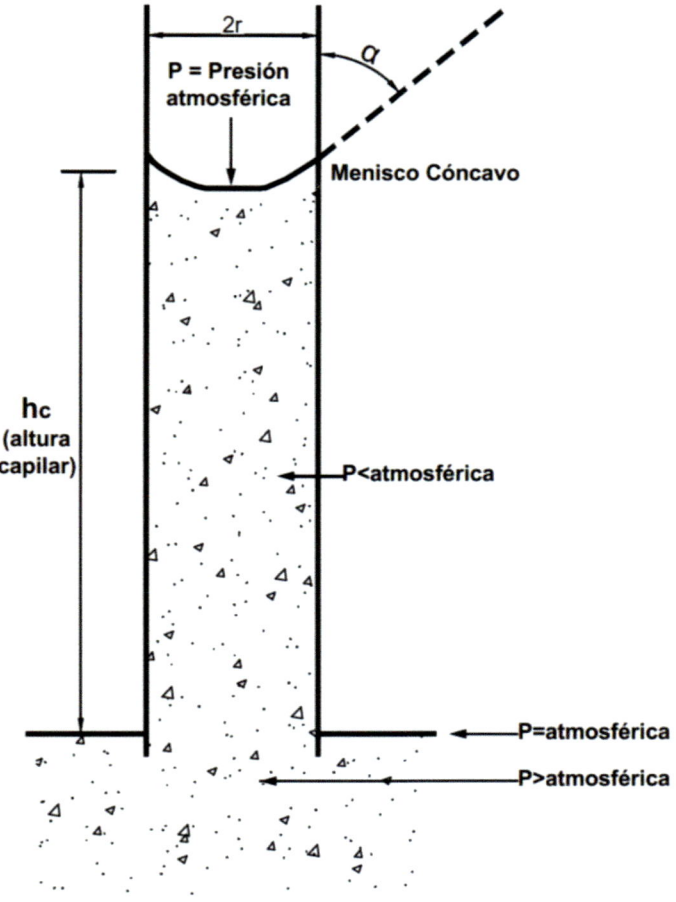

Figura 1-1 Significado físico de la capilaridad

A diferencia de lo que ocurre en el laboratorio con los tubos capilares, los huecos de los suelos y de la mayoría de los materiales porosos tienen un ancho variable y se comunican entre sí formando una especie de enrejado. Si este enrejado se comunica con el agua en su parte inferior, ésta se satura completamente. En la parte superior, el agua ocupa sólo los huecos más pequeños, pues los huecos mayores permanecen llenos de aire.

1.2.4 Fuerzas electrostáticas de atracción y estados del agua en los poros

La capilaridad es causada por una combinación de dos fuerzas: (1) atracción molecular, que es responsable del agua adherida a las superficies de partículas de suelo o roca, y (2) tensión superficial, que se debe a la cohesión del agua entre moléculas cuando el agua está expuesta al aire. En sistemas saturados, la primera fuerza es equilibrada en todas las direcciones, así como la tensión superficial también está equilibrada. Una roca o tierra no saturada, sin embargo, si se deja drenar bajo la fuerza de la gravedad no perderá toda su agua, por este medio (Figura 1-2).

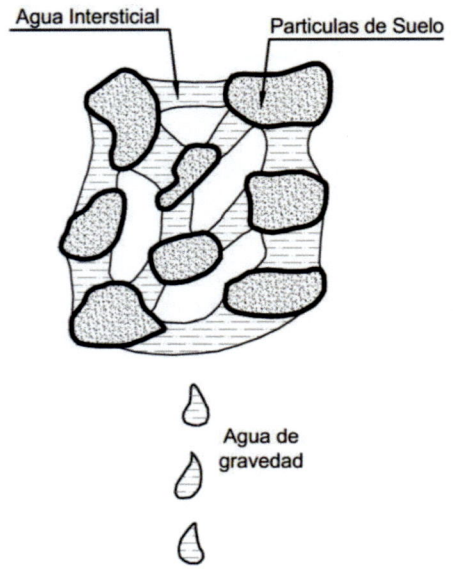

Figura 1-2 Drenaje de un medio poroso

En cambio, estas fuerzas mantendrán un poco de agua dentro de los poros. El agua drenada se conoce como agua gravitacional y el agua retenida como agua capilar, así como definido por Batu [6]. La literatura técnica se refiere a este última como agua pelicular/ agua adsorbida. El agua capilar o pelicular permanecerá en los poros, a menos que esté sujeta a tensiones adicionales como la centrifugación en el laboratorio o calor excesivo como durante un período particularmente caluroso.

1.2.5 Compresibilidad del agua

El agua, al ser un flujo Newtoniano, es solo muy ligeramente compresible. En condiciones de temperatura y masa constantes, véase la referencia   se define la compresibilidad isotérmica del agua como:

$$\beta_w = \frac{1}{K_w} = -\left(\frac{1}{V_w}\right)\left(\frac{\partial V_w}{\partial P}\right) \qquad (1\text{-}6)$$

donde β_w es la compresibilidad del fluido en unidades de presión recíproca, K_w es el módulo de compresión a granel para el agua, V_w es el volumen total de agua y P es la presión. A 25 ° C, el agua subterránea posee un βw de 4.8×10^{-10} m^2/N.

1.2.6 Compresibilidad de materiales de tierra

La compresibilidad de las rocas y el suelo que contienen agua en algún punto interno se ve afectada tanto para las tensiones internas como para la presión del agua dentro de los poros. La ecuación de equilibrio de tensiones es la siguiente:

$$\sigma_t = \sigma_e + P_p \qquad (1\text{-}7)$$

donde σ_t es el esfuerzo vertical total que actúa hacia abajo en el punto de interés e incluye la presión del suelo o roca suprayacente y su agua contenida, así como la de edificios, árboles, etc., en la superficie. El esfuerzo efectivo o el estrés resistente del esqueleto de los granos sólidos, es decir, la matriz, es σ_e, y P_p es la presión de agua en los poros. La Figura 1-3 ilustra esta relación.

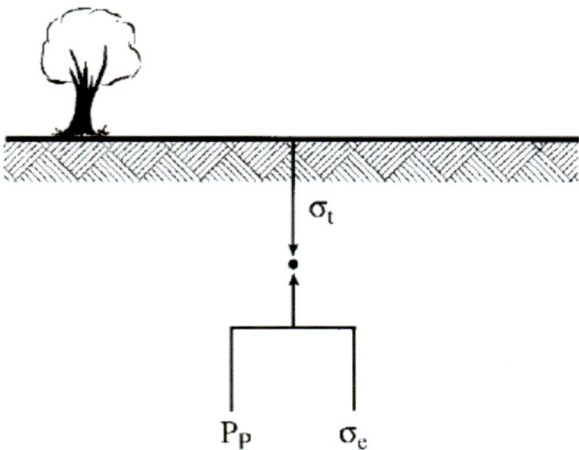

Figura 1-3 Diagrama de equilibrio de tensiones

Cualquier aumento en la tensión vertical total debe equilibrarse con el mismo aumento en el lado derecho de la ecuación; esto ocurre cuando la profundidad aumenta porque la tensión vertical total aumenta naturalmente con la profundidad. Si se bombea un pozo, la extracción de agua disminuirá repentinamente la presión de poro y la porosidad con un aumento concomitante en el esfuerzo efectivo ejercido por la matriz. Como resultado, la matriz se comprimirá. Si se inyecta agua en el pozo, ocurre lo contrario. Tal expansión y compresión de la matriz, a temperatura constante y suponiendo los granos incompresibles, se pueden cuantificar como se muestra en [7]:

$$\beta_b = \frac{1}{K_b} \qquad (1\text{-}8)$$

donde β_b es la compresibilidad de la matriz de masa en unidades del recíproco de presión, K_b es la masa de roca módulo de compresión, β_p es la compresibilidad vertical, H_p es un módulo de compresión vertical relacionado solo para poros, V_b es el volumen a granel y V_p es el volumen de poros.

1.2.7 Altura hidráulica

La altura hidráulica en un punto de un sistema de agua subterránea definida en la ecuación siguiente:

$$h = Z + \frac{P}{\rho g} \qquad (1\text{-}9)$$

donde Z es la altura de elevación o la distancia del punto de referencia sobre un plano de referencia (normalmente significa nivel del mar), P es la presión del fluido en el punto ejercido por la columna de agua sobre el punto, y ρg es el peso específico de agua, γ, o más simplemente establecido. En la Figura 1-4 se recoge la altura hidráulica.

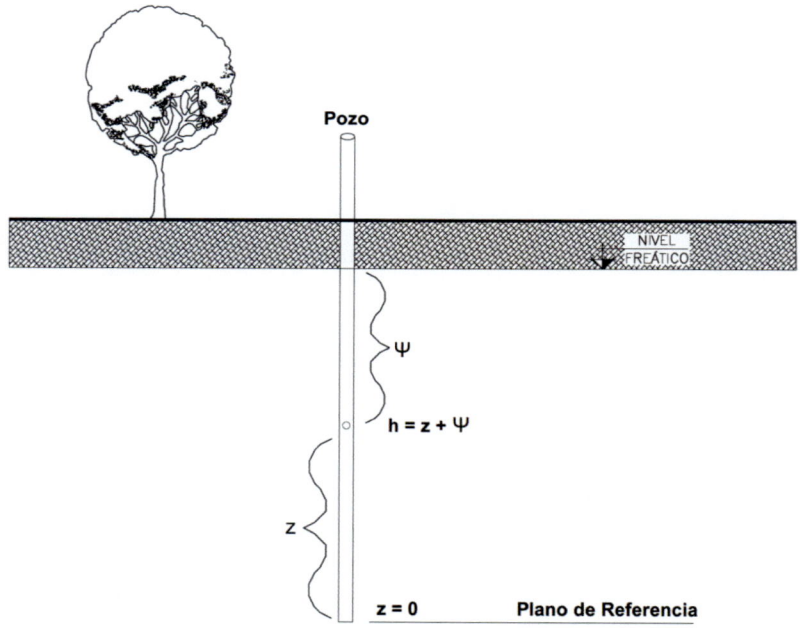

Figura 1-4 Altura hidráulica

Por lo tanto, la altura hidráulica tiene la dimensión de longitud que lo hace conveniente para cálculos basados en la elevación del agua sobre el nivel del mar, el dato cero generalmente aceptado. Se puede demostrar, a menudo para sorpresa de los incrédulos, que el agua puede fluir desde una región de baja presión a una región de mayor presión si la altura total en el punto inicial es mayor que en el punto final.

1.2.8 Permeabilidad intrínseca

Existen varias propiedades básicas tanto de los medios porosos como de los fluidos que determinarán la facilidad con la que el medio transmitirá un fluido. La más fundamental de todas estas propiedades se conoce como permeabilidad intrínseca, k. Es simplemente una función del tamaño de poro promedio y está relacionada con esta propiedad de la siguiente manera:

$$k = Cd^2 \qquad (1\text{-}10)$$

donde d es el diámetro promedio de poro, y C es constante adimensional relacionada con la configuración del fluido. La permeabilidad intrínseca es estrictamente una función del medio y no tiene nada que ver con la temperatura, presión o propiedades del fluido de un fluido particular que pasa a través del medio.

1.2.9 Viscosidad

La resistencia de un fluido que fluye al cizallamiento se conoce como viscosidad dinámica. La Figura 1-5 muestra este concepto y la relación matemática detrás de ello.

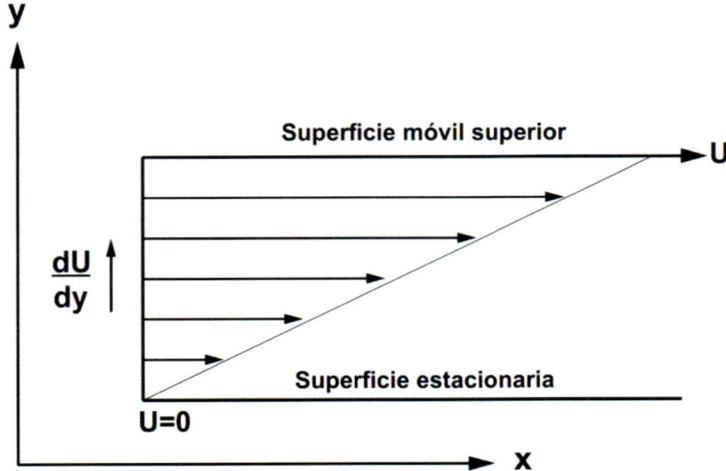

Figura 1-5 Esquema de la viscosidad dinámica. Resistencia de un fluido al cizallamiento

Es importante subrayar que un líquido llena el espacio entre dos superficies, la superficie inferior es estacionaria (para U=0) y la superior se mueve unidireccionalmente a una velocidad, U. El líquido está experimentando un flujo laminar y, por lo tanto, hay un cambio lineal de velocidad hacia arriba desde cero en la superficie inferior a U en la superficie superior. La tasa de cambio de velocidad con dirección vertical es entonces dU / dy que también se llama la tasa vertical de tensión. Esto es debido al esfuerzo cortante, τ, que es:

$$\tau = \frac{F}{A} \qquad (1\text{-}11)$$

donde F es la fuerza aplicada sobre la placa a la velocidad, U y A es el área de superficie superior. De la figura anterior se extrae que:

$$\tau \simeq \frac{dU}{dy} \qquad (1\text{-}12)$$

y

$$\mu = \frac{\tau}{(\frac{dU}{dy})} \qquad (1\text{-}13)$$

donde la constante μ, se conoce como la viscosidad dinámica. Es específico para el fluido y la temperatura y, generalmente, disminuye con el aumento de la temperatura. La viscosidad dinámica tiene las unidades de $[FT/L^2]$.

La unidad de medida de la viscosidad es el centipoise (0.001 Ns /m^2) y, por ejemplo, a 15 ° C, el agua posee una viscosidad dinámica de 0.011404 poise, o 1.1404×10^{-3} Ns/m^2, o aproximadamente uno centipoise En contraste, la viscosidad dinámica del manto de la tierra se estima en 1023 centipoise. La viscosidad dinámica no debe confundirse con la viscosidad cinemática, v, que es la viscosidad dinámica dividida por la densidad de fluido,

$$\upsilon = \frac{\mu}{\rho} \qquad (1\text{-}14)$$

La viscosidad cinemática tiene las unidades de L^2/T y se mide en Stoke, que tiene las unidades de cm^2/s, pero el centistoke (0.01 cm^2/s) es una unidad más habitual en el campo de la ingeniería civil. El agua a 15 °C tiene una viscosidad cinemática de 1.139×10^{-6} m^2/s ó 1.139 centistokes.

1.2.10. Acuíferos

Los acuíferos deben ser entendidos como formaciones geológicas subterráneas permeables, susceptibles de almacenar y transmitir agua. Así, cabe decir que, es posible encontrar una amplia gama de formaciones geológicas con capacidades muy diversas para almacenar y transmitir agua. Desde el punto de vista hidrogeológico pueden distinguirse 4 grupos:

Tabla 1-1 Formaciones geológicas subterráneas frente al agua (Guerra, [36])

Formación geológica	Acuífero	Acuitardo	Acuicludo	Acuifugo
Litotipos característicos	Gravas, arenas	Limos, arenas limosas y arcillas	Arcillas	Granitos, gneises y mármoles
Capacidad de almacenaje	ALTA	ALTA	ALTA	NULA
Capacidad de drenaje	ALTA	MEDIA/BAJA	MUY BAJA	NULA
Capacidad de transmisión	ALTA	BAJA	NULA	NULA

- **Acuíferos**: con alta capacidad de almacenamiento, drenaje y transmisión de agua. Corresponde a formaciones características como gravas, arenas y calizas kársticas.

- **Acuitardos**: con alta capacidad de almacenaje, pero con baja capacidad de transmisión, consecuencia de su media a baja capacidad de drenaje. Se trata de formaciones limosas y arcillosas, semipermeables, importantes como transmisores de agua en recargas verticales a través de grandes superficies.

- **Acuicludos**: capaces de almacenar agua en cantidades muy importantes, pero con nula capacidad de transmisión, ya que se drenen con mucha dificultad ya que, el agua se encuentra encerrada en los poros de la formación y no puede ser liberada. Corresponde, en general, a materiales impermeables formados por arcillas plásticas.

- **Acuifugos**: que son tan incapaces de almacenar, como de transmitir agua, consecuencia de su nula capacidad de drenaje. Pertenecen a este grupo los macizos rocosos, en general sanos, que se muestran como impermeables, aunque con alguna circulación de agua a favor de fracturas.

Desde el punto de vista de su textura existen, básicamente, 3 tipos de materiales acuíferos, así como recogido en el texto de González de Vallejo, [35]:

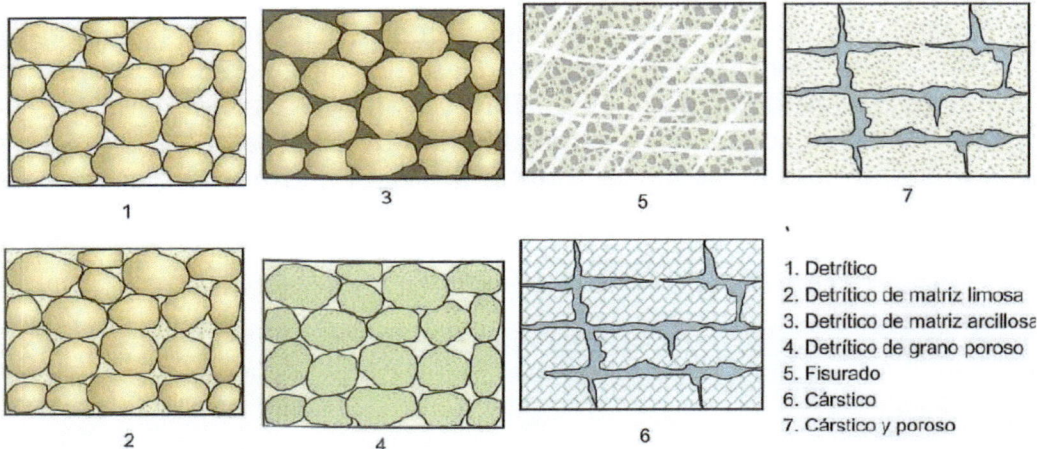

Figura 1-6 Tipos de acuíferos según su textura (González de Vallejo, [35])

- **Porosos** (ver imágenes 1, 2, 3 y 4 de la figura 1.6): formados por suelos detríticos (gravas y arenas), cuya permeabilidad es debida a su porosidad intergranular. Su textura está constituida por granos, permitiendo que el agua del suelo circule por los huecos intergranulares. Incluso, en ocasiones, los granos son porosos, aspecto que les aporta mejores propiedades de almacenamiento de agua. Por último, cabe decir que, estos acuíferos resultan muy homogéneos por la génesis de dichos materiales detríticos, incluso a escala reducida.

- **Kársticos y fisurados** (ver imágenes 5 y 6 de la figura 1.6): cuya permeabilidad es debida a grietas y fisuras, tanto de origen mecánico como de disolución. Forman este conjunto los macizos kársticos y fisurados de calizas, dolomías, granitos, basaltos, etc. Por último, igualmente, citar que, estos acuíferos son poco homogéneos a pequeña escala debido, precisamente, a la arbitrariedad de la fisuración y karstificación asociada a los fenómenos de disolución de las rocas. No obstante, si la escala de trabajo es suficientemente amplia, suelen presentarse más homogéneos.

- **Kársticos y porosos** (ver imagen 7 de la figura 1.6): cuya permeabilidad es debida a un conjunto de las dos anteriores causas, gozando así, de los aspectos antes citados para los acuíferos porosos y kársticos. Las formaciones típicas son las calizas karstificadas y calcarenitas.

Además, según sus circunstancias hidráulicas y estructurales, los acuíferos pueden reaccionar de 3 formas distintas:

Tabla 1-2 Tipos de acuíferos según su estructura y funcionamiento (Guerra, [36])

Denominación del tipo de Acuífero	Circunstancias hidráulicas	Circunstancias estructurales
Libre	Liberación de agua por desaturación	Rodeado de estratos permeables
Confinado	Liberación de agua por decompresión de niveles superiores	Rodeado de estratos impermeables
Semiconfinado	Recarga, drenaje o goteo vertical	Estrato superior semipermeable e inferior impermeable

- **Acuíferos libres**: son aquellos en los que el nivel de agua se encuentra por debajo del techo de la formación permeable.

  Liberan agua por desaturación, es decir, el agua que ceden es el que tienen almacenada. Su capacidad de almacenaje de agua es alta, en comparación con los dos restantes. Es por ello que tienen bastante inercia.

- **Acuíferos confinados**: son aquellos que están aislados en el subsuelo, rodeados de materiales impermeables por todos sus lados.

  El nivel de agua se encuentra por encima del techo del acuífero. Normalmente están en carga (a presión), consecuencia del peso de los materiales suprayacentes. El agua que ceden procede de la descompresión de estos niveles superiores cuando se produce la depresión en el acuífero. Son rápidos, con poca inercia debido a su baja capacidad de almacenaje.

- **Acuíferos semiconfinados**: los materiales que los rodean no son todos impermeables. Así, el paquete superior o semiconfinante lo constituyen formaciones semipermeables, que permiten el paso del agua de otros acuíferos superiores al inferior semiconfinado.

  En realidad, es un sistema físico integrado por un acuífero superior bien alimentado, un paquete semipermeable o acuitardo y, por último, un acuífero superior semiconfinado. La diferencia de niveles entre los acuíferos superior e inferior provoca la recarga (transferencia de agua vertical) que alimenta al acuífero inferior.

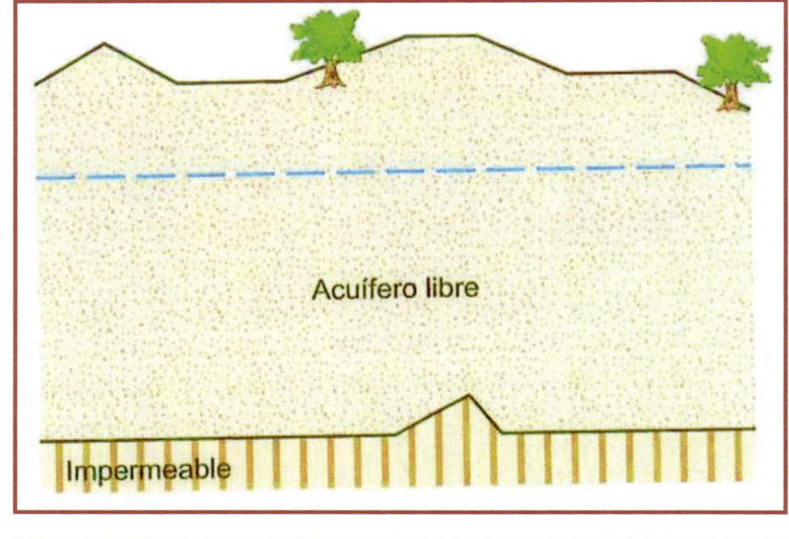

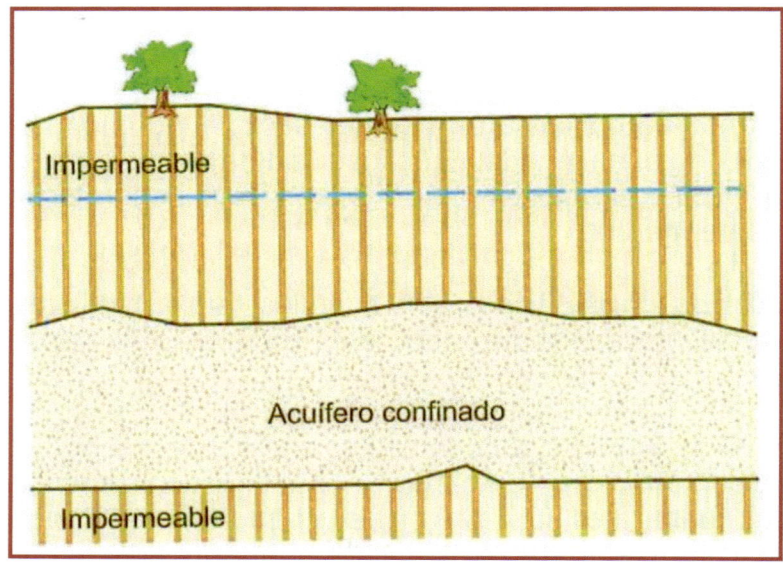

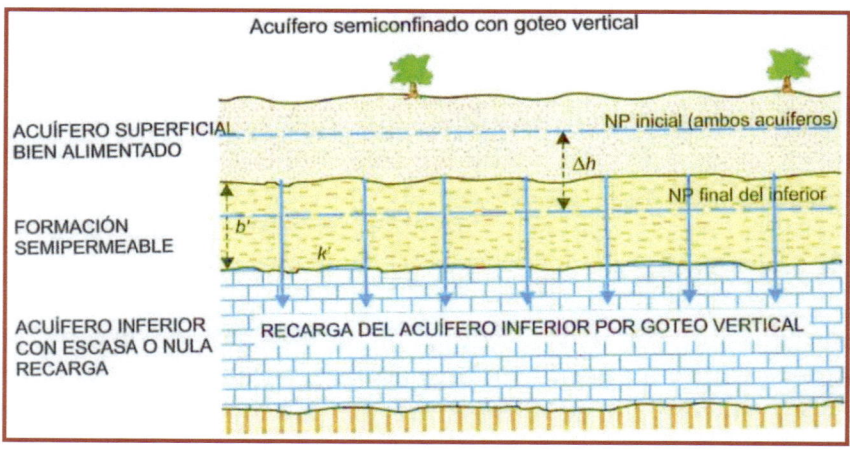

Figura 1-7 Acuíferos libre, confinado y semiconfinado (González de Vallejo, [35]).

1.2.11. El comportamiento del agua en las zonas no-saturadas

La Figura 1-8 muestra el perfil general del índice de saturación desde la superficie hasta el nivel freático en un acuífero homogéneo e isotrópico.

Como hipótesis de partida, esta figura supone que no ha habido lluvias recientes o eventos de deshielo y que en la superficie el contenido de humedad es cero (es a título ilustrativo).

Desde la superficie del suelo hasta la parte superior de la franja capilar, la relación de saturación aumenta de cero a la unidad y lo seguirá haciendo hasta el fondo del acuífero. Debajo de la franja capilar está la capa freática, con presión atmosférica.

Todas las relaciones, en juego, son el resultado de un equilibrio dinámico de varias fuerzas y condiciones como la atracción capilar, porosidad, recarga de humedad inicial en la superficie, aceleración gravitacional, permeabilidad vertical y evapotranspiración desde la superficie.

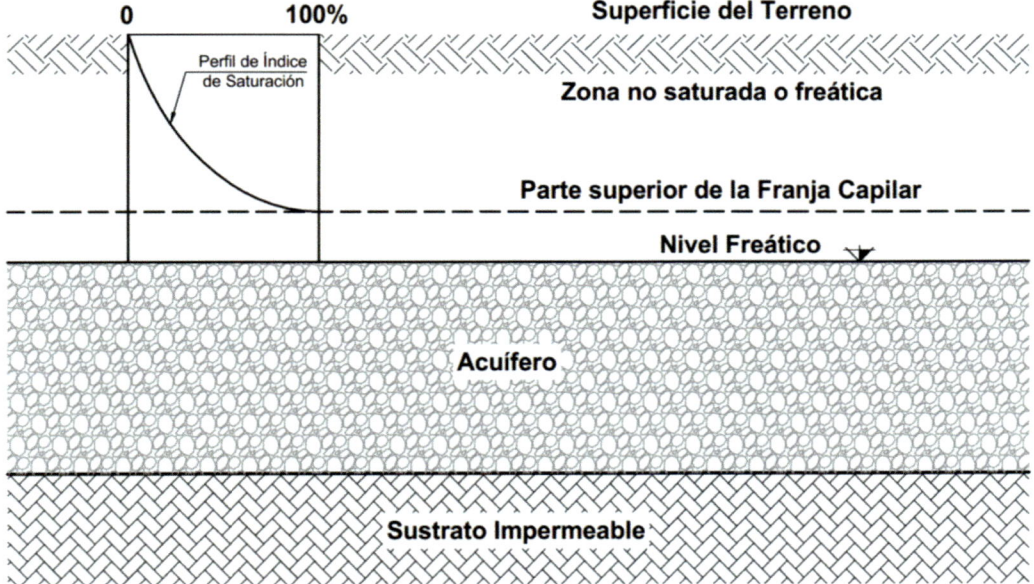

Figura 1-8 Perfil de saturación vs profundidad en un suelo no saturado

En la Figura 1-9 a continuación adjunta, se relacionan estas entidades mediante el uso de curvas características:

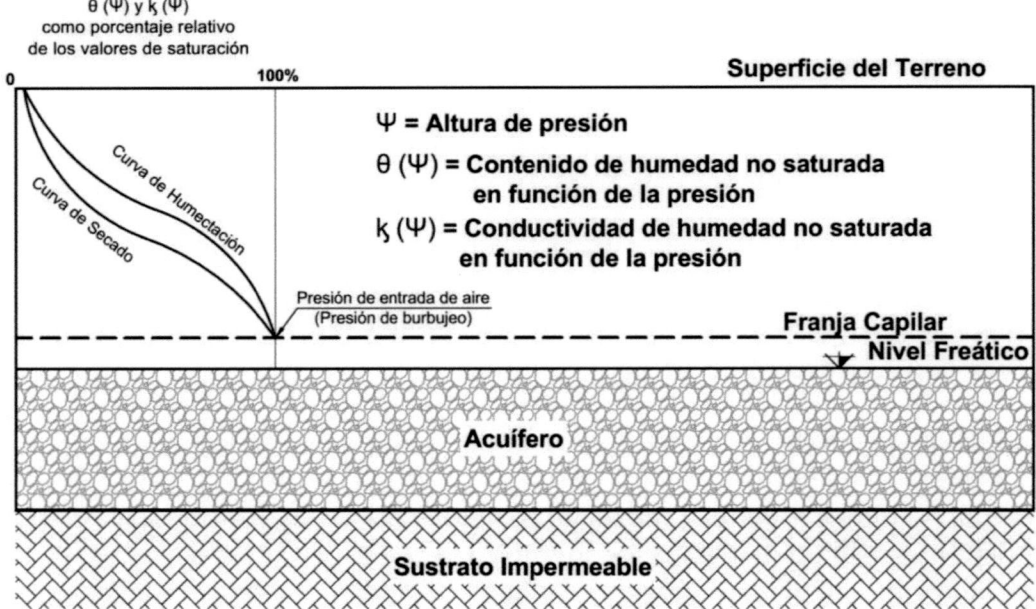

Figura 1-9 Curvas de humedad en el suelo

A valores muy bajos (negativos) de la presión, Ψ, tanto el contenido de humedad como el contenido hidráulico y la conductividad tienen valores mínimos para el sistema. Con valores crecientes de Ψ, aumentan para convertirse en constante en la parte superior de la franja capilar donde la relación de saturación es la unidad, lo que indica la saturación total.

Aquí también, la conductividad hidráulica ya no es una función del contenido de presión o humedad, sino alcanza un valor máximo en el que permanece, siempre que no ocurran cambios en los medios porosos.

La presión en este punto se denomina presión de burbujeo o presión de entrada de aire. Así, a menor presión, el aire ingresará en el sistema causando pérdida de saturación. A medida que aumenta la presión al aumentar la profundidad en el rango, se hará ajustando el nivel freático. Con una presión aún creciente, tanto el contenido de humedad como el hidráulico, la conductividad permanece constante.

El desfase entre las formas de las curvas de humectación y secado se llama histéresis. Esto se debe al hecho de que la humectación inicial del medio poroso se ve reforzada por fuertes fuerzas capilares y adhesivas, pero estas mismas fuerzas tienden a retener el agua en los poros no saturados y requiere más succión o mayor trabajo para drenar los poros, como lo ilustra el desplazamiento de la curva de secado de la curva de humectación.

Cabe señalar que las curvas características de materiales de grano fino como el limo y la arcilla tendrán una forma mucho más pronunciada que las de arena gruesa y grava. Esto se debe al hecho de que, en los granos de material grueso, es decir con diámetros de poro relativamente grandes, los efectos de capilaridad y adhesión no son tan grandes como en el material de grano fino. Es por esta razón que la franja capilar en la arcilla es mucho más gruesa (una o dos metros) que en materiales gruesos (unos pocos centímetros como máximo). En realidad, la humedad del suelo no se distribuye uniformemente en la zona no saturada, sino que varía vertical y horizontalmente debido a variaciones en los tipos de suelo, tipos de cultivos, tasas de infiltración, etc.

1.2.12. El comportamiento del agua en las zonas saturadas

En los poros saturados, las fuerzas de adhesión son iguales en todas las direcciones, por lo que no hay atracción direccional. Las únicas fuerzas dinámicas o motrices en acción son la gravedad y la fuerza representada por el gradiente de potencial fluido. Las únicas fuerzas que actúan en contra son aquellas debidas a la viscosidad y, por esa razón, se utiliza la siguiente expresión para determinar la relación entre las fuerzas inerciales y las fuerzas viscosas presentes en un fluido definida como:

$$R_e = \frac{\rho v d}{\mu} \qquad (1\text{-}15)$$

El valor, R_e, se llama también número de Reynolds tiene un valor de 1 a 10, donde ρ es la densidad del agua, v es la velocidad promedio de los poros, d es el diámetro promedio de los poros, y μ es la viscosidad dinámica del agua a una temperatura dada.

El diámetro medio de los poros es, probablemente, la mejor estimación de las propiedades de los poros que se pueden lograr ya que es un ensayo a grande escala. Sin embargo, el tamaño de poro en un medio puede variar incluso en unos pocos órdenes de magnitud en muy medios heterogéneos con coeficientes de alta uniformidad (mayores de 4).

Por lo tanto, es poco probable que el flujo laminar ocurra en todos los poros al mismo tiempo. Poros grandes (incluidas fracturas y conductos kársticos) puede permitir el paso del agua a velocidades lo suficientemente altas como para ser laminar o de transición no lineal ($4 \leq Re \leq 100$), y en algunos casos, turbulento ($Re > 100$). En poros pequeños, la resistencia a la fricción puede ser demasiado grande para permitir el flujo más rápido que laminar.

A pesar de estas incertidumbres, los hidrogeólogos generalmente aceptan una hipótesis de partida como que el flujo laminar a través de un medio poroso granular con Re <100, en aras de la simplificación la matemática del flujo.

El agua subterránea puede fluir a cierta distancia sobre un área amplia en el estado laminar, pero a medida que se acerca un punto de descarga (por ejemplo, un manantial o pozo) mucho más estrecho que su campo de flujo mejorado, las líneas de corriente se aglomerarán y la velocidad del flujo aumentará para mantener la misma velocidad de descarga volumétrica. Cerca o en el punto de descarga, la velocidad suele ser lo suficientemente grande como para ser realmente turbulenta.

La Figura 1-10 ilustra una situación en la que el flujo puede cambiar de laminar a turbulento a medida que se acerca a un pozo de bombeo. Suponiendo que el acuífero es homogéneo e isotrópico y que el flujo es estable, las líneas de flujo convergen a medida que se acercan al pozo.

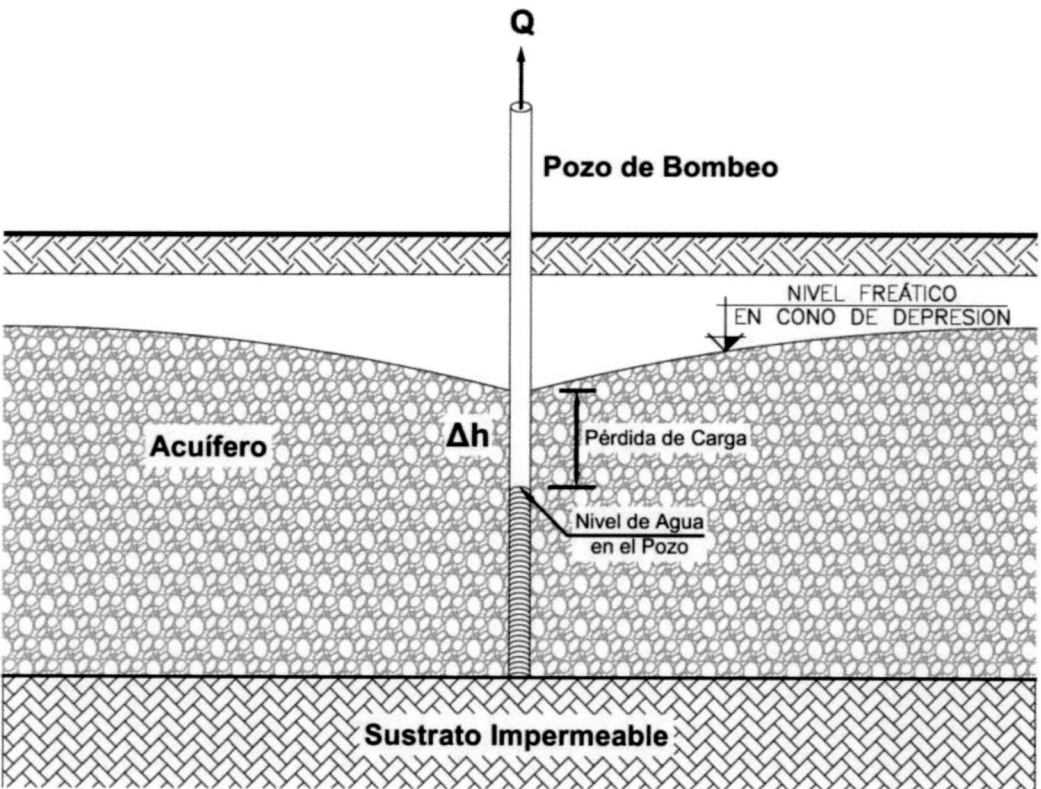

Figura 1-10 Flujo hacia un pozo con pérdida de altura

2. MOVIMIENTO DEL AGUA EN MEDIOS POROSOS

2.1 Introducción

Esencialmente, todos los flujos de aguas subterráneas naturales son tridimensionales. Es decir, la velocidad de una filtración de una partícula de agua está representada por un vector que tiene tres componentes. Un ejemplo simple es el flujo radial hacia un pozo. Sin embargo, hay muchas situaciones en las cuales las velocidades son casi coplanares o hay simetría radial. En estos casos, el flujo puede ser analizado como bidimensional con precisión suficiente para muchos problemas de ingeniería.

Un ejemplo es la infiltración de agua en una serie de drenes muy largos y paralelos. Lejos de las ramificaciones de la tubería, el nivel freático es independiente de la ubicación del drenaje de la tubería. En algunos casos el problema del flujo puede reducirse aún más a una dimensión. Por ejemplo, el flujo en el conducto kárstico puede considerarse como aproximadamente unidimensional. La existencia de simetría o supuestos especiales permite la simplificación de muchos problemas.

Sin embargo, es importante reconocer el tamaño de los errores que las simplificaciones pueden implicar. Las variables de flujo de agua subterránea, como la velocidad y la presión, pueden variar en el tiempo o, en algunos casos, pueden ser independientes. Por ejemplo, cuando se inicia el bombeo de un pozo, la reducción del nivel freático aumenta con el tiempo. Este es un problema de flujo inestable o transitorio; si las variables de flujo no cambian con el tiempo, el flujo es estable.

Este capítulo trata sobre el flujo de agua subterránea evidenciando las ecuaciones que más habitualmente se emplean en la ingeniería civil, dando en cada ejemplo las referencias bibliográficas para profundizar el desarrollo matemático.

Las variables macroscópicas se consideran como los promedios de las variables de los medios en el conjunto. La principal dificultad conceptual se debe al hecho de que el promedio estadístico debe llevarse a cabo sobre un conjunto de realizaciones, mientras que en la práctica, generalmente, solo está disponible una formación porosa particular a partir del cual se debe determinar la información estadística. Esto es factible bajo el supuesto de organicidad, es decir, se supone que las características de una muestra son representativas de todo el conjunto. Por lo tanto, con la teoría de las funciones aleatorias, se pueden derivar las leyes macroscópicas.

Sin embargo, la técnica estadística es más potente cuando se trata de fluctuaciones y desviaciones, como en el caso del transporte de partículas o contaminantes en aguas subterráneas.

2.2 Ecuaciones de continuidad

La primera ley fundamental que rige el flujo de agua subterránea es la ecuación de continuidad, que expresa el principio de conservación de la masa.

Considere un volumen de control elemental de suelo centrado alrededor de un punto con coordenadas cartesianas (x, y, z) como se muestra en la Figura 2-1.

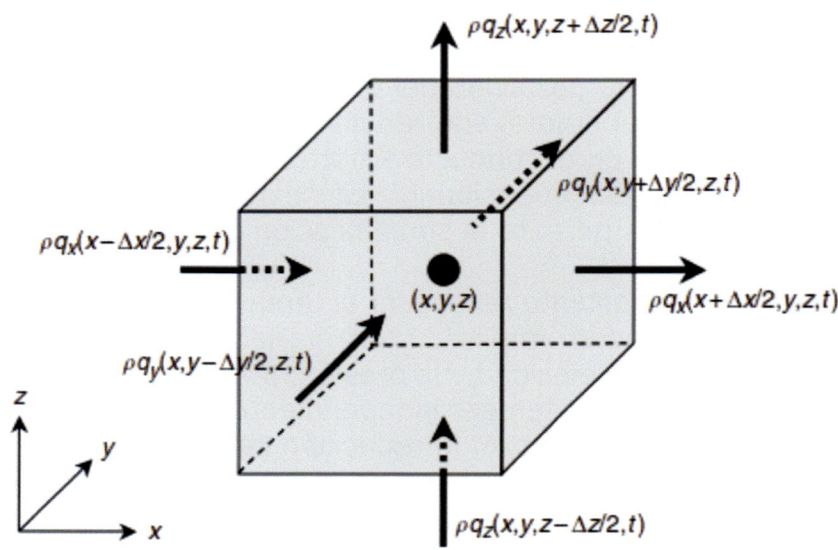

Figura 2-1 Conservación de la masa en un sólido elemental

Es habitual y conveniente elegir el eje z vertical y apuntando hacia arriba en la dirección positiva. El tamaño del volumen elemental es:

- Δx, en la dirección x
- Δy en la dirección y
- Δz en la dirección z.

En cierto momento instantáneo, *t*, la masa del agua subterránea, *M*, presente en el volumen de control elemental está dada por:

$$M = \rho\theta\Delta x\Delta y\Delta z \qquad (2\text{-}1)$$

dónde θ es el contenido volumétrico de agua o humedad del medio poroso, con dimensiones $[L^3/L^3]$ y ρ la densidad del agua con dimensiones $[M/L^3]$. Esta cantidad de agua puede cambiar cuando el agua subterránea entra o sale del volumen de control a través de los lados. El principio de conservación de la masa implica que el resultado neto del flujo de entrada menos el flujo de salida se equilibra con el cambio en el almacenamiento frente al tiempo, o con:

$$\frac{\partial M}{\partial t} = entrada - salida \qquad (2\text{-}2)$$

Por lo tanto, es necesario calcular los flujos de agua subterránea a través de los lados del volumen elemental, para evaluar el resultado neto de la entrada menos la salida. La cantidad de flujo de agua subterránea es denotado por medio del flujo, q, que es la descarga volumétrica o la velocidad de flujo por área de sección transversal. El flujo es una cantidad vectorial con componentes a lo largo de las direcciones x,y y z: q = (q_x, q_y, q_z); las dimensiones son $[L^3/T/L^2 = L/T]$. Por ejemplo, la entrada de agua subterránea a lo largo del lado izquierdo, situada en x - $\Delta_x/2$ del volumen de control, viene dado por:

$$\rho q_x \left(x - \frac{\Delta x}{2}, y, z, t \right) \Delta y \Delta z \qquad (2\text{-}3)$$

Porque Δ_x es pequeño, q_x en la posición x - $\Delta_x/2$ puede ser aproximado por una expansión de la serie Taylor, donde solo se mantienen los términos cero y de primer orden, de modo que esta entrada puede calcularse como:

$$\left(\rho q_x - \frac{\Delta x}{2} \frac{\partial \rho q_x}{\partial x} \right) \Delta y \Delta z \qquad (2\text{-}4)$$

En esta expresión ρq_x y su derivada versus x se evalúan en el centro del volumen de control. Similarmente, se pueden establecer expresiones para los otros lados; por ejemplo, en el lado derecho, en la posición x + $\Delta_x/2$ de el volumen de control, el flujo de agua subterránea viene dado por:

$$\rho q_x \left(x + \frac{\Delta x}{2}, y, z, t \right) \Delta y \Delta z \approx \left(\rho q_x + \frac{\Delta x}{2} \frac{\partial \rho q_x}{\partial x} \right) \qquad (2\text{-}5)$$

Por lo tanto, la entrada total menos la salida puede calcularse como:

$$\left(\rho q_x - \frac{\Delta x}{2}\frac{\partial \rho q_x}{\partial x}\right)\Delta y \Delta z + \left(\rho q_y - \frac{\Delta y}{2}\frac{\partial \rho q_y}{\partial y}\right)\Delta x \Delta z + \left(\rho q_z - \frac{\Delta z}{2}\frac{\partial \rho q_z}{\partial z}\right)\Delta x \Delta y$$
$$- \left(\rho q_x + \frac{\Delta x}{2}\frac{\partial \rho q_x}{\partial x}\right)\Delta y \Delta z - \left(\rho q_y + \frac{\Delta y}{2}\frac{\partial \rho q_y}{\partial y}\right)\Delta x \Delta z$$
$$- \left(\rho q_z + \frac{\Delta z}{2}\frac{\partial \rho q_z}{\partial z}\right)\Delta x \Delta y$$

(2-6)

Trabajando término por término y combinando, se obtiene la siguiente expresión:

$$-\left(\frac{\partial pqx}{\partial x} + \frac{\partial pqy}{\partial y} + \frac{\partial pqz}{\partial z}\right)\Delta x \Delta y \Delta z$$

(2-7)

Usando el operador del $\nabla = (\partial/\partial_x, \partial/\partial_y, \partial/\partial_z)$, esto se puede escribir donde el punto representa la operación del producto vectorial escalar. El principio del balance de masa establece que la entrada menos la salida es igual al cambio en el almacenamiento; utilizando la ecuación (2.7) el cambio en el almacenamiento viene dado por:

$$\frac{\partial M}{\partial t} = \frac{\partial}{\partial t}(\rho \theta \Delta x \Delta y \Delta z)$$

(2-8)

En esta expresión, las variables que realmente pueden cambiar con el tiempo son el contenido de agua, θ, porque los poros pueden vaciarse o llenarse con agua, la densidad del agua, ρ, porque el agua es compresible, y el tamaño del volumen de control, Δ_x, Δ_y, Δ_z, porque el medio poroso puede ser compresible. Sin embargo, para el este último se supone que en condiciones naturales solo se debe considerar la deformación vertical, como solamente eso Δ_z depende del tiempo, mientras que Δ_x y Δ_y permanecen constantes. Por lo tanto, el tiempo de almacenamiento puede ser trabajado utilizando las reglas de diferenciación como:

$$\frac{\partial M}{\partial t} = \frac{\partial \rho}{\partial t}\theta \Delta x \Delta y \Delta z + \rho \frac{\partial \theta}{\partial t}\Delta x \Delta y \Delta z + \rho \theta \Delta x \Delta y \frac{\partial \Delta z}{\partial t}$$
$$= \rho\left(\frac{\theta}{\rho}\frac{\partial \rho}{\partial t} + \frac{\partial \theta}{\partial t} + \frac{\theta}{\Delta z}\frac{\partial \Delta z}{\partial t}\right)\Delta x \Delta y \Delta z$$

(2-9)

La compresión de una formación porosa se puede expresar en función de la presión del agua, como recogido en el libro de Bear [10]:

$$\frac{1}{\Delta z}\frac{\partial \Delta z}{\partial t} = \alpha \frac{\partial p}{\partial t}$$

(2-10)

dónde *a* es el coeficiente de compresibilidad elástica de la formación porosa, con dimensiones [L²/F], y *p* representa la presión del agua subterránea, [F/L²]. La compresibilidad del agua puede expresarse mediante una ley similar:

$$\frac{1}{\rho}\frac{\partial \rho}{\partial t} = \beta \frac{\partial p}{\partial t} \qquad (2\text{-}11)$$

con β definido como el coeficiente de compresibilidad del agua, [L²/F]. Se supone que otros efectos sobre la densidad, como la temperatura, son de menor importancia y pueden ser ignorados. Sustituyendo estas relaciones en el tiempo de almacenamiento se obtiene:

$$\frac{\partial M}{\partial t} = \rho \left[\theta(\alpha + \beta)\frac{\partial \rho}{\partial t} + \frac{\partial \theta}{\partial t} \right] \Delta x \Delta y \Delta z \qquad (2\text{-}12)$$

La ecuación de continuidad se obtiene poniendo el cambio en el almacenamiento, ecuación (2.12), igual a la red de entrada dada por la ecuación (2.9), y dividida por Δx, Δy Δz para expresar el balance de masa por unidad de volumen de medio poroso dando el siguiente resultado:

$$\rho \left[\theta(\alpha + \beta)\frac{\partial p}{\partial t} + \frac{\partial \theta}{\partial t} \right] = -\nabla \cdot (\rho q) \qquad (2\text{-}13)$$

Esta relación establece el principio de conservación de masa de las aguas subterráneas en su forma más general. Sin embargo, a menudo los cambios de densidad del agua son de importancia limitada y una ecuación de continuidad simplificada se puede obtener dividiendo la ecuación (2.13) por ρ, y descartando las diferencias de densidad espacial:

$$\left[\theta(\alpha + \beta)\frac{\partial p}{\partial t} + \frac{\partial \theta}{\partial t} \right] = -\frac{1}{\rho}\nabla \cdot (\rho q) \approx -\nabla \cdot q \qquad (2\text{-}14)$$

En esta forma simplificada, la ecuación de continuidad representa el equilibrio de las aguas subterráneas sobre una base volumétrica.

El lado izquierdo de la ecuación (2-14) proporciona el cambio en el volumen de agua subterránea presente en el medio poroso. Este cambio en el almacenamiento se debe a la compresión del medio y del agua, o puede ser el resultado de un cambio en el contenido de agua.

El lado derecho de la ecuación representa la convergencia (o divergencia) del caudal volumétrico de agua subterránea. Cuando el caudal converge, el almacenamiento aumenta (+) y, viceversa, cuando diverge el almacenamiento disminuye (-).

2.3 Presiones de agua en el medio poroso

Las presiones de agua generalmente se expresan como presión manométrica o absoluta según se indica en la Figura 2-2:

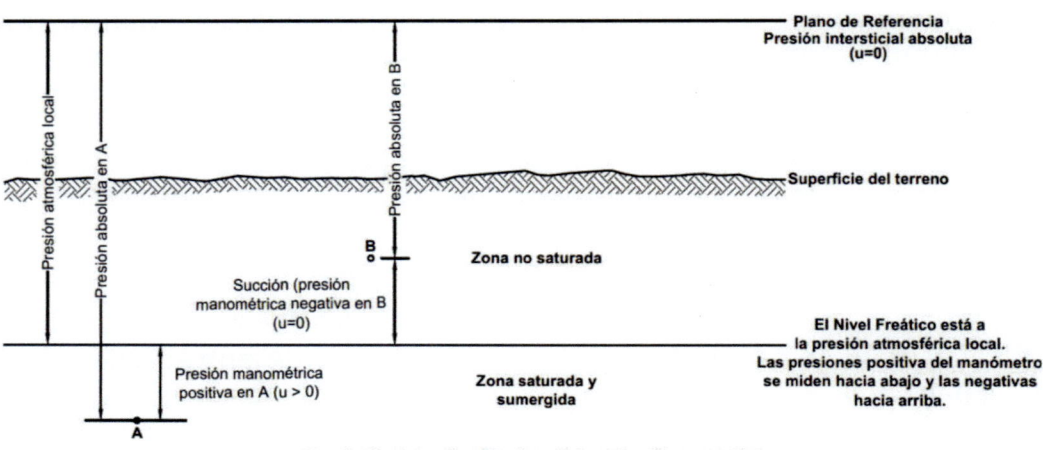

Figura 2-2 Presiones manométricas y absolutas

La medición de las presiones de agua se realiza de la siguiente manera. La capa freática está a la presión atmosférica local y sirve como dato para medir las presiones en el manómetro. El punto A en la Figura 2.2 está en la zona saturada, y la presión del manómetro es positiva y se llama presión de poro. El punto B está en la zona no saturada y la presión del manómetro es negativa. Esta presión negativa se conoce como succión o tensión capilar. Como la succión se expresa como un numero positivo, por tanto, una succión positiva corresponde a una presión negativa del manómetro. Las dimensiones de la presión es F/L^2, es decir, N/m^2 o pascal (Pa), kN/m^2 o kilopascal (kPa) en unidades del Sistema Internacional de medida. La ley de la hidrostática establece que la presión, p, puede expresarse en términos de altura, de líquido, h_p, medido desde el nivel freático (suponiendo que el agua subterránea esté en reposo o se mueva horizontalmente). Esta altura se llama altura piezométrica:

$$h_p = \frac{\rho}{\gamma_w} = \frac{\rho}{\rho_g} \qquad (2\text{-}15)$$

donde ρ_g es el peso específico y ρ es la densidad del agua. Para el punto A, la cantidad h_p es positivo, mientras que es negativo para el punto B. La carga de presión generalmente se expresa en metros de columna de agua.

Si el medio está saturado, la presión de poro, p, puede medirse por la presión de la columna de agua, hp = p/γw, en un piezómetro en un pozo de observación y medida (pozo 1). La diferencia entre la altura del pozo, H, (Figura 2-3) y la profundidad del agua dentro del pozo es la altura total, ht, en el pozo. En mecánica de fluidos, la altura total se define como la suma de la altura de elevación, z, la altura de presión, p/γw, y la altura de velocidad, v²/2g, donde v es la velocidad del flujo y$_g$ es la aceleración de la gravedad. Para el flujo de agua subterránea, la contribución de la de velocidad generalmente se ignora porque el agua se mueve muy lentamente. Por lo tanto, la altura total en un pozo de observación se considera que es igual a la altura piezométrica, o la suma de la altura de elevación y la altura de presión. El símbolo ψ a veces se usa para designar a la altura piezométrica.

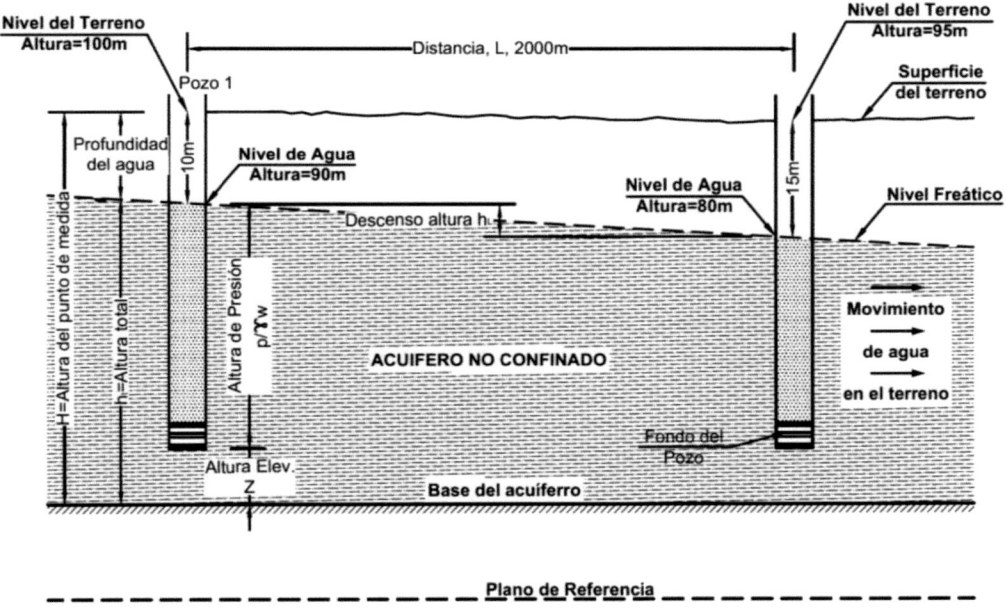

Figura 2-3 Alturas y gradientes

$$h_t = z + \frac{\rho}{\gamma_w} = z + \psi$$

(2-16)

La altura piezométrica también se conoce como potencial piezométrico. El cambio de altura piezométrica por unidad de distancia en una dirección dada es el gradiente hidráulico. Si no se especifica la dirección, se supone estar en la dirección del gradiente máximo. El gradiente hidráulico es una cantidad adimensional cuando se usan unidades consistentes.

2.4 Energía del movimiento del agua en un medio poroso

El movimiento del agua requiere energía. Esta energía se puede expresar como una altura sobre un nivel de referencia. Por lo tanto, es importante que las energías se midan con respecto al mismo nivel.

En la ingeniería de las aguas subterráneas, el nivel medio es generalmente aquel del mar (m s. n. m). La altura hidráulica se define como la energía por unidad de peso medida en relación con el nivel de referencia. Ahora bien, el agua posee varias formas de energía.

Quizás, lo más obvio es la energía que el agua posee por en virtud de su elevación sobre el nivel de referencia. Esta es la denominada energía potencial. Una masa m de agua a una elevación z por encima del nivel de referencia tiene una energía potencial mgz, donde g es la aceleración de la gravedad. Este es el trabajo necesario para mover la masa m del dato a la elevación z. Si ρ es la densidad del agua, una unidad de volumen de agua tiene una masa ρ y un peso ρg y una energía potencial ρgz. La energía potencial por unidad de peso, que es la altura de referencia, es así ρgz /ρg = z. Se tenga en cuenta que el nivel de agua tiene la unidad de longitud.

La energía que posee el agua en virtud de su movimiento es la energía cinética. Una masa m de agua que se mueve con una velocidad v tiene una energía cinética de $1/2mv^2$. Por lo tanto, la energía cinética por unidad de masa es $1/2\rho v^2$ y la energía cinética por unidad de peso o cabezal de velocidad es $1/2\rho v^2 /\rho g = v^2 / 2g$. La carga de velocidad tiene la dimensión de longitud cuando el agua subterránea fluye a través de los poros de la roca o la formación del suelo, la velocidad es muy pequeña, quizás del orden de centímetros por año, y la carga de velocidad suele ser insignificante con respeto a otras formas de energía. Una excepción es cerca de los pozos, donde la velocidad aumenta significativamente.

2.5 Ecuación del movimiento

La segunda ley fundamental es la ecuación de impulso, basada en la segunda ley de movimiento de Newton, es decir, las fuerzas inducen movimiento o un cambio en el movimiento.

Considere el volumen de control elemental como se usó con anterioridad al derivar la ecuación de continuidad. Si se hace un inventario de todas las fuerzas que actúan sobre el agua presenta en el volumen de elemento considerado, se puede obtener la correspondiente ecuación de movimiento. Bajo condiciones naturales, las fuerzas que se deben considerar son las de presión, las de gravedad y las fuerzas de reacción de la matriz de solido ejercidas sobre el agua. Considerando, luego, que las fuerzas son vectores, es necesario considerar diferentes componentes a lo largo de las diferentes direcciones, como se muestra en la Figura 2-1. De hecho, a lo largo de la dirección izquierda del volumen de control, la presión actuante sobre el fluido produce la siguiente contribución al equilibrio de la fuerza en la dirección x:

$$\theta\rho(x - \frac{\Delta x}{2}, y, z, t)\Delta y\Delta z \qquad (2\text{-}17)$$

donde θ aparece en la expresión porque el agua ocupa solo un θ-esimo de la fracción del límite. De forma similar, la fuerza está actuando en el lado derecho, pero en la dirección opuesta:

$$-\theta\rho(x + \frac{\Delta x}{2}, y, z, t)\Delta y\Delta z \qquad (2\text{-}18)$$

Usando las expansiones truncadas de la serie Taylor para relacionar los términos θ-esimo con el centro del volumen de control, la componente de la fuerza de presión resultante en la dirección x se convierte en:

$$\left[\left(\theta\rho - \frac{\Delta x}{2}\frac{\partial\theta p}{\partial x}\right) - \left(\theta\rho + \frac{\Delta x}{2}\frac{\partial\theta p}{\partial x}\right)\right]\Delta y\Delta z$$
$$= -\frac{\partial\theta p}{\partial x}\Delta x\Delta y\Delta z \qquad (2\text{-}19)$$

Se pueden obtener expresiones similares para los componentes de la fuerza de presión en las direcciones xyz, actuando en los otros lados del volumen de control elemental. La fuerza de gravedad solo actúa en la dirección z hacia abajo y es igual al peso total del agua en el volumen de control:

$$-\rho g\theta\Delta x\Delta y\Delta z \qquad (2\text{-}20)$$

donde g es la constante de gravedad, con dimensión [L/T2].

La evaluación de la fuerza de reacción en el material sólido sobre el agua es más complicada. Estas fuerzas son extremadamente difíciles de evaluar a nivel de poro porque la forma de la superficie de contacto entre la fase sólida y la fase acuosa es muy compleja desde un punto de vista geométrico. Debido a que la superficie de contacto exacta generalmente no se conoce y sería muy difícil de expresar en matemática de todos modos, es imposible describir estas fuerzas a escala microscópica.

En este sentido se prefiere, en general, presentar un enfoque macroscópico que resulta ser menos preciso. Por lo tanto, las fuerzas de reacción se definen como el promedio por volumen de las fuerzas de reacción contra la presión del agua, definida como r = (rx, ry, rz), [F / L3], y la fuerza de fricción contra el movimiento del agua, definidas como f = (fx, fy, fz), [F / L3]. Por lo tanto, el efecto de estas fuerzas en la dirección x se puede escribir como:

$$(r_x + f_x)\theta \Delta x \Delta y \Delta z \qquad (2\text{-}21)$$

con expresiones similares en las direcciones x y z. Ahora, el equilibrio de fuerza en las tres direcciones se puede calcular como, respectivamente:

$$\left[-\frac{\partial \theta p}{\partial x} + (r_x + f_x)\theta\right]\Delta x \Delta y \Delta z \qquad (2\text{-}22)$$

$$\left[-\frac{\partial \theta p}{\partial y} + (r_y + f_y)\theta\right]\Delta x \Delta y \Delta z \qquad (2\text{-}23)$$

$$\left[-\frac{\partial \theta p}{\partial z} - \rho g\theta + (r_z + f_z)\theta\right]\Delta x \Delta y \Delta z \qquad (2\text{-}24)$$

Usando el operador, ∇, estos se pueden combinar en una ecuación vectorial:

$$[-\nabla(\theta p) - \rho g\theta\nabla z + (r + f)\theta]\Delta x \Delta y \Delta z \qquad (2\text{-}25)$$

Esta ecuación se puede resolver y simplificar dividiendo por el volumen total de agua presente en el volumen de control, $\theta\Delta_x\Delta_y\Delta_z$, produciendo:

$$-\nabla p - \frac{\rho}{\theta}\nabla\theta - \rho g\nabla z + r + f \qquad (2\text{-}26)$$

Luego, se tenga en cuenta que cuando el fluido está en reposo, la suma de todas las fuerzas debe ser cero.

Además, no habría fricción, f = 0, y la presión debe ser hidrostática, $\nabla p = - \rho g \, \nabla z$, y por lo tanto según Dagan del 1989 (véase la referencia [27]) la fuerza de reacción general, r, se puede evaluar como:

$$r = \frac{\rho}{\theta} \nabla \theta \qquad (2\text{-}27)$$

Sustituyendo este resultado en el equilibrio de fuerza, se simplifica la Ecuación (2-26) a:

$$-\nabla \rho - \rho g \nabla z + f \qquad (2\text{-}28)$$

En caso de movimiento, la suma de fuerzas no es cero, sino que es igual al cambio de movimiento del fluido. Además, la fricción a lo largo de la interfaz sólido-agua no es cero y deberías calcularse en función de las propiedades de movimiento y fricción. De las observaciones de campo se sabe que el flujo de agua subterránea en condiciones naturales es generalmente muy lento, lo que lleva a una serie de simplificaciones importantes. Primero, los cambios en el impulso también son muy pequeños y se pueden despreciar en comparación con otras fuerzas que actúan sobre el fluido. Por lo tanto, aunque el fluido esté en movimiento, las fuerzas que actúan sobre el fluido están aproximadamente en equilibrio:

$$-\nabla \rho - \rho g \nabla z + f \approx 0 \qquad (2\text{-}29)$$

Este tipo de flujo se conoce en dinámica de fluidos como movimiento progresivo. Las fuerzas activas que producen movimiento, como la presión y la gravedad, se equilibran inmediatamente al resistir fuerzas de fricción de igual resistencia. Primero, en medios porosos esto se debe a la gran área de contacto entre el fluido y el material sólido que causa una fricción extensa, de modo que se evita un movimiento significativo del fluido. Segundo, debido a que el agua es un fluido viscoso, la fuerza de fricción resulta de la transferencia de momento viscoso entre las paredes de poros estancados y el fluido en movimiento. En principio, la ecuación de Navier-Stokes debería permitir calcular la fuerza de resistencia global, pero debido a la compleja geometría de las paredes de los poros y tamaños de poro, esto no es factible en la práctica. Sin embargo, en el caso del flujo viscoso progresivo, se sabe que, para un medio isotrópico, la fuerza de resistencia global es opuesta en dirección al flujo del fluido, proporcional a la viscosidad del fluido y la magnitud del flujo, y depende del tamaño de los obstáculos en el campo de flujo. Por lo tanto, está justificado expresar la fuerza de fricción como:

$$f = -\frac{\mu}{k}q \qquad (2\text{-}30)$$

donde μ es la viscosidad dinámica del fluido, [FT/L2], q es el flujo de agua subterránea como se definió anteriormente y que aquí representa la cantidad y dirección del movimiento del agua, y k es un factor de proporcionalidad que representa la geometría del espacio poroso; este coeficiente tiene dimensiones [L2] y se denota como la permeabilidad intrínseca o, a veces, simplemente permeabilidad, por razones que se harán evidentes más adelante. La sustitución de la ecuación (2-30) en la ecuación de equilibrio de fuerza (2-29) y la reorganización, dan como resultado siguiente ecuación de movimiento:

$$q = -\frac{k}{\mu}(\nabla\rho + \rho g \nabla z) \qquad (2\text{-}31)$$

Esta expresión se asemeja claramente a la ley de Darcy como se introdujo en el apartado anterior. De hecho, la expresión obtenida es una generalización de la ley de Darcy, que describe el flujo de un fluido en un medio poroso, en caso de que el fluido tiene una densidad variable (y viscosidad). Estas condiciones pueden estar presentes en, por ejemplo, los acuíferos cerca de las costas donde se mezclan agua salada con la dulce, o en ambientes geotérmicos donde la densidad (y viscosidad) del fluido cambia con la temperatura. Sin embargo, en caso de que los gradientes de densidad no sean significativos, o cuando la densidad solo cambie debido a compresibilidad del fluido, la ecuación de movimiento se puede simplificar como:

$$q = -\frac{k\rho g}{\mu}\nabla(\phi + z) = -K\nabla h \qquad (2\text{-}32)$$

donde $K = k\rho_g / \mu$ es la conductividad hidráulica [L / T], $\varphi = \int dp / \rho g$ es el potencial de presión [L], y $h = \varphi + z$ el potencial de agua subterránea [L]; todas estas variables se han definido en los apartados anteriores. Por lo tanto, la ley de Darcy, que originalmente se basó en una evidencia experimental, no es más que la segunda de Newton. La ley de movimiento es reducida a una forma adecuada para describir el flujo de fluidos en medios porosos. La derivación presentada anteriormente arroja más luz sobre los principios y suposiciones subyacentes que dan como resultado la Ley de Darcy, y nos permite apreciar su aplicabilidad en condiciones de campo. La suposición básica que conduce a la ley de Darcy es que el movimiento de un fluido a través de un medio poroso es muy restringido, debido a las grandes fuerzas de fricción que equilibran las fuerzas impulsoras para el movimiento. Por lo tanto, la Ley de Darcy es aplicable en casos como el flujo de agua en suelos u otros tipos de medios porosos granulares, o el flujo en rocas fracturadas, pero no en casos de cuevas u otras aberturas grandes, como grietas, fisuras, etc. Estos últimos casos deben analizarse con teorías del flujo viscoso.

La ley de Darcy es un enfoque macroscópico: en un nivel microscópico no hay cosas tales como conductividad hidráulica o permeabilidad y por lo tanto, uno podría preguntarse sobre los errores involucrados en el uso de un enfoque macroscópico como la ley de Darcy. Sin embargo, esto es no es realmente un tema importante, porque la incertidumbre en la obtención de valores representativos y precisos para la conductividad hidráulica o la permeabilidad tiene un efecto mucho mayor en la precisión general. En efecto, las investigaciones de campo muestran que los medios porosos naturales, como los varios estratos de suelo, exhiben una gran variabilidad y heterogeneidad en las propiedades conductoras, que son difíciles de cuantificar con precisión por experimentación o medios deterministas.

2.5.1 Ecuación de Bernoulli

Subyacente al enfoque analítico del flujo de agua subterránea está la representación del sistema físico real por un modelo matemático manejable. A pesar de sus defectos inherentes, muchos de estos modelos analíticos han demostrado un éxito considerable al simular la acción de sus prototipos, como es bien sabido por la mecánica de fluidos, para un flujo constante de fluidos incompresibles no viscosos, como el de Bernoulli:

$$\frac{p}{\gamma_w} + z + \frac{\bar{v}^2}{2g} = cost. = h \qquad (2\text{-}33)$$

donde h = altura total, p = presión, γ_w = peso unitario del fluido, g = constante gravitacional, $\bar{v}^2$ = velocidad de filtración, demuestra que la suma de la carga de presión, p/γ_w, altura de elevación, $v^2/2gz$ y velocidad, en cualquier punto dentro de la región de flujo es una constante. Para dar cuenta de la pérdida de energía debido a la resistencia viscosa dentro de los poros individuales, Bernoulli, considera que:

$$\frac{p_A}{\gamma_w} + z_A + \frac{\bar{v}_A^2}{2g} = \frac{p_B}{\gamma_w} + z_B + \frac{\bar{v}_B^2}{2g} + \Delta h \qquad (2\text{-}34)$$

donde Δh representa la pérdida total de carga (pérdida de energía por unidad de peso de fluido) del fluido a lo largo de la distancia Δs. Esta ratio se llama gradiente hidráulico y representa la tasa espacial de disipación de energía por unidad de peso de fluido (un número adimensional):

$$i = -\lim_{\Delta s \to 0} \frac{\Delta h}{\Delta s} = -\frac{dh}{ds} \qquad (2\text{-}35)$$

En la mayoría de los problemas de interés hidráulico, las velocidades (la energía cinética) son tan pequeñas que no se consideran. Por ejemplo, una velocidad de 10 cm/seg, que es grande en comparación con las velocidades de filtración típicas a través de los suelos, produce un incremento de carga de piezométrica de solo 0.015 cm. Por lo tanto, la ecuación (2.35) se puede simplificar a

$$\frac{p_A}{\gamma_w} + z_A = \frac{p_B}{\gamma_w} + z_B + \Delta h \qquad (2\text{-}36)$$

y la altura total en cualquier punto del dominio de flujo es, simplemente:

$$h = \frac{p}{\gamma_w} + z \qquad (2\text{-}37)$$

2.5.2 Ley de Darcy

El ingeniero francés, Henry Darcy, realizó experimentos sobre la filtración de agua a través de una columna de arena. Su hallazgo fue que la velocidad de flujo a través de una columna de arena es proporcional a la pérdida de carga. La figura 2.4 muestra la configuración original utilizada por Darcy. La ley de Darcy establece que el caudal volumétrico, $Q.[L^3T^{-1}]$ en un área bruta A de una formación con una conductividad hidráulica K $[LT^{-1}]$ (su definición y valores se dieron en el apartado 1), bajo un gradiente hidráulico i= -$\partial h/\partial s$ en la dirección s viene dada por:

$$Q = qA = -\frac{KA\partial h}{\partial s} = KAi = \frac{k\rho g}{\mu}Ai \qquad (2\text{-}38)$$

donde q es una velocidad conceptual llamada descarga específica o tasa de flujo por unidad de área $[LT^{-1}]$ también conocida como la velocidad de Darcy, μ es la viscosidad y k es la permeabilidad. La altura hidráulica, h, es la suma de altura de elevación z y la altura de presión p/γ_w. El signo menos en la ecuación anterior indica que el flujo tiene lugar desde la altura alta a la baja, es decir, en la dirección de la altura decreciente. La velocidad de poro, $v=q/n_e$, donde n_e es la porosidad efectiva y v es la velocidad de flujo promedio en los poros, generalmente llamada, velocidad de filtración. La forma unidimensional de la ley de Darcy es:

$$q = K \frac{\left(\frac{p_1}{\gamma_w} + z_1\right) - \left(\frac{p_2}{\gamma_w} + z_2\right)}{L}$$

(2-39)

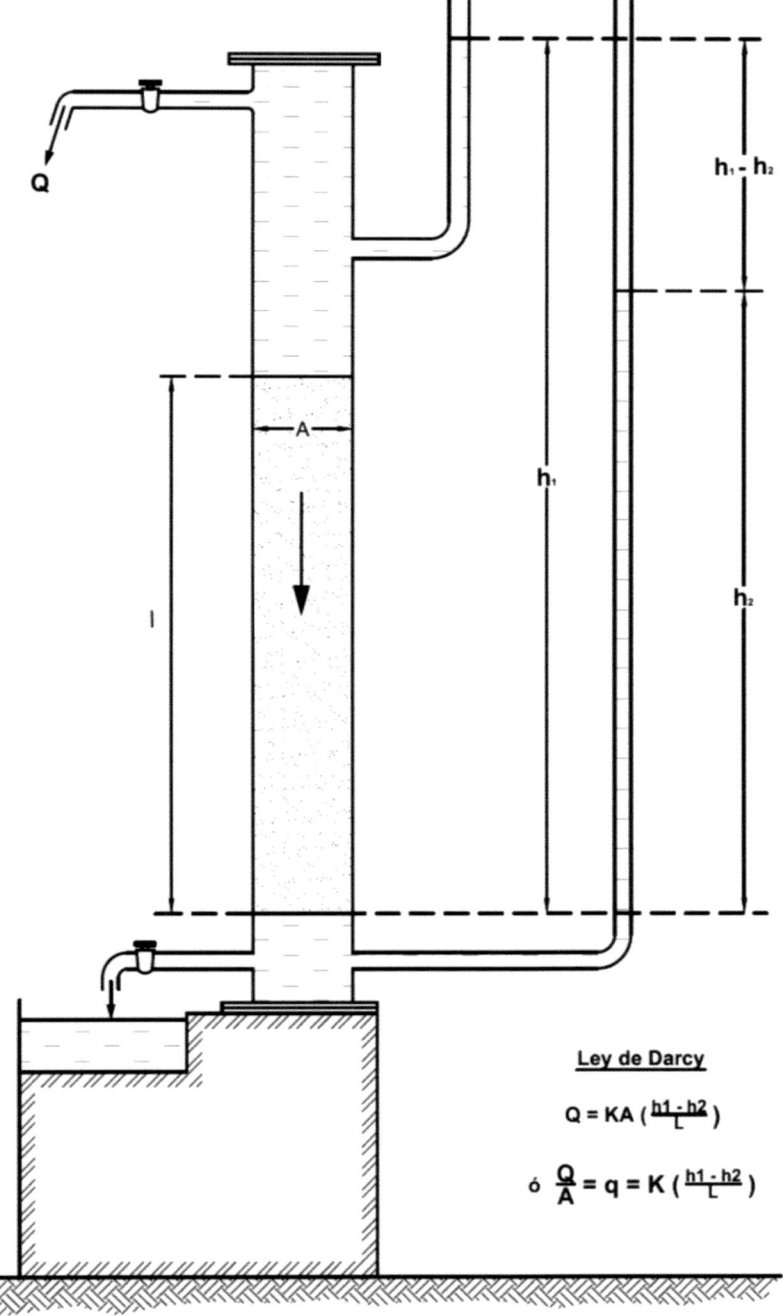

Figura 2-4 Esquema de la ley de Darcy

2.5.2.1 Extensiones de la ley de Darcy

La ley de Darcy, como la ecuación de impulso, es una relación vectorial. Cuando el flujo es tridimensional, Se puede escribir una ley de Darcy para cada una de las instrucciones. Por ejemplo, en el caso de coordenadas tridimensionales cartesianas, hay tres ecuaciones de Darcy:

$$q_x = -K\frac{\partial h}{\partial x} \qquad (2\text{-}40)$$

$$q_y = -K\frac{\partial h}{\partial y} \qquad (2\text{-}41)$$

$$q_z = -K\frac{\partial h}{\partial z} \qquad (2\text{-}42)$$

En el caso de otros sistemas de coordenadas, por ejemplo, en un sistema de coordenadas cilíndricas (r, φ, z), se convierte en:

$$q_r = -K\frac{\partial h}{\partial r} \qquad (2\text{-}43)$$

$$q_\varphi = -K\frac{\partial h}{\partial \varphi} \qquad (2\text{-}44)$$

$$q_z = -K\frac{\partial h}{\partial z} \qquad (2\text{-}45)$$

Además de la heterogeneidad, es decir, las variaciones de porosidad y conductividad de un punto a otro, una dependencia en dirección también es posible.

Este es el caso de los llamados medios porosos anisotrópicos, donde, debido a algunas propiedades relacionadas con la dirección, como la presencia de fracturas, estratificaciones o estratificación.

La conductividad cambia dependiendo de la dirección. Tales situaciones pueden ser descritas por una extensión de la ley de Darcy, donde la conductividad se convierte en un tensor simétrico de segundo orden, K, con los siguientes componentes:

$$K = \begin{bmatrix} K_{xx} & K_{xy} & K_{xz} \\ K_{xy} & K_{yy} & K_{yz} \\ K_{xz} & K_{yz} & K_{zz} \end{bmatrix} \quad (2\text{-}46)$$

En coordenadas cartesianas, la ley de Darcy se convierte en:

$$q_x = -K_{xx}\frac{\partial h}{\partial x} - K_{xy}\frac{\partial h}{\partial y} - K_{xz}\frac{\partial h}{\partial z} \quad (2\text{-}47)$$

$$q_y = -K_{xy}\frac{\partial h}{\partial x} - K_{yy}\frac{\partial h}{\partial y} - K_{yz}\frac{\partial h}{\partial z} \quad (2\text{-}48)$$

$$q_z = -K_{xz}\frac{\partial h}{\partial x} - K_{yz}\frac{\partial h}{\partial y} - K_{zz}\frac{\partial h}{\partial z} \quad (2\text{-}49)$$

Hay que tener en cuenta que los gradientes potenciales en una dirección pueden producir flujos en otras direcciones. Para capas horizontales solo existen dos componentes de conductividad: una conductividad horizontal, K_h, y una conductividad vertical, K_v. En tal caso, la ley de Darcy se convierte en:

$$q_x = -K_h\frac{\partial h}{\partial x} \quad (2\text{-}50)$$

$$q_y = -K_h\frac{\partial h}{\partial y} \quad (2\text{-}51)$$

$$q_z = -K_v\frac{\partial h}{\partial z} \quad (2\text{-}52)$$

Estas ecuaciones también son útiles en la práctica, ya que los efectos de las capas horizontales en la conductividad es la regla más que la excepción en los niveles de terreno.

2.5.2.2 Limitaciones de la ley de Darcy

La ley de Darcy implica que el flujo es laminar, como suele ser el caso en los medios porosos. El límite de validez puede expresarse en términos del número de Reynolds, N_R:

$$N_R = \frac{qD}{\upsilon} \qquad (2\text{-}53)$$

donde q es una velocidad, v es la viscosidad cinemática del fluido, definida como su viscosidad dinámica μ dividida por su densidad ρ, y D es una longitud representativa. El número de Reynolds depende en la viscosidad, que varía con la temperatura como se muestra en la Tabla 2.1. Como resultado, el N_R también varía con temperatura. Asimismo, la conductividad hidráulica K= kρg/μ, donde k es la permeabilidad intrínseca del medio poroso (ver apartado 1), que también varía con la temperatura a través de la viscosidad μ.

Tabla 2-1 Densidad y viscosidad del agua

Temperatura °C	Densidad ρ kg/cm^3	Viscosidad $\mu \times 10^3$ Ns/m^2	Viscosidad cinemática $v \times 10^6$ m^2/s
0	999.8	1.781	1.785
5	1000.0	1.518	1.519
10	999.7	1.307	1.306
15	999.1	1.139	1.139
20	998.2	1.002	1.003
25	997.0	0.890	0.893
30	995.7	0.798	0.800
40	992.2	0.653	0.658
50	988.0	0.547	0.553
60	983.2	0.466	0.474
70	977.8	0.404	0.413
80	971.8	0.354	0.364
90	965.3	0.315	0.326
100	958.4	0.282	0.294

Diversos estudios científicos demuestran que las desviaciones de la ley de Darcy comienzan en $N_R \cong 5$ hasta alrededor de $N_R \cong 60$. Para flujos en los que la dimensión D es grande, como en rocas con grandes fracturas o en calizas kársticas, el flujo puede ser turbulento y la ley de Darcy no se aplica. La ley de Darcy, como se indicó anteriormente, se aplica a los medios isotrópicos, es decir, donde la conductividad hidráulica es independiente de la dirección. También se aplica a flujos donde la dirección de la conductividad hidráulica corresponde a la dirección del gradiente hidráulico. En medios anisotrópicos la conductividad hidráulica depende de la dirección de medición.

2.5.2.3 Medidas en campo de la conductividad hidráulica

El método confiable de determinación de campo de la conductividad hidráulica es mediante pruebas de bombeo. La conductividad hidráulica se obtiene de las observaciones de los niveles de agua cerca de los pozos de bombeo. Produce un valor integrado de K en lugar de la información puntual obtenida por pruebas de laboratorio. También tiene las ventajas de que el acuífero no se altera y se usa agua de formación. También se pueden usar pruebas de rastreo con un colorante como fluoresceína o una sal como cloruro de calcio. En otras palabras, la conductividad hidráulica se obtiene igualando la velocidad de poro obtenida por la ley de Darcy y dividiendo la distancia por la unidad de tiempo (segundo u hora). Esto resulta en:

$$K = \frac{nL^2}{ht}$$ (2-54)

donde *n* es la porosidad del material. En la práctica, esta prueba es difícil de lograr porque la dirección del flujo debe conocerse exactamente, la distancia entre los agujeros debe ser lo suficientemente pequeña como para que el tiempo de viaje no se alarga demasiado y se supone que el acuífero no esté estratificado. En el capítulo 3 se describen algunos problemas de bombeo y como realizarlas.

2.6 Numero de Reynolds

Queda ahora la cuestión de la determinación de hasta qué punto la Ley de Darcy es válida sistemas de flujo a través de suelos. Tal criterio lo proporciona el número R de Reynolds (un número puro relacionando la inercia con la fuerza viscosa), definida como:

$$R = \frac{vd\rho}{\mu}$$ (2-55)

donde v = velocidad de descarga, cm/seg; d = valor promedio del diámetro de las partículas, cm; ρ = densidad del fluido, g (masa)/cm^3 y μ = coeficiente de viscosidad, g-sec /cm^2.

El valor crítico del número de Reynolds en el que el flujo en las agregaciones de partículas cambia. Varios investigadores han encontrado un flujo laminar a turbulento (véase por ejemplo las análisis llevadas a cabo por Muskat, [66]) que oscila entre 1 y 12. Sin embargo, generalmente será suficiente aceptar la validez de la ley de Darcy cuando el número de Reynolds se toma como igual o menor que la unidad, o:

$$\frac{vd\rho}{\mu} \leq 1$$ (2-56)

Sustituyendo los valores conocidos de ρ y μ del agua en la ecuación (2.56) y suponiendo un valor conservador de la velocidad de 1/4 cm/seg, tenemos d igual a 0.4 mm, que es representativo del tamaño promedio de partícula de arena gruesa.

2.7 Teoría de la hidráulica unidimensional

Las dos leyes básicas de la hidráulica son la ecuación de continuidad y la ecuación de la energía. Ambas leyes se exponen a continuación para el caso de flujo constante en un fluido incompresible. La ecuación de continuidad es una declaración de la conservación de masa.

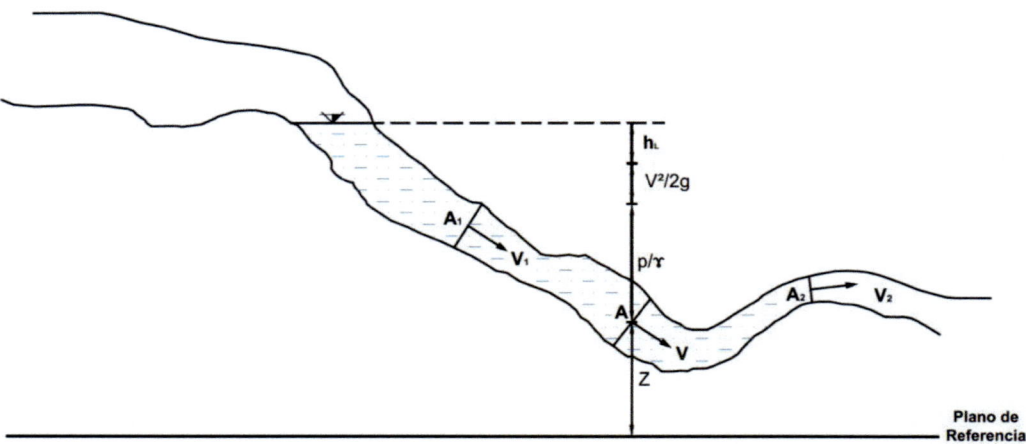

Figura 2-5 Continuidad, velocidad y altura piezométrica

Para un fluido incompresible como el agua la ecuación se convierte en una conservación de volúmenes:

$$Q = A_1 V_1 = A_2 V_2 \qquad \text{(2-57)}$$

La conservación de energía para un flujo constante es:

$$z_1 + \frac{p_1}{\gamma} + \frac{V_1^2}{2g} = z_2 + \frac{p_2}{\gamma} + \frac{V_2^2}{2g} + h_L \qquad \text{(2-58)}$$

donde z es la altura de elevación o la elevación sobre un nivel o plano de referencia, p/γ es la altura de presión, (γ es el peso específico del líquido), $V^2/2g$ es la carga de velocidad y h_L es la pérdida de carga. Cada término tiene la dimensión de longitud, (L), y representa una forma de energía por unidad de peso. Como se discutió anteriormente, la altura de elevación es la energía potencial por unidad de peso, la altura de presión es el flujo de trabajo por unidad de peso, la velocidad de carga es la energía cinética por unidad de peso, y la pérdida de carga es la pérdida de energía debido a la fricción u otras causas por unidad de peso. La ecuación también se puede escribir como energía por unidad de masa de la siguiente forma:

$$gz_1 + \frac{p_1}{\rho} + \frac{1}{2}V_1^2 = gz_2 + \frac{p_2}{\rho} + \frac{1}{2}V_2^2 + gh_L \qquad (\text{2-59})$$

donde ρ es la densidad del fluido. Si la pérdida de carga es insignificante y se hace igual a cero, entonces la ecuación anterior se conoce como la ecuación de Bernoulli. En el flujo a través de medios porosos, la velocidad del fluido es muy pequeña y la altura de la velocidad, generalmente, no se considera consecuencia de su pequeña magnitud. Si el número de Reynolds es suficientemente pequeño, el flujo es laminar, de lo contrario es turbulento. Para tubos circulares el número de Reynolds se define como:

$$N_R = \frac{\rho V D}{\mu} = \frac{V D}{\nu} \qquad (\text{2-60})$$

donde D es el diámetro, V = Q/A es la velocidad de flujo promedio, es decir, la velocidad de flujo Q dividida por la sección transversal área A, ρ es la densidad del fluido, μ es la viscosidad absoluta y ν es la viscosidad cinemática. Con un conjunto consistente de unidades, el número de Reynolds es una cantidad adimensional. El flujo es laminar si el número de Reynolds es menor de 2000, y generalmente es turbulento si el número de Reynolds es mayor de 4000. Para valores entre 2000 y 4000, el flujo se encuentra en un régimen de transición. Para conductos no circulares como, por ejemplo, fracturas, el número de Reynolds se define como:

$$N_R = \frac{\rho V (4R_h)}{\mu} \qquad (\text{2-61})$$

donde Rh = A/P es el radio hidráulico que es la relación entre el área de la sección transversal, A, y la humedad perímetro, P. Para una sección transversal circular D = 4Rh.

Las pérdidas de carga por fricción en el conducto se calculan utilizando la fórmula de Darcy-Weisbach que, generalmente, se define como:

$$h_L = f \frac{L}{D} \frac{V^2}{2g} \qquad (\text{2-62})$$

en el que f es una cantidad adimensional llamada coeficiente de fricción. Para flujo laminar en conductos circulares (también conocido como flujo de Poiseuille), $f=64/N_R$ y el caudal se expresa así:

$$Q = \frac{\rho g D^2}{32\mu} A \frac{h_L}{L}$$ (2-63)

Se considera que esta ecuación tiene la misma forma que la ley de Darcy con $K = \rho g D^2/(32\mu)$ o $k=D^2/32$ y $i=h_L/L$. La fórmula de Darcy-Weisbach (2-63) también es válida para flujos turbulentos.

2.8 Hipótesis de Dupuit–Forchheimer

Para algunos de los problemas de flujo bidimensionales, un componente del flujo puede ser considerado con respeto al otro. En particular, en algunos flujos no confinados con una superficie libre, la componente vertical del flujo puede ser ignorada. Esta aproximación fue iniciada por Dupuit, [29] y utilizada posteriormente por Forchheimer [44] y se conoce como el supuesto Dupuit-Forchheimer y da resultados razonables cuando la profundidad del flujo no confinado es poco profunda y la pendiente de la superficie libre es pequeña. Estos supuestos se resumen de la siguiente manera:

- El flujo es horizontal en cualquier sección transversal vertical.
- La velocidad es constante sobre la profundidad.
- La velocidad se calcula usando la pendiente de la superficie libre como el gradiente hidráulico.
- La pendiente del nivel freático es relativamente pequeña.

2.9 Flujo constante sobre un acuicludo horizontal

Una aplicación simple de las aproximaciones de Dupuit-Forchheimer es el análisis del flujo constante a través de un acuífero no confinado que recubre un acuicludo horizontal impermeable (Figura 2-6). La descarga por el ancho de la unidad es $q_x = q_h$, donde q es la velocidad de Darcy o descarga específica y_h es la profundidad de flujo. Desde La ley de Darcy, se obtiene:

$$q_x = -Kh\frac{dh}{dx}$$ (2-64)

La ecuación 2-64 se integra de $x=0$ (donde $h=h_1$) a $x=L$ (donde $h=h_2$) para obtener la ecuación de Dupuit:

$$q_x = K \frac{h_1^2 - h_2^2}{2L} \qquad (2\text{-}65)$$

Si hay una recarga uniforme con una tasa R_e, entonces resulta que qx=Rex, con x=0 en la división del agua subterránea, y:

$$R_e x = -Kh \frac{dh}{dx} \qquad (2\text{-}66)$$

a partir del cual:

$$K(h_1^2 - h_2^2)| = R_e L^2 \qquad (2\text{-}67)$$

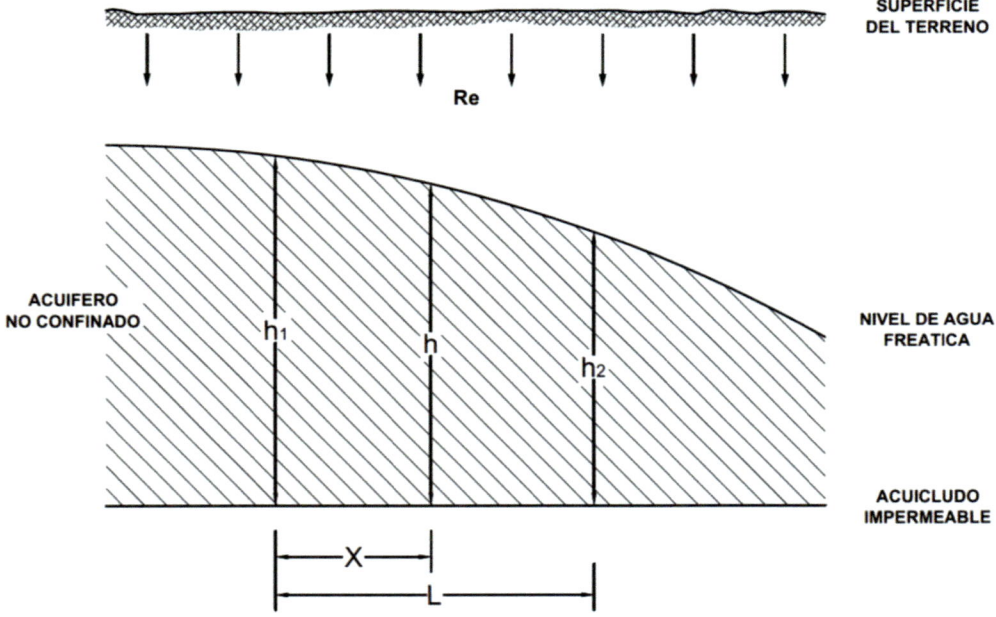

Figura 2-6 Flujo constante a través de un acuífero no confinado que recubre un acuicludo horizontal impermeable

2.10 Filtración en canales abiertos

Los supuestos de Dupuit-Forchheimer pueden utilizarse para analizar la filtración de un canal abierto integrado en un suelo homogéneo e isótropo, que tiene subyacente a una profundidad "D_i" un estrato formado por un material de conductividad hidráulica mucho más baja, que se supone impermeable en el análisis aquí realizado (acuífero libre, según Figura 2.7).

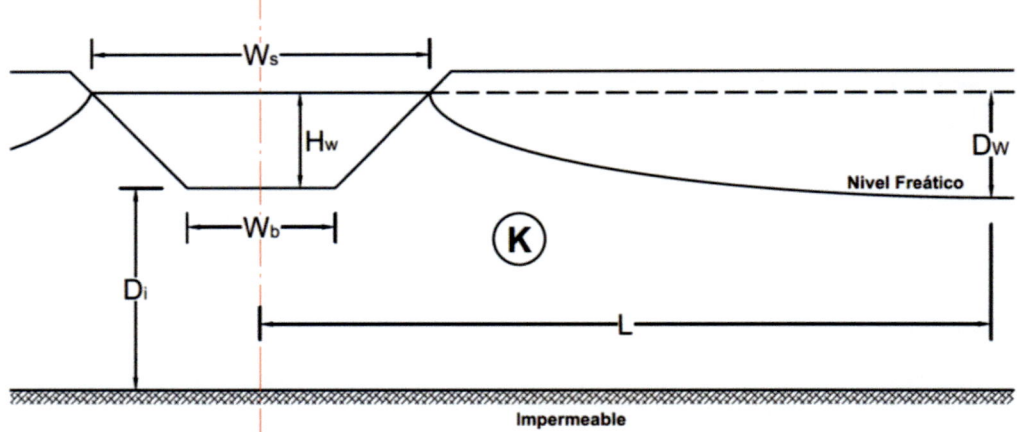

Figura 2-7 Filtración en un canal por encima de un nivel impermeable

La pendiente promedio del nivel freático es $D_w/(L-0.5W_s)$. La ley de Darcy indica que, para una descarga específica, se puede escribir como $q=KD_w/(L-0.5W_s)$. La profundidad de flujo promedio es D_i+H_w

$$Q = 2KD_w \frac{D_i + H_w - 0.5D_w}{L - 0.5W_s}$$

(2-68)

Bouwer [18] afirma que este tipo de análisis da resultados razonables para D_i <3W$_s$. Las soluciones generales del problema de filtración del canal han sido dadas por Bouwer [18] y [19], Harr [49], Polubarinova-Kochina [72]) y Yussuff, et al [96].

2.11 Cuencas de recargas

Una tercera aplicación de los supuestos de Dupuit-Forchheimer es el análisis de la recarga de un acuífero no confinado de una cuenca de recarga. A tal fin, se considera una cuenca rectangular de ancho W y de gran longitud respecto a su anchura y con el supuesto que el flujo en la cuenca es horizontal y constante (Figura 2.8).

Además, la altura del acuífero, H, respecto al sustrato impermeable no debe ser importante en comparación con el ancho, W, del depósito de recarga, es decir, H ≤ W, de lo contrario, debería realizarse un análisis más detallado mediante el empleo de modelos numéricos desarrollados a tal fin.

Suponiendo que R_e sea la tasa de infiltración desde el área de recarga, *x* la distancia horizontal desde la línea central del área de recarga, *h* la altura del agua subterránea por encima de la capa freática estática, y aproximando la transmisividad media T=K(H+h_c/2) por KH, (Figura 2.8), los supuestos de Dupuit-Forchheimer serían:

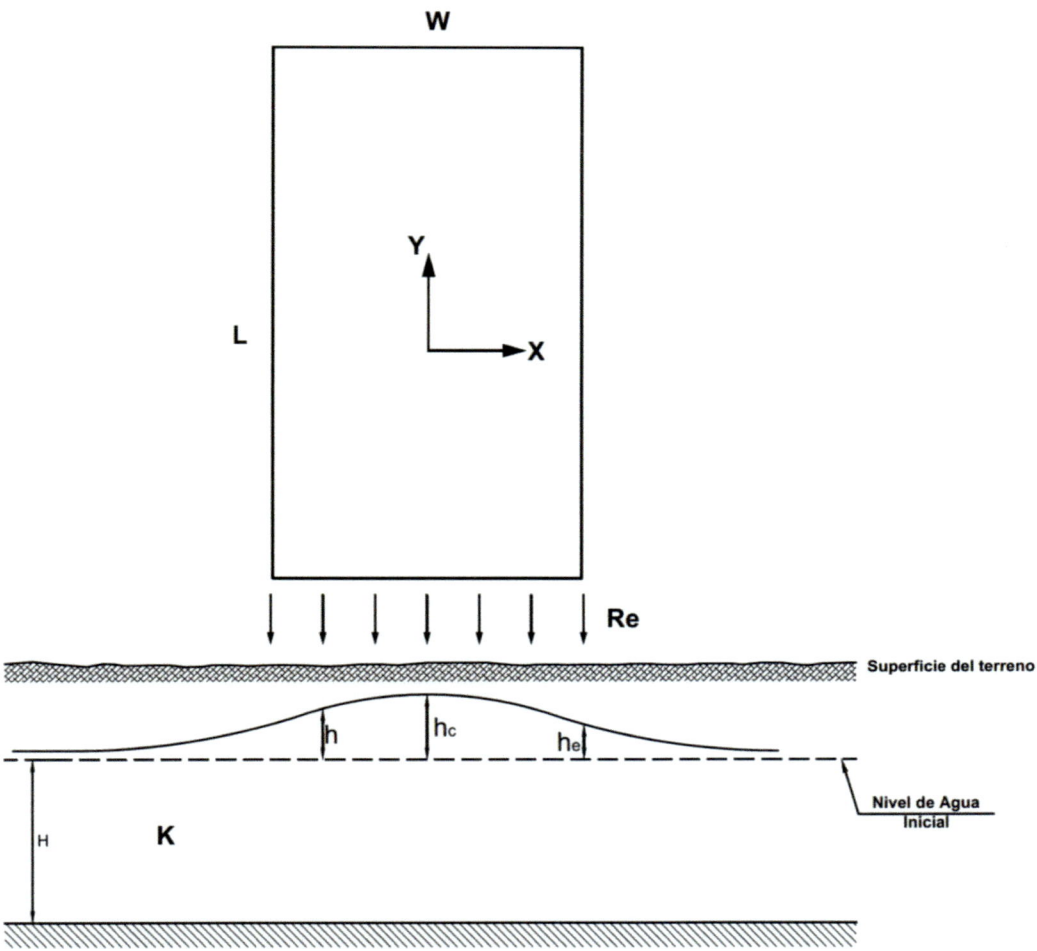

Figura 2-8 Filtración de una cuenca de recarga

$$R_e x = -T\frac{dh}{dx}$$ (2-69)

La integración de (2-69) produce h_c-h_e=R_eW^2/(8T), donde h_c y h_e son la altura del agua subterránea en el centro y en el borde del depósito de recarga, respectivamente.

2.12 Flujo constante hacia un pozo en un acuífero confinado

Quizás la aplicación más importante de los supuestos de Dupuit es el cálculo de un flujo constante hacia un pozo hecho por Forchheimer.

En este caso, se considera un pozo que penetra completamente en un acuífero confinado isotrópico de conductividad hidráulica K. Se supone que el nivel piezométrico inicial es horizontal, de modo que originalmente no hay movimiento del agua subterránea.

A medida que se bombea agua, fluye desde el acuífero hacia él, bajando la superficie piezométrica y creando una reducción (Figura 2.9).

Ahora, considere dos cilindros imaginarios alrededor del pozo con radios r_1 y r_2. Los flujos a través de cada uno de estos cilindros de altura b son horizontales, satisfaciendo así los supuestos de Dupuit-Forchheimer.

Además, los flujos deben ser iguales a la descarga en el pozo. Así, de la ley de Darcy se obtiene:

$$Q = 2\pi r_1 bK i_1 = 2\pi r_2 bK i_2 \qquad (2\text{-}70)$$

donde i_1 e i_2 son los valores del gradiente hidráulico en los radios r_1 y r_2, respectivamente. Como $2\pi bK$ es constante, y desde $r_1 < r_2$ entonces $i_1 > i_2$. Así, la curva del gradiente hidráulico adopta mayor pendiente a medida que el agua se acerca al pozo, creando el cono de depresión. Como el mismo flujo ocurre a través de los dos cilindros, la velocidad bruta, o descarga específica, aumenta a medida que se acerca al pozo.

Entonces se puede escribir la ecuación (2-71) como $Q=2\pi rbK\, dh/dr$ e integrando, produce la ecuación de Thiem para un acuífero confinado

$$Q = \frac{2\pi Kb(h_2 - h_1)}{\ln\left(\frac{r_2}{r_1}\right)} = \frac{2\pi T(h_2 - h_1)}{\ln\left(\frac{r_2}{r_1}\right)} \qquad (2\text{-}71)$$

donde $T=Kb$ es la transmisividad del acuífero.

En el caso de un acuífero no confinado, la profundidad saturada b no es constante y disminuye hacia el pozo. La componente vertical del flujo, en este caso, no se puede despreciar y los supuestos de Dupuit-Forchheimer no están completamente satisfechos. Sin embargo, la ecuación (2.71) todavía puede ser empleada con resultados razonables si T se interpreta como la transmisividad promedio $K(h_1+h_2)/2$. La ecuación (2-71) también se puede emplear con un pozo de observación y considerando el pozo de bombeo como el otro punto de observación.

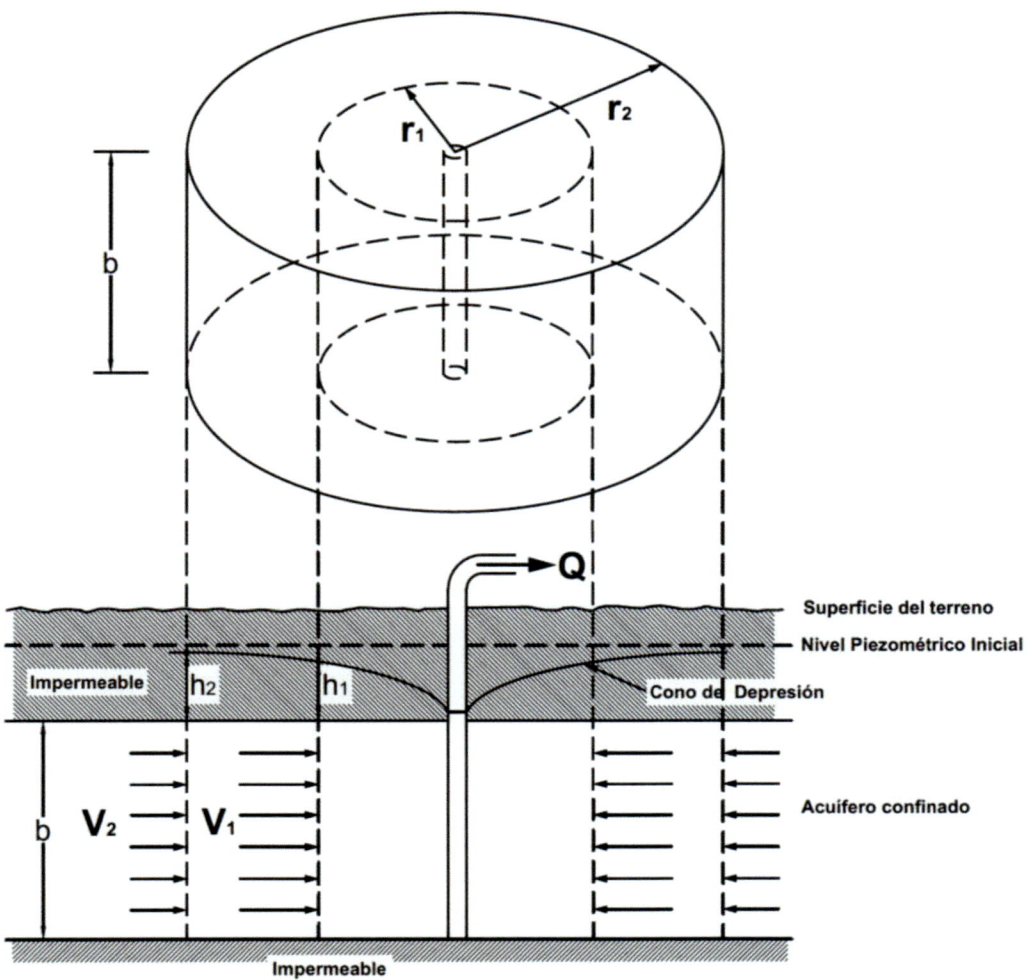

Figura 2-9 Flujo constante hacia un pozo

2.13 Red de flujos

La altura piezométrica h=z+p/γ+C, donde C es una constante arbitraria, se interpreta como una energía o potencial por unidad de peso. La cantidad:

$$\Phi = Kh = K\left(z + \frac{p}{\gamma}\right) + C \qquad (2\text{-}72)$$

se define como el potencial de velocidad, Φ. En virtud de la ley de Darcy, la parte negativa de su derivada en el flujo dirección, para K constante, es la velocidad de Darcy, q. Esta es la definición del potencial de velocidad en la hidrodinámica clásica. Hubbert [40] y [41] introdujo el concepto de potencial Ψ:

$$\psi = gh = \frac{g}{K}\Phi \qquad (2\text{-}73)$$

El potencial de fuerza en un punto es el trabajo que se requiere para mover una unidad de masa de fluido desde una elevación y presión de referencia a la altura y presión en el punto dado. En forma vectorial, para K constante, se tiene:

$$q = -grad\ \Phi \ or\ q = -\frac{K}{g}grad\Psi \qquad (2\text{-}74)$$

El gradiente del potencial es la fuerza por unidad de masa que actúa sobre el agua en un punto dado. La fórmula correcta (2.76) es una ley de Darcy generalizada en tres dimensiones establecidas por Hubbert en [40] y [41]. De la ecuación (2-74) se ve que tiene la misma dirección que – gradiente Ψ siempre que K sea constante. Así las líneas de corriente, que son líneas en todas partes tangentes al vector de velocidad, son perpendiculares a las líneas de Ψ = líneas constantes o equipotenciales. Las líneas de corriente y las líneas equipotenciales son ortogonales.

Una red de líneas de corriente y líneas equipotenciales forman la red de flujo que es una herramienta útil en el análisis de dos dimensiones fluye cuando la conductividad hidráulica no es constante, debe usarse la ecuación (2-74). Con algo de práctica, se pueden dibujar a mano alzada unas buenas redes de flujo. Las líneas equipotenciales se dibujan de modo que la caída de la altura Δh o la caída potencial $\Delta \Phi$ entre líneas adyacentes es la misma. Las líneas de corriente se dibujan así que la misma fracción del flujo total ΔQ tiene lugar entre líneas de corriente adyacentes.

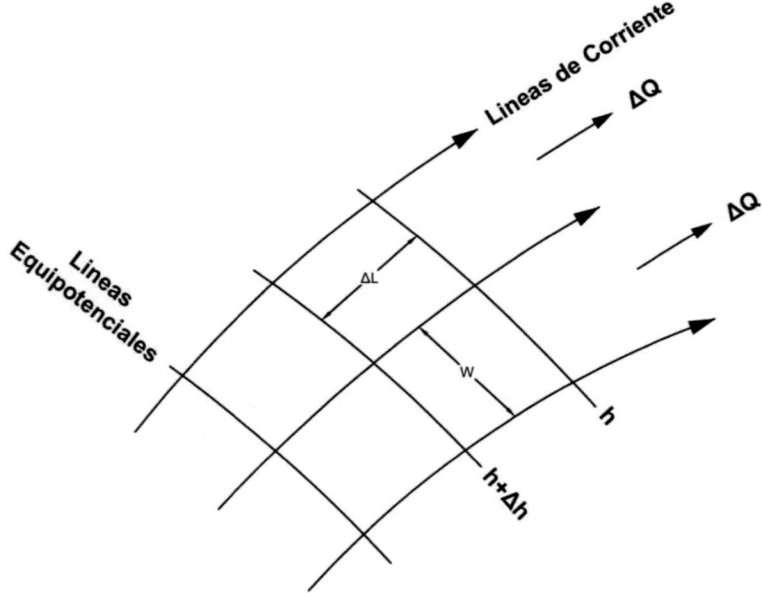

Figura 2-10 Líneas de corriente y líneas equipotenciales en una red de flujo.

Las líneas de corriente se dibujan así que la misma fracción del flujo total ΔQ tiene lugar entre líneas de corriente adyacentes. Son normales a las líneas equipotenciales (Figura 2.10) formando formas "cuadradas". El flujo entre dos líneas de corriente, ΔQ, se obtiene de la ecuación de Darcy como:

$$\Delta Q = K b_w \frac{\Delta h}{\Delta L}$$

(2-75)

2.14 Ecuación de Laplace

La ecuación de Laplace es fundamental para el análisis de muchos problemas de flujo de agua subterránea. Surge por la combinación de la ley de Darcy y la ecuación de continuidad o conservación de la masa para un acuífero homogenéo e isotrópico.

Considere un flujo constante de un fluido incompresible a través de un elemento infinitesimal representado como un paralelepípedo rectangular regular (Figura 2-11) de un medio poroso de porosidad n. Sean u, v, w las componentes de velocidad en las direcciones de los ejes x, y, z, respectivamente. Así, si la entrada a través de la cara vertical cerca del origen es $nudydz$, resulta que el flujo de salida a través de la cara vertical lejos del origen es el siguiente:

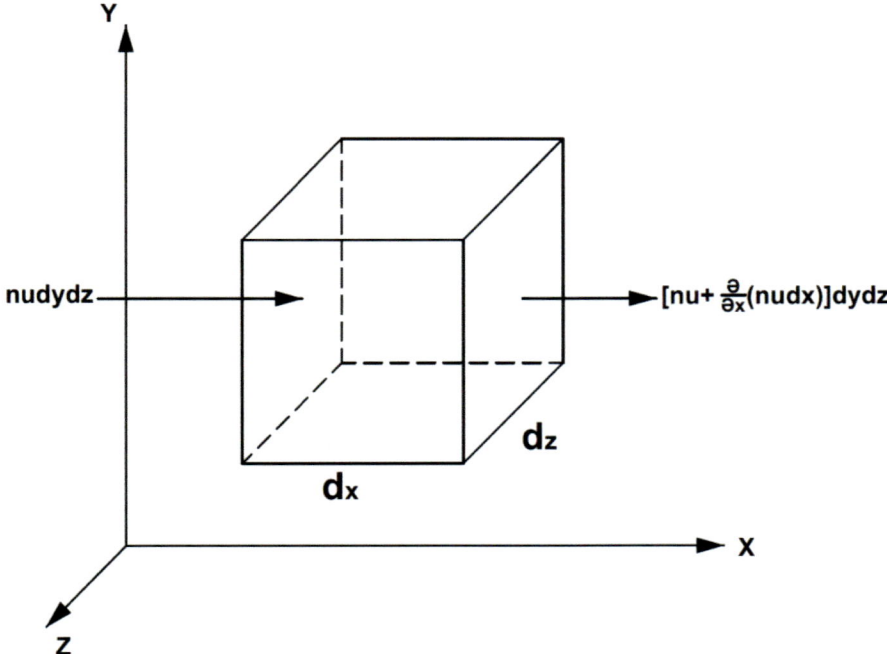

Figura 2-11 Vista tridimensional del elemento infinitesimal del medio poroso orientado según los ejes xyz

$$\left[nu + \frac{\partial}{\partial x}(n|u) \right] dydz \qquad (2\text{-}76)$$

y el cambio neto de volumen en la dirección *x* es:

$$\frac{\partial}{\partial x}(nu|)dxdydz \qquad (2\text{-}77)$$

La suma de los cambios netos de volumen en las direcciones x, y, z debe ser igual a cero. Así, se tiene que:

$$\frac{\partial}{\partial x}(nu) + \frac{\partial}{\partial y}(nv) + \frac{\partial}{\partial y}(nw) = 0 \qquad (2\text{-}78)$$

Para un medio poroso isotrópico incompresible, la ecuación de continuidad para constante flujo incompresible es así:

$$\frac{\partial u}{\partial x} + \frac{\partial v}{\partial y} + \frac{\partial w}{\partial z} = 0 \qquad (2\text{-}79)$$

Usando la ley de Darcy para un medio isotrópico homogéneo:

$$u = -K\frac{\partial h}{\partial x}; \; v = -K\frac{\partial h}{\partial y} \; ; w = -K\frac{\partial h}{\partial z} \qquad (2\text{-}80)$$

La ecuación de Laplace se obtiene en términos de la altura h:

$$\nabla^2 h = \frac{\partial^2 h}{\partial x^2} + \frac{\partial^2 h}{\partial y^2} + \frac{\partial^2 h}{\partial z^2} = 0 \qquad (2\text{-}81)$$

Si en 2.81 las componentes de velocidad se expresan en términos del potencial de velocidad (ver 2.82):

$$u = -\frac{\partial \Phi}{\partial x}; v = -\frac{\partial \phi}{\partial y}; w = -\frac{\partial \phi}{\partial z} \qquad (2\text{-}82)$$

entonces la ecuación de Laplace se expresa en términos del potencial de velocidad Φ:

$$\nabla^2\Phi = \frac{\partial^2\Phi}{\partial x^2} + \frac{\partial^2\Phi}{\partial y^2} + \frac{\partial^2\Phi}{\partial z^2} = 0 \qquad (\text{2-83})$$

Si se supone que el medio poroso de un acuífero confinado se puede comprimir con una compresibilidad a (recíproca del módulo de elasticidad, para cuarzo 2×10^{-11} Pa) y el agua tiene una compresibilidad β (5×10^{-1}), luego la ecuación (2.83) se puede escribir como:

$$\nabla^2 h = \frac{1}{K}\left[\beta\rho g(n + \frac{\alpha}{\beta}\right]\frac{\partial h}{\partial t} \qquad (\text{2-84})$$

El término entre corchetes es el almacenamiento específico o coeficiente de almacenamiento, S, es decir, el volumen de almacenamiento liberación por unidad de caída de la superficie piezométrica por unidad de área horizontal (ver Capítulo 1). Es adimensional. Para acuíferos confinados es del orden de 5×10^{-2} a 10^{-5}.

El término $\rho g a$ representa el aporte de agua del almacenamiento debido a la compresión del medio poroso, y $\beta\rho g n$ es el aporte de agua resultante de la expansión del almacenamiento de agua.

Para un acuífero no confinado, S es la porosidad de drenaje o el aporte específico, es decir, el volumen de liberación de agua por unidad de caída del nivel freático por unidad de área horizontal ya que, para el cubo elemental de la Figura 2-11, la diferencia entre la entrada y la salida es ahora igual a la tasa de cambio de almacenamiento y que el flujo ahora es inestable, lo que requiere la derivada de tiempo en el lado derecho de la ecuación (2.86).

Para flujo bidimensional en un acuífero confinado horizontal la ecuación (2.86) se convierte en:

$$\frac{\partial^2 h}{\partial x^2} + \frac{\partial^2 h}{\partial y^2} = \frac{S}{T}\frac{\partial h}{\partial t} \qquad (\text{2-85})$$

donde T=Kb es la transmisividad del acuífero, y b es la profundidad de un acuífero confinado y el promedio profundidad para un acuífero no confinado.

Si hay una fuga o tasa de entrada q en el acuífero por unidad de área, entonces la ecuación (2.87) se convierte en:

$$\frac{\partial^2 h}{\partial x^2} + \frac{\partial^2 h}{\partial y^2} + \frac{q}{T} = \frac{S}{T}\frac{\partial h}{\partial t} \qquad (2\text{-}86)$$

2.15 Cálculo de la subsidencia debida a la extracción de agua

Considere un área unitaria de un plano horizontal a una profundidad Z debajo de la superficie del suelo. La presión total, Pt, debido a la sobrecarga del plano es sujeta en parte por la presión hidrostática ascendente Ph y en parte por la presión intergranular Pi ejercida entre los granos del material: Pt= Ph+Pi o Pi=Pt –Ph. Una disminución del nivel freático produce una disminución de la presión hidrostática y un correspondiente aumento de la presión intergranular. Si P_{i1} y P_{i2} denotan las presiones intergranulares antes y después del bombeo del nivel freático, la subsidencia vertical se puede calcular como:

$$S_u = Z\frac{P_{i2} - P_{i1}}{E} \qquad (2\text{-}87)$$

donde Z es el espesor de la capa de suelo y E es el módulo de elasticidad del suelo. Los rangos típicos de los valores de E se dan en la Tabla 2.2.

En general, el módulo de elasticidad aumenta de forma no lineal con la presión intergranular. Si hay capas de diferentes tipos de suelo, las subsidencias se calculan por separado para cada nivel y se suman algébricamente para obtener la subsidencia total. Como el módulo de elasticidad de los materiales arcillosos es mucho menor que el de arena o grava, la mayor parte del asentamiento ocurre en los niveles arcillosos.

Tabla 2-2 Módulos elásticos de algunos suelos y rocas

Tipo de material	Módulo de Elasticidad (N/cm^2)
Turba	10-50
Arcilla plástica	50-390
Arcilla blanda	390-790
Arcilla firme	790-1470

Arena floja	980-1960
Arena densa	4910-7850
Grava, grava arenosa densa	9806-19620
Roca fisurada, alterada	14710-294200
Roca sana	>294200

La ecuación anterior también puede emplearse para calcular el ascenso cuando la presión intergranular disminuye.

Se debe tener especial precaución porque el módulo de elasticidad no es el mismo para la carga que para la descarga en un suelo, en particular para los suelos arcillosos.

2.16 Pérdidas de fuerzas de filtración

Cuando el agua fluye horizontalmente a través de un acuífero, el flujo sufre una reducción de la presión de carga por la fricción y, por lo tanto, la presión en el lado aguas arriba de un elemento pequeño es mayor que en el lado aguas abajo.

El agua ejerce una fuerza neta sobre el elemento acuífero y la fuerza neta en el flujo en la dirección es la fuerza de filtración. Esta fuerza puede causar desplazamientos laterales.

Si la bajada del nivel freático en una longitud L es Δh, el movimiento horizontal es $S_h = \gamma_w \Delta_h L / E_h$, donde E_h es el módulo de elasticidad en la dirección horizontal. Si definimos i el ángulo del nivel freático y $\Delta_h = iL$, el movimiento horizontal, S_h, se calcula como:

$$S_h = \gamma_w i \frac{L^2}{E_h}$$

(2-88)

Si hay un flujo vertical ascendente, la pérdida de carga debido a la fricción a medida que el agua fluye hacia los poros resulta en un aumento de la presión hidrostática. Esto a su vez resulta en una disminución de la presión intergranular.

Se puede alcanzar un punto cuando la fuerza de filtración hacia arriba es lo suficientemente grande como para soportar el peso de los granos de arena, para que la arena o el limo se comporten como un líquido. Esta condición se conoce como arenas movedizas y se alcanza cuando la presión intergranular desaparece y la arena pierde su capacidad de carga. Se puede demostrar que el gradiente hidráulico hacia arriba necesario para producir arenas movedizas está muy cerca de uno.

2.17 Bombeo de aguas dulces y saladas

Las aguas subterráneas dulces y salinas tienen densidades diferentes, ρ_f y ρ_s. En acuíferos costeros en condiciones naturales, el agua dulce más ligera se encuentra sobre el agua salina más pesada y el flujo es generalmente del acuífero al mar.

La mezcla de agua dulce y agua salada se produce solo por difusión molecular. La difusión turbulenta, o sea el mecanismo de mezcla más efectivo, está ausente en los acuíferos y como resultado, la zona de mezcla entre agua salada y el agua dulce es pequeña en comparación con el espesor del acuífero y, generalmente, se asume que esta este cambio es muy definido.

En un punto de la interfaz entre las aguas dulces y salinas, la presión del agua dulce, $\rho_f g h_f$, generalmente excede la presión del agua salina, $\rho_s g h_s$, causando el flujo de tierra a Mar (véase Figura 2-12).

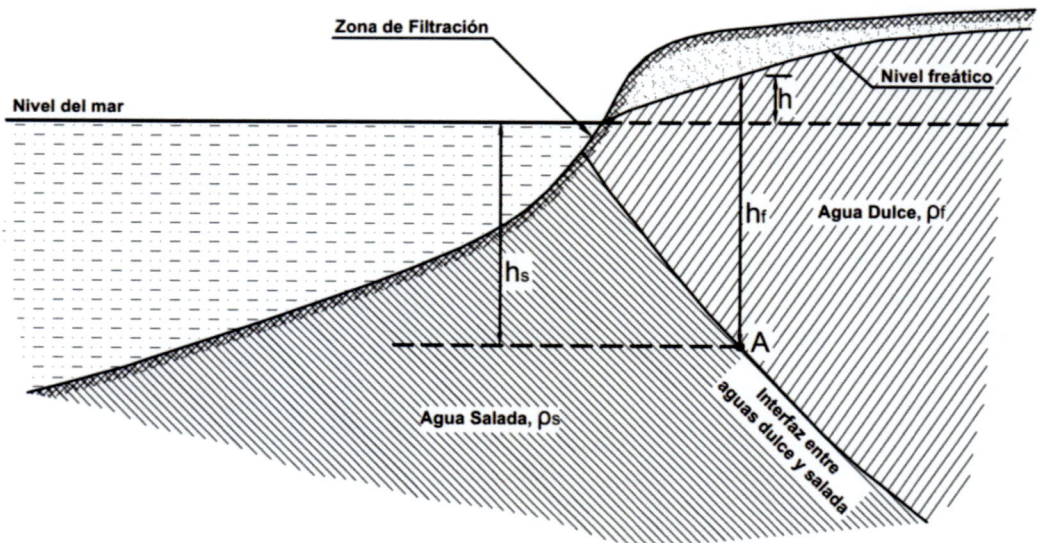

Figura 2-12 Acuífero costero en condiciones naturales

Pero cuando el bombeo se realiza en exceso del reabastecimiento, la extracción del agua crea una altura piezométrica en el agua dulce se reduce menos que en la equivalente altura del agua salada adyacente. Luego, el agua salina se mueve tierra adentro causando una intrusión de agua salada. El agua salada puede llegar al pozo que se contamina. Suponiendo condiciones estáticas, la zona de filtración se reduce a un punto donde la presión en el punto A sobre el La interfaz debe ser la misma en el lado del agua salada y en el lado del agua dulce. Así, la profundidad h_s de la interfaz por debajo del nivel del mar es:

$$h_s = \frac{\rho_f}{\rho_s - \rho_f} h \qquad (2\text{-}89)$$

donde h es la altura del nivel freático sobre el nivel del mar.

Para un acuífero confinado, h es la altura piezométrica de agua dulce. Cuando se bombea agua dulce de un acuífero que recubre un cuerpo de agua salada, la extracción del agua dulce causa una reducción de la presión en esta interfaz llevando a que la interfaz suba por debajo del pozo y cree el fenómeno que en inglés se llama *upconing* o sea se crea un cono de agua salada en el pozo. Una estimación aproximada de la altura δ del cono sería la siguiente:

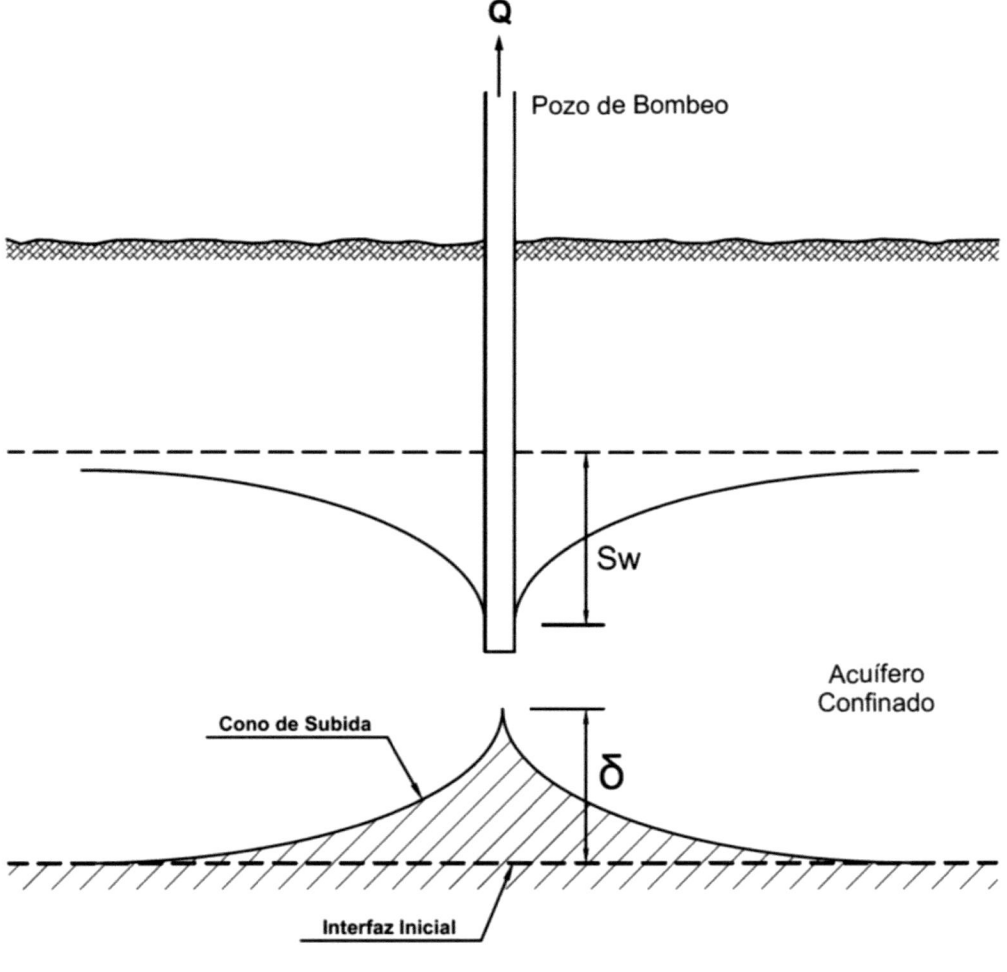

Figura 2-13 Cono de subida

$$\delta = \frac{\rho_f}{\rho_s - \rho_f} s_w \qquad (2\text{-}90)$$

donde s_w es la bajada del nivel freático en el pozo. Las relaciones más exactas se dan, entre otras, por Bear y Dagan, [11], Dagan y Bear [28] y Bear, [10].

3. LA HIDRÁULICA SUBTERRÁNEA EN LA INGENIERÍA CIVIL

3.1 Introducción

En el siglo pasado no se conocía la teoría de como circulaba el agua en un medio poroso y se consideraba el diseño de obras, en las que intervenía el agua, más un arte que una ciencia, así el tamaño y forma del cimiento de una presa, el diseño de drenes para una carretera, presa u otras obras eran estimados y diseñados por intuición o por simple copia de algo que había funcionado en el pasado.

Los experimentos de Darcy con los fenómenos de flujo, los trabajos de Terzaghi en la Mecánica de suelos y la Teoría práctica de Casagrande sobre la filtración, junto con las aportaciones de otros muchos ingenieros, han contribuido a que hoy tanto el diseño como la construcción de estructuras sobre suelos y rocas sean capaces de poder resistir los empujes de las aguas subterráneas.

Cualquier obra de ingeniería, en la que el agua sea un factor desestabilizante, puede ser segura si:

- se mantiene el agua fuera de las zonas donde puede causar daño o

- si se controla el agua que entra mediante drenajes.

En cualquier obra en la que está presente el agua y se produce una filtración incontrolada los problemas que provoca el flujo del agua se pueden agrupar en una de estas dos categorías:

- migración de las partículas finas del suelo hacia una salida, provocando sifonamientos o roturas por erosión.

- aumento de los niveles de saturación, flujos internos, excesivas subpresiones o fuerzas de infiltración.

En la Tabla 3.1. se muestran algunos ejemplos de roturas provocadas por el agua, divididas según las dos categorías anteriores.

A continuación, se describen los problemas más importantes que provocan las aguas subterráneas en la Ingeniería Civil.

Tabla 3-1 Ejemplos de roturas provocadas por una filtración incontrolada

Categoría I Roturas provocadas por la migración de partículas hacia una salida o hacia una capa de grava limpia	Categoría II Roturas provocadas por una saturación incontrolada y por fuerzas de filtración
1. Sifonamiento en presas, diques y embalses, causados por: • Pérdida de los filtros de protección. • Poca compactación a lo largo de conducciones, zanjas de cimentaciones, etc. • Conducciones hechas por animales, raíces o maderas podridas, etc. • Filtros o drenes con poros por los que pueden migrar las partículas. • Grietas y juntas abiertas en rocas bajo la cimentación de presas. • Estratos de gravas limpias o materiales gruesos bajo cimentaciones. • Roturas en drenes rígidos, revestimientos de embalses, núcleos de presas, etc., causadas por terremotos y otras causas. • Defectos de construcción o naturales. 2. Colmatación de drenes de gravas, incluso drenes franceses.	1. Deslizamientos provocados por saturación. 2. Deterioro y rotura de la base de un pavimiento provocado por insuficiente drenaje. 3. Rotura del cimiento de un relleno provocado por retención de aguas subterráneas. 4. Roturas de rellenos y cimentaciones causadas por exceso de presión de poros. 5. Roturas de muros de contención provocadas por la presión hidrostática. 6. Levantamiento de revestimiento de canales, sótanos, losas de aliviaderos, etc., por subpresiones. 7. Roturas de diques secos causadas por subpresiones. 8. Roturas de presas y taludes provocadas por fuerzas de filtración o subpresiones. 9. Roturas por licuefacción de presas y taludes provocadas por sismos.

Los métodos utilizados en la actualidad en el control del nivel del agua subterránea han evolucionado durante las últimas décadas, si bien, los conceptos básicos permanecen. La mejora se ha obtenido a partir de un menor coste de los materiales utilizados, bombeos más eficientes y sistemas de montaje de mayor efectividad. Los sistemas de control del potencial del agua subterránea pueden clasificarse en cuatro grandes grupos:

- **Sistemas de bombeos abiertos superficiales (*sump pumping*)**. Estos sistemas recogen el agua cuyo flujo es permitido hacia la excavación, y en la mayoría de las ocasiones, por medio de zanjas más o menos efectivas, se conduce a puntos de recogida. Estos puntos de recogida, debidamente diseñados, habitualmente son ubicados en una cota sensiblemente inferior a la que es el objetivo de la excavación. En su interior será colocada una bomba de achique encargada de elevar el agua hasta el punto de vertido. Este tipo de punto de captación es conocido como sumidero.

- **Sistemas de drenaje en avance**. Estos sistemas provocan el descenso de potencial hidráulico hasta una cota que permita la ejecución de la excavación bajo condiciones practicables y en condiciones de estabilidad y seguridad, tanto para la obra como para las estructuras colindantes. Para ello deberá ser diseñado e implementado un sistema de bombeo, generalmente basado en una red de pozos profundos, bombeos asistidos por vacío u otros métodos. Estos métodos pretenden que la excavación se realice en seco. Dentro de este tipo de sistemas de control se comentarán más adelante el de bombeos asistidos por vacío y el de bombeos con pozos profundos.

- **Sistemas de impermeabilización (*cut off*)**. Estos sistemas actúan como barreras impermeables al flujo, a base de tablestacas, muros pantalla estructurales, pantallas de lodos, sistemas de congelación y otros. En muchas ocasiones son utilizados en combinación con los sistemas de bombeo.

- **Sistemas de exclusión (*excluded*)**. Son sistemas que evitan la llegada de agua subterránea a la obra o túnel mediante su desplazamiento por presurización.

3.2 Sifonamiento

Si en el permeámetro de carga constante con flujo ascendente del apartado anterior se continúa subiendo el depósito y, en consecuencia, se sigue incrementando la altura piezométrica h, llegará un momento en que, las presiones efectivas se anularán simultáneamente en toda la masa de la muestra permeable del suelo granular ensayado. En este preciso instante, la masa de suelo granular de la célula perderá toda su consistencia, su esfuerzo cortante y su capacidad de carga y, además, dará la sensación de entrar en "ebullición", como si las partículas del suelo hirvieran (condición "movediza"). Este fenómeno ya se describe en el apartado 2.16. En esta situación, se puede afirmar que se ha alcanzado el sifonamiento o licuefacción en el suelo. Efectivamente, si la fuerza de filtración y el gradiente hidráulico se incrementan gradualmente, es posible alcanzar una condición límite en la masa de suelo, al anularse la tensión efectiva vertical en el mismo, a saber:

$$\sigma'_3 = \sigma_3 - u_3 = \gamma' L - \gamma_m h = 0 \qquad (3\text{-}1)$$

con lo que,

$$\gamma' L = \gamma_m h \qquad (3\text{-}2)$$

y, por tanto, se tiene que:

$$\frac{h}{L} = \frac{\gamma'}{\gamma_m} = i = i_c \qquad (3\text{-}3)$$

Que es, precisamente, el gradiente crítico (para la tensión efectiva vertical nulo). Luego, el sifonamiento es un estado que tiene lugar cuando el gradiente del suelo $i > i_c$.

A título informativo, citar que, en muchos casos, este valor "i_c" del gradiente crítico está comprendido entre valores mínimos de 0,9 y máximos de 1,1.

Por su importancia, citar que, el fenómeno de sifonamiento es típico de suelos granulares finos (arenas finas: arenas limosas y limos arenosos) ya que, en suelos granulares gruesos (gravas), la porosidad es elevada y sería necesario un flujo muy importante de agua para alcanzar la condición de sifonamiento. Además, citar que, esta condición movediza tampoco sucede en suelos cohesivos (arcillas), ya que la cohesión entre las partículas previene este fenómeno.

La condición de sifonamiento, antes explicitada, es independiente de coeficiente de permeabilidad del suelo y de su naturaleza, pero, sin embargo, el fenómeno puro de licuefacción apenas se presenta más que en arenas finas. Según Taylor [87], la ocurrencia del fenómeno de sifonamiento en suelos granulares finos se debe a que el caudal que precisan es menor que en suelos más gruesos. Pero lo cierto es que, en condiciones particulares creadas por el ser humano (agotamiento de excavaciones, construcciones de presas, etc.) se llega, en muchas ocasiones, a estas condiciones de sifonamiento, manifestándose inicialmente como un fenómeno de tubificación, tal y como se describe en el siguiente apartado.

Este fenómeno de sifonamiento descrito, ocurre en la realidad, siendo su máximo exponente, las arenas movedizas que existen en varios lugares del mundo, y que se manifiestan como una verdadera licuefacción de una cierta masa de terreno.

3.3 Rotura del fondo

Si el terreno es arcilloso, en cambio, se puede producir otro fenómeno llamado rotura de fondo y consiste en que, aunque se excave el fondo de excavación no se puede profundizar, debido a la diferencia de carga existente entre los laterales de la excavación y el fondo de esta. Este mecanismo produce un asiento detrás de la pantalla con consecuente daño a la estructura como a los elementos cercanos. El coeficiente de seguridad F_f, frente a este fenómeno puede determinarse con la expresión:

$$F_f = \frac{cuNb}{YH + q} \qquad (3\text{-}4)$$

En esta expresión, la notación es la siguiente:

c_u, es la cohesión sin drenaje de la arcilla.
q, es la sobrecarga en cabeza de la excavación.
N_b, es un factor de estabilidad adimensional, que depende de la geometría de la excavación.

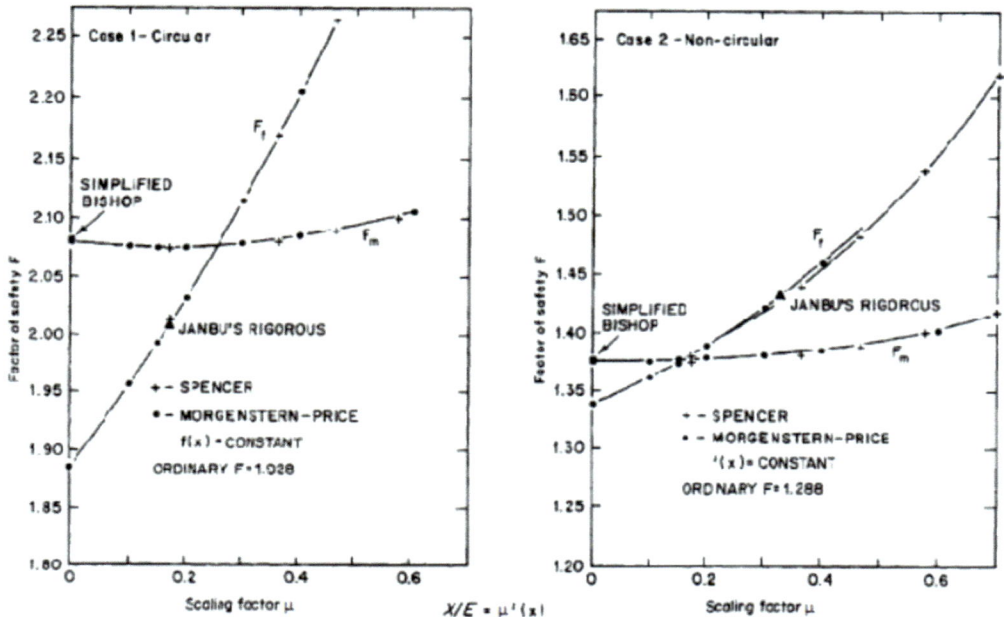

Figura 3-1 Variación del coeficiente μ en función de Ff

En la figura 3.1 anterior se muestra un gráfico elaborado por Janbu, recogido en [8], para determinar el valor del coeficiente Nb (µ). El coeficiente de seguridad Ff debe ser superior a 1.50 y es recomendable que se aproxime a 2.00.

3.4 Pozos

La figura 3.2 ilustra un pozo en una formación acuífera. En ella se detallan cada uno de los conceptos definidos a continuación:

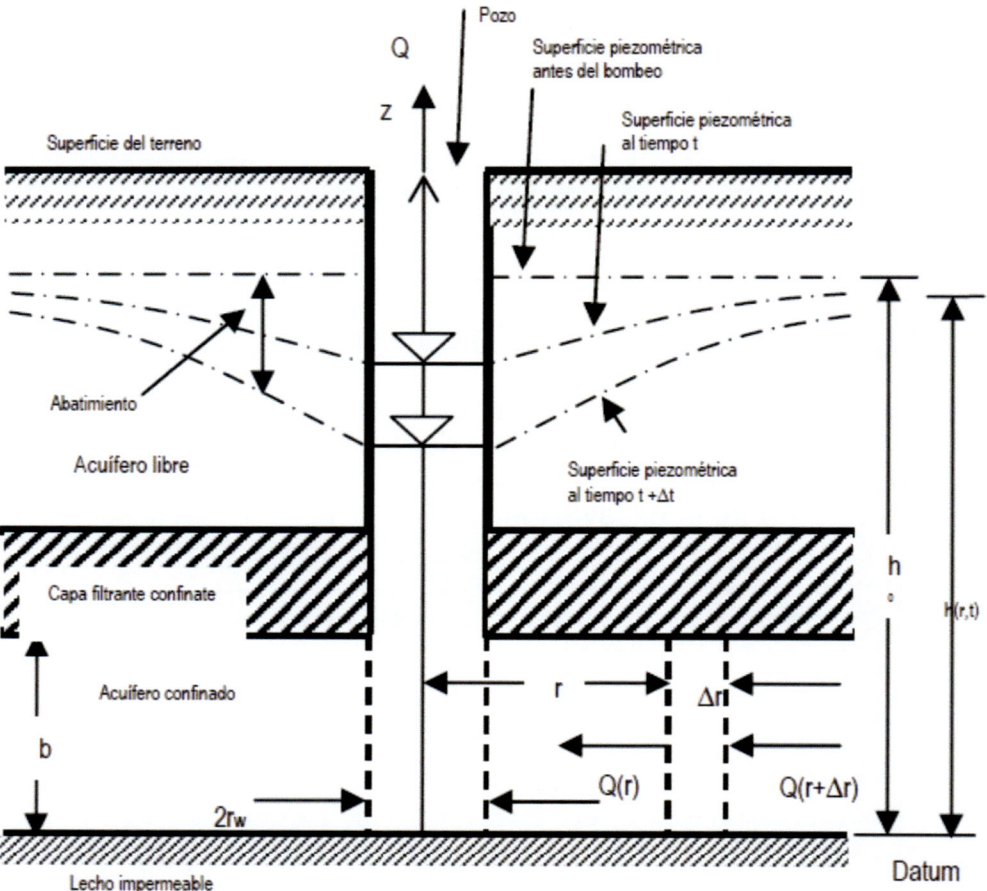

Figura 3-2 Esquema representativo del bombeo de un pozo

- **Nivel Estático**: Es el nivel de agua presente en la formación acuífera antes de comenzar el bombeo. Este nivel se ve afectado por efectos meteorológicos (precipitación, infiltración) estacionales o por cargas adicionales (edificaciones), o por la descarga producida por pozos cercanos.

- **Nivel Dinámico**: también llamado nivel de bombeo, porque es producido cuando comienza la descarga del acuífero por el pozo. Este nivel depende del caudal de bombeo, del tiempo de bombeo y de las características hidrogeológicas del acuífero. También se debe tener en cuenta la técnica desarrollada en el diseño de pozo.

- **Abatimiento**: bajo condiciones de extracción o inyección de un pozo, la carga hidráulica inicial en cualquier punto del acuífero cambia. En condiciones de extracción de un pozo, la distancia vertical entre la carga hidráulica inicial en un punto en el acuífero y la posición baja de la carga hidráulica para el mismo punto es llamado abatimiento. Para un acuífero libre el nivel del agua en el nivel freático está determinado por la distancia s (x,y,z,t), la cual es el abatimiento. Para el caso del acuífero confinado, el abatimiento es definido con respecto a la superficie piezométrica. Este descenso de niveles define la curva de abatimiento, por lo tanto, es claro que el abatimiento presente su menor valor en lejanías del pozo y el mayor valor en el pozo. La dimensión del abatimiento es la longitud [L]. El abatimiento es generalmente expresado en metros de agua

- **Cono de depresión**: Al producirse el descenso del nivel estático del pozo, se establece un gradiente hidráulico entre cualquier punto de la formación y el pozo, originándose un movimiento radial desde todas las direcciones hacia el pozo en una forma simétrica y de tal manera que el caudal Q que se extrae del pozo es igual al caudal que pasa por cualquier sección del acuífero. A medida que la velocidad aumenta, mayor será el gradiente hidráulico ya que aumenta la fricción existente entre el fluido y las partículas sólidas en contacto. Por ello, lo que se forma alrededor del pozo se le conoce como cono de depresión que sobre un plano vertical presenta una curva conocida con el nombre de curva de abatimiento. La forma, alcance y profundidad de este cono de depresión dependerá de las condiciones hidrogeológicas (transmisividad y coeficiente de almacenamiento del acuífero), del caudal y el tiempo de bombeo o inyección. En el acuífero confinado el cono de depresión es la representación de la variación de los niveles piezométricos en tanto que en el acuífero libre es además la forma real de la superficie piezométrica.

- **Capacidad Específica**: Es la relación que existe entre el caudal que se obtiene de un pozo y el abatimiento producido y se expresa en unidades de caudal por longitud, [$L^3/T/L$]. Este valor es contante para acuíferos confinados y variables para los acuíferos libres; es un término que representa el grado de eficiencia de un pozo ya que, de dos pozos perforados en una misma formación acuífera, el de menor capacidad específica tendrá menos eficiencia. El grado de eficiencia de un pozo lo determinaremos con base en la transmisividad y el coeficiente de almacenamiento de la formación acuífera, (con la cual podremos calcular un valor de la capacidad específica teórica) el valor de la capacidad específica real medida en el pozo.

3.4.1 Movimiento no permanente

En 1935, Theis [89] planteó el modelo matemático para describir el movimiento de agua subterránea en acuíferos homogéneos e isotrópicos. Este modelo describe el flujo asciende en acuíferos bajo condiciones constantes de extracción de un pozo en acuíferos. A pesar de sus limitaciones tiene muchas aplicaciones en la hidráulica de pozos. Trata el pozo como una línea origen y no toma en consideración el agua obtenida del almacenamiento dentro del pozo.

Papadopulos y Cooper, [70] generalizaron la ecuación de Theis considerando los efectos de almacenamiento. Para el cumplimiento del Modelo de Theis hay que tener en cuenta las siguientes consideraciones esquematizadas en la Figura 3.1.

- ✓ Acuífero homogéneo e isotrópico
- ✓ Acuífero horizontal y de espesor constante, b
- ✓ Descarga contante, Q
- ✓ No hay goteo
- ✓ Acuífero de extensión infinita
- ✓ El diámetro del pozo es infinitesimalmente pequeño, es decir que no existe almacenamiento en el pozo
- ✓ El pozo penetra todo el acuífero
- ✓ Antes del bombeo la carga piezométrica en el acuífero en la misma en cada punto del acuífero
- ✓ La descarga del pozo es obtenida exclusivamente del almacenamiento del acuífero
- ✓ El agua es inmediatamente liberada del almacenamiento del acuífero al declinar la carga hidráulica
- ✓ El almacenamiento en el acuífero es proporcional a la carga hidráulica

Utilizando la Ecuación de Movimiento que gobierna en flujo en acuíferos isotrópicos descrita en el capítulo 2, se aplica el método de separación de variables recogida en Piskunov, [71]. Es decir, se busca la solución particular puede:

$$s(r,t) = f(r) \cdot g(t) \qquad (3\text{-}5)$$

Reemplazando está función en la ecuación (3.2) se obtiene:

$$f''g + \frac{1}{r}f'g = \frac{S}{T}fg'$$ (3-6)

$$\frac{f''}{f} + \frac{1}{r}\frac{f'}{f} = \frac{S}{T}\frac{g'}{g}$$ (3-7)

Al demostrar que son separables, estás funciones son iguales a una constante, que se llamará λ. Entonces igualando λ al lado izquierdo de la ecuación 3.7:

$$\frac{f''}{f} + \frac{1}{r}\frac{f'}{f} = \lambda$$ (3-8)

$$f'' + \frac{1}{r}f' = f\lambda$$ (3-9)

$$f'' + \frac{1}{r}f' - f\lambda = 0$$ (3-10)

Al solucionar por operador cuadrático:

$$D^2 + \frac{1}{r}D - \lambda = 0$$ (3-11)

$$D = -\frac{1}{2r}\left[1 \pm \sqrt{1 + 4\lambda r^2}\right]$$ (3-12)

Pero dependiendo del valor que tome el discriminante, se obtendrán las diferentes raíces, así:

1) Si $1+4\lambda r^2>0$, existen dos raíces reales diferentes:

$$D = -\frac{1}{2r}\left[1 \pm \sqrt{1 + 4\lambda r^2}\right]$$

2) Si $1+4\lambda r^2=0$, existen 2 raíces reales iguales:

$$D = -\frac{1}{2r}$$

3) Si $1+4\lambda r^2<0$, existen 2 raíces imaginarias diferentes:

$$-\frac{1}{2r}\left[1 \pm i\sqrt{1 + 4\lambda r^2}\right]$$

En el primer caso la solución sería:

$$f(r) = C_1 e^{-\frac{1}{2r}\left[1+\sqrt{1+4\lambda r^2}\right]} + C_2 e^{-\frac{1}{2r}\left[1-\sqrt{1+4\lambda r^2}\right]}$$

En el segundo caso la solución sería:

$$f(r) = C_1 e^{-\frac{1}{2r}} + C_2 e^{-\frac{1}{2r}}$$

Mientras que, en el tercer caso, la solución sería:

$$f(r) = e^{-1/2r}\left[C_1 + \cos\left(-\frac{1}{2r}\sqrt{-(1 + 4\lambda r^2)}\right) + C_2 + \operatorname{sen}\left(-\frac{1}{2r}\sqrt{-(1 + 4\lambda r^2)}\right)\right]$$

Igualando ahora al lado izquierdo de la ecuación 3.11 a λ, se obtiene

$$\lambda = \frac{S}{T}\frac{g'}{g} \qquad (3\text{-}13)$$

Integrando $\int \frac{S}{T}\frac{g'}{g} = \int \lambda$ y luego despejando g(t) se llega a:

$$\frac{S}{T} = \ln(g) = \lambda t + M \qquad (3\text{-}14)$$

$g(t)| = Pe^{\frac{\lambda T t}{S}}$, donde P=e^M=constante

Por lo tanto, como de f se obtienen tres soluciones, la solución de la ecuación 3.2 puede tener tres formas:

I) $\quad s(r,t) = \left(C_1(\lambda)e^{-\frac{1+\sqrt{(1+4\lambda r^2)}}{2r}} + C_2(\lambda)e^{-\frac{1-\sqrt{(1+4\lambda r^2)}}{2r}}\right)e^{\frac{\lambda T t}{S}}$

II) $\quad s(r,t) = \left(C_1(\lambda)e^{-\frac{1}{2r}} + C_2(\lambda)re^{-\frac{1}{2r}}\right)e^{\frac{\lambda T t}{S}}$

III) $\quad s(r,t) = e^{\left(\frac{\lambda T t}{S} - \frac{1}{2r}\right)}\left[C_1(\lambda)\cos\left(-\frac{1}{2r}\sqrt{-(1 + 4\lambda r^2)}\right) + C_2(\lambda)\operatorname{sen}\left(-\frac{1}{2r}\sqrt{-(1 + 4\lambda r^2)}\right)\right]$

Para cada valor de λ, las constantes arbitrarias C1, C2 y P tienen valores determinado; por eso C1 y C2 son funciones de λ y absorben el valor de P. También se aclara que la suma de las tres formas de solución son soluciones de la ecuación 3.8, debido a su linealidad. Para encontrar la solución y el valor de las constantes, Theis reemplazó las condiciones iniciales y de frontera en las anteriores combinaciones, y así encontró la función de abatimiento por analogía de transferencia de calor en sólidos:

$$s(r,t) = \frac{A}{t} e^{-u} \qquad (3\text{-}15)$$

Donde, A es una constante y

$u = \frac{r^2 S}{4tT}$ Para t>0, el volumen total V, de agua tomado del acuífero es:

$$V = \int_0^\infty 2\pi \, r \, s \, S \, dr \qquad (3\text{-}16)$$

Remplazando (3-15) en (3-16)

$$V = \int_0^\infty 2\pi \, r \, \frac{A|}{t} \, e^{-u} \, S \, dr \qquad (3\text{-}17)$$

$$V = \int_0^\infty 2\pi \, r \, \frac{A|}{t} \, e^{-\frac{r^2 s}{4tT}} \, S \, dr \qquad (3\text{-}18)$$

Al solucionar este integral se tiene que:

$$V = 2\pi S \frac{A}{t} \int_0^\infty e^{-\frac{r^2 s}{4tT}} r \, dr = 2\pi S \frac{A}{t} \left[-\frac{2}{S} Tt e^{-\frac{r^2 s}{4tT}} \right]_{r=0}^{r=\infty} \qquad (3\text{-}19)$$

De donde:

$$V = 2\pi S \frac{A}{t} \int_0^\infty e^{-\frac{r^2 s}{4tT}} r \, dr = 2\pi S \frac{A}{t} \left[-\frac{2}{S} Tt e^{-\frac{r^2 s}{4tT}} \right]_{r=0}^{r=\infty} \qquad (3\text{-}20)$$

$$V = 4\,\pi T A \qquad (3\text{-}21)$$

$$A = \frac{V}{4\pi T} \qquad (3\text{-}22)$$

Reemplazando 3.22 en 3.15 se tiene que

$$s(r,t) = \frac{V}{4\pi T t} e^{-\left(\frac{r^2 s}{4Tt}\right)} \qquad (3\text{-}23)$$

El Volumen de agua V, del acuífero es removido durante el período de tiempo dt. Así que V=Qt y dV=Qdt, y entonces

$$ds(r,t) = \frac{V}{4\pi T t} e^{-\left(\frac{r^2 s}{4Tt}\right)} \qquad (3\text{-}24)$$

Si el agua es bombeada a una tasa de Q por unidad de tiempo de t=0 a t=t en el origen por integración se obtiene:

$$ds(r,t|) = \frac{Q}{4\pi T} \frac{dt}{t} e^{-\left(\frac{r^2 s}{4Tt}\right)} \qquad (3\text{-}25)$$

$$s(r,t) = \frac{Q}{4\pi T} \int_0^t \frac{dt}{t} e^{-\left(\frac{r^2 s}{4Tt}\right)} \qquad (3\text{-}26)$$

Reemplazando: $u = \frac{r^2 S}{4Tt}$ entonces:

$$s(r,t) = h_0 - h(r,t) = \frac{Q}{4\pi T} \int_u^\infty \frac{e^{-u}}{u} du \qquad (3\text{-}27)$$

donde:

$$\int_u^\infty \frac{e^{-u}}{u} du = -Ei(-u) = W(u)$$

La integral exponencial se conoce como la función de pozo de Theis, y su solución está dada por una serie de potencias:

$$W(u) = -0.5772 - \ln(u) + u - \frac{u^2}{2.2!} + \frac{u^3}{3.3!} - \frac{u^4}{4.4!} + \cdots$$

$$W(u) = -0.5772 - \ln(u) + u - \sum_{n=1}^{\infty} (-1)^n \frac{u^n}{n.n!}$$

Ahora se puede definir el abatimiento en términos de la curva de Theis:

$$s(r,t) = \frac{Q}{4\pi T} W(u) \qquad (3\text{-}28)$$

La Figura 3.3 muestra la curva típica de Theis, útil para determinar los parámetros hidrogeológicos de acuíferos confinados usando datos de pruebas de bombeo. También se pueden trazar isolíneas de tiempo graficando el abatimiento en función del radio e isolíneas de radio, graficando el abatimiento en función del tiempo.

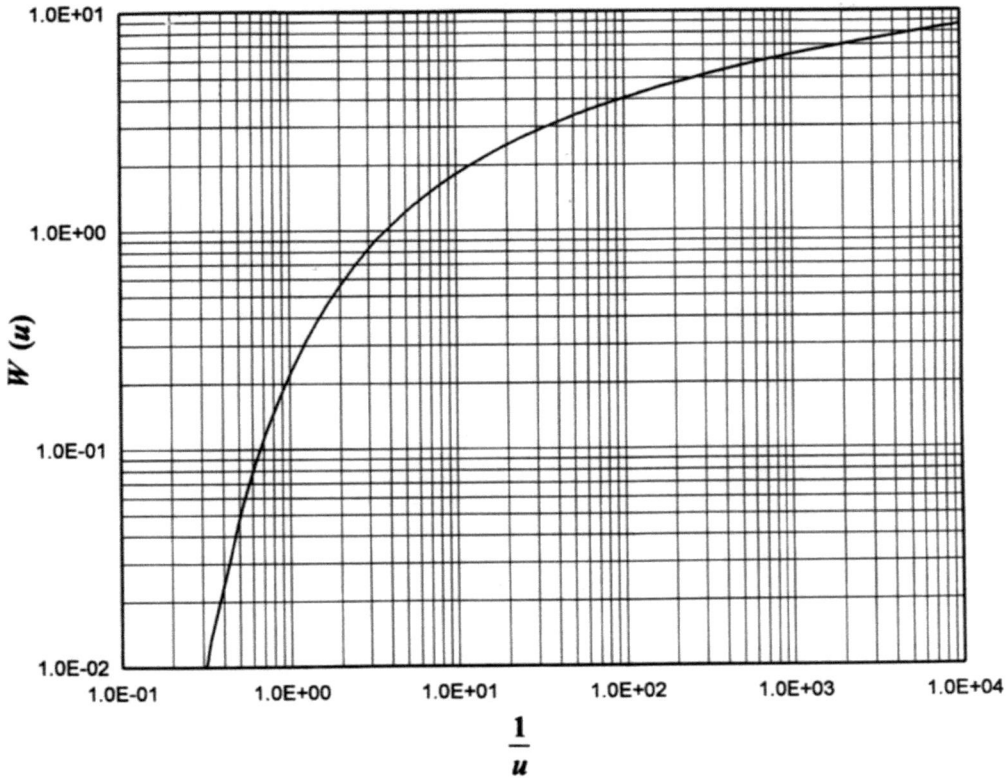

Figura 3-3 Curva de Theis. (Batu, [8])

La ecuación es aplicable a acuíferos libres si el abatimiento es pequeño comparado con el espesor b de la formación ([8]). La ecuación se cumple para la siguiente condición: $t > 250 r c^2 / T$, donde r_c es el radio del pozo, por no tener en cuenta el almacenamiento en el pozo. Si los parámetros K, b, S y Q son conocidos, se puede determinar el abatimiento de la carga hidráulica en el acuífero confinado a cualquier distancia r del pozo, en cualquier tiempo.

Lo único necesario es determinar el valor del parámetro u y así encontrar el valor de la función del pozo de Theis, W(u).

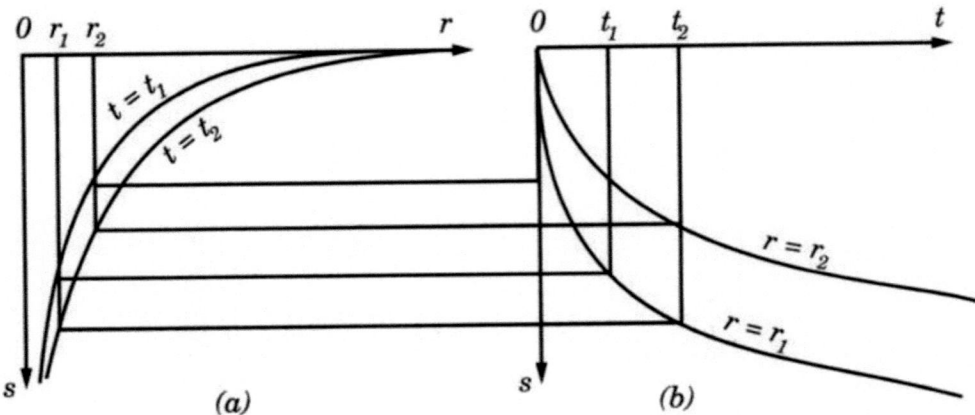

Figura 3-4 Isolíneas de tiempo y de radio en función del abatimiento. (Batu, [8])

Cooper & Jacob, [21], tomaron en cuenta que cuando u,u < 0.01, la suma de los términos más allá de ln (u), en la ecuación 3.23, no es significativa. Los valores de u decrecen cuando el tiempo se incrementa y cuando la distancia radial r decrece. Bajo esas condiciones:

$$s(r,t) \cong \frac{Q}{4\pi T}[-0.5772 - \ln(u)] \qquad (3\text{-}29)$$

$$s(r,t) \cong \frac{Q}{4\pi T}[\ln(0.5614 - \ln(u)] = \frac{Q}{4\pi T}[ln\frac{0.5614}{u}] \qquad (3\text{-}30)$$

Reemplazando, $u = \frac{r^2 S}{4Tt}$

$$s(r,t) \cong \frac{Q}{4\pi T}[\ln\frac{0.5614}{\frac{r^2 S}{4Tt}}] = \frac{Q}{4\pi T}[ln\frac{2.25Tt}{r^2 S}] \qquad (3\text{-}31)$$

Como primera aplicación de la ecuación de Jacob se puede usar para obtener el radio se influencia, cuando el abatimiento es nulo. Entonces despejando el Radio se obtiene:

$$0 = \frac{Q}{4\pi T}[ln\frac{2.25Tt}{r^2 S}] \qquad (3\text{-}32)$$

$$0 = [ln\frac{2.25Tt}{r^2 S}] \qquad (3\text{-}33)$$

$$R = 1.5(\frac{Tt}{S})^{1/2} \qquad (3\text{-}34)$$

La ecuación de Jacob tiene la ventaja, respecto a la ecuación de Theis, de no requerir la consulta o tablas de la función de pozo de Theis.

La capacidad específica, CE de un pozo es definida como la relación de su descarga con su abatimiento total [CE=Q/s]. Esto es, es el caudal por unidad de abatimiento. Se puede desarrollar una muy simple ecuación para estimar la transmisividad a partir de la capacidad específica, usando la ecuación de Jacob. Esta derivación está basada en un diámetro medio del pozo en un período promedio de bombeo, y valores típicos del coeficiente de almacenamiento y producción específica.

Para acuíferos confinados, Driscoll en 1986, [8], asumió los siguientes valores típicos:

Tabla 3-2 Valores típicos para acuíferos confinados según Driscoll (Batu, [8]).

Parámetro	Valor	Unidades
Tiempo, t	1.00	Día
Radio del pozo, r_w	0.152	m
Producción, S	0.001	Adimensional
Transmisividad, T	373.00	m²/día

Sustituyendo estos valores en la ecuación de Jacob, se obtiene

$$\frac{Q\left[\frac{m^3}{s}\right]}{s_w[m]} = CE\left[\frac{m^2}{dia}\right] = \frac{T[\frac{m^2}{dia}]}{1.385} \qquad (3\text{-}35)$$

$$T\left[\frac{m^2}{dia}\right] = 1.385CE\left[\frac{m^2}{dia}\right] \qquad (3\text{-}36)$$

Para un acuífero libre, con producción específica Sy=0.075, como valor típico, y el resto de los valores mostrados en la tabla 3.2, se produce la siguiente relación:

$$\frac{Q\left[\frac{m^3}{s}\right]}{s_w[m]} = CE\left[\frac{m^2}{dia}\right] = \frac{T[\frac{m^2}{dia}]}{1.042} \qquad (3\text{-}37)$$

$$T\left[\frac{m^2}{dia}\right] = 1.042CE\left[\frac{m^2}{dia}\right] \qquad (3\text{-}38)$$

Si se tienen múltiples pozos, la información obtenida de las anteriores ecuaciones puede emplearse para estimar la conductividad hidráulica promedio (K_{med} [m/d]) del acuífero, mediante la siguiente relación:

$$K_{med} = \frac{\sum K_n L_n}{\sum L_n} \qquad (3\text{-}39)$$

donde K es la conductividad de cada pozo, n es el número del pozo y L es la longitud del filtro.

En 1984, Chen (recogido en libro de Batu, [8]) extendió la ecuación de Theis, para acuíferos de extensión lateral finita, como islas o meandros. Determinó que la distancia en la cual el abatimiento es nulo, en condiciones de bombeo, es conocida, y la llama R. Es decir: s(R,t)=0, donde R es la es la distancia radial donde la energía es cero. La solución encontrada se conoce como la Ecuación de Chen ([8]):

$$s(r,t) \cong \frac{Q}{4\pi T}[W(u) - W(U) + 2I) \qquad (3\text{-}40)$$

siendo:

$$U = \frac{R^2 S}{4Tt}$$

$$I = \sum_{n=0}^{\infty} \frac{J_0[\left(\frac{u}{U}\right)^{\frac{1}{2}} \chi_n]}{\chi_n J_1(\chi_n)} \int_0^1 e^{[-\frac{u}{x} - \frac{\chi_n^2(1-x)}{4U}]} \frac{dx}{x}$$

$$\chi_n = R\beta_n$$

donde,

J_0, J_1: función de Bessel de orden cero y uno.
β_n: es la n-ésima raíz que satisface $J_0(R \chi_n) = 0$.

La Figura 3.5. muestra la gráfica "U" considerando el valor de $\frac{4\pi Ts}{Q}$ que es la usada para efectos prácticos. Se observa que cuando U≥4, la solución es igual a la de Theis. En otras palabras, sólo cuando se cumple que $t \leq \frac{R^2 S}{16T}$ se justifica el empleo de este modelo de cálculo.

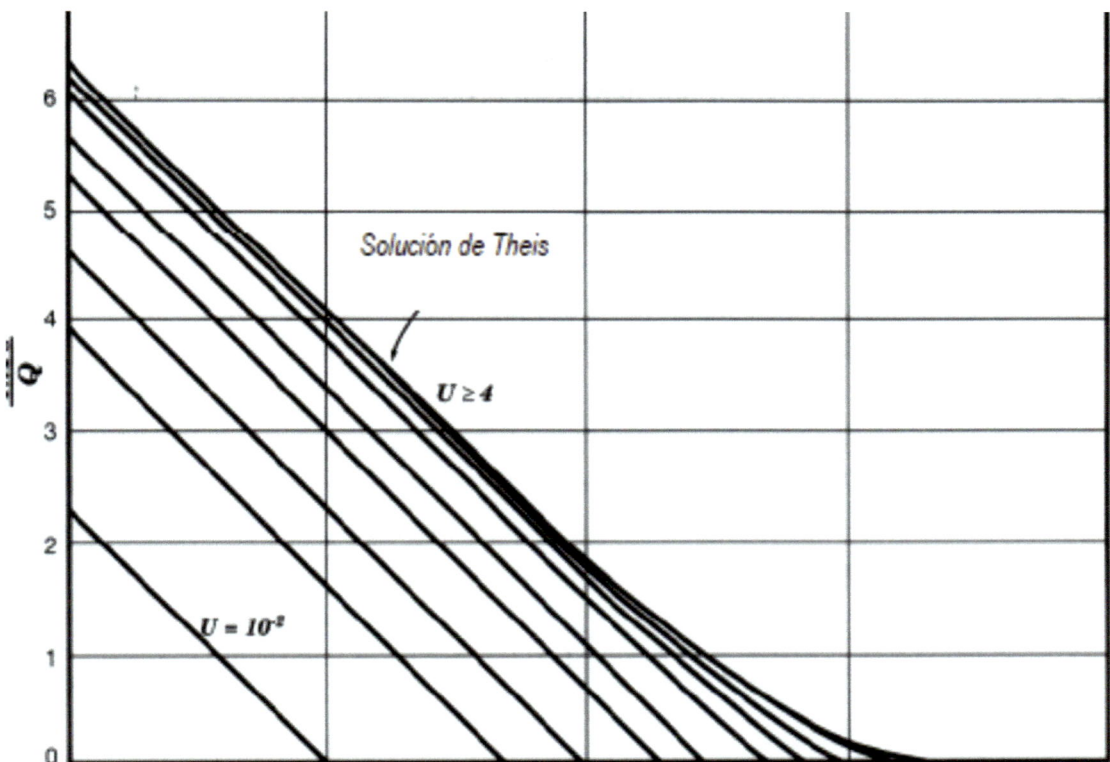

Figura 3-5 Curva de Chen (Batu, [8])

Hantush y Jacob en 1955, [38], desarrollaron el modelo aplicable a acuíferos semiconfinados, isotrópicos y homogéneos, ilustrado en la Figura 3.1. Estos dos investigadores tuvieron en cuenta las siguientes suposiciones:

- Acuífero homogéneo e isotrópico.
- Acuífero horizontal y de espesor constante, b, y su capa confinante posee un espesor constante b' y una conductividad hidráulica vertical K'.
- Descarga contante, Q.
- Acuífero de extensión infinita.
- El diámetro del pozo es infinitesimalmente pequeño, es decir que no existe almacenamiento en el pozo.
- El pozo penetra todo el acuífero.
- La capa confinante no almacena agua.
- El flujo en el acuífero es horizontal y el goteo es vertical.
- Inicialmente, la tabla de agua posee la misma altura de la carga hidráulica del acuífero y es igual a h_0.

La ecuación diferencial parcial para flujo radial fue obtenida por Jacob en 1946, [21], es la ecuación que gobierna el movimiento en este tipo de acuíferos. Aplicando el principio de continuidad, para el anillo dado, se tiene:

$$[Q(r) - Q(r + \Delta r)]\Delta t + Q_v \Delta t = (2\pi r)\Delta r \Delta h S$$

(3-41)

$$Q_v = A\,v = (2\pi r)v_v$$

(3-42)

Usando la Ley de Darcy: $v_v = K' \frac{h_0 - h}{b'}$

Y combinado las anteriores ecuaciones, se concluye que:

$$[Q(r) - Q(r + \Delta r)]\Delta t + (2\pi r \Delta r)K' \frac{h_0 - h}{b'}\Delta t = (2\pi r)S\Delta r \Delta h$$

(3-43)

Como Δr y Δs, tienden a cero y aplicando la definición de la derivada, se llega a:

$$\frac{\partial Q}{\partial r} + (2\pi r)K' \frac{h_0 - h}{b'} = (2\pi r)S\frac{\partial h}{\partial t}$$

(3-44)

Y sabiendo que el abatimiento es la diferencia de niveles, s=h0-h y que el caudal en el acuífero está dado por:

$$Q\,(r) = 2\pi r T \frac{\partial h}{\partial r}$$

(3-45)

La ecuación es igual a:

$$\frac{\partial^2 s}{\partial r^2} + \frac{1}{r}\frac{\partial s}{\partial r} - \frac{K'}{Tb'}s = \frac{S}{T}\frac{\partial s}{\partial t}$$

(3-46)

Y sí se reemplaza $B = \sqrt{\frac{Tb'}{K'}}$, la ecuación toma la forma:

$$\frac{\partial^2 s}{\partial r^2} + \frac{1}{r}\frac{\partial s}{\partial r} - \frac{s}{B^2} = \frac{S}{T}\frac{\partial s}{\partial t}$$

(3-47)

Las condiciones iniciales y de frontera planteadas, para la cabeza y el abatimiento son:

- h(r,0) =h0, para todo r

- s(r,0)= 0, para todo r
- h(∞,t)= h$_0$, para todo t
- s (∞,t) = 0 , para todo t

Las condiciones de descarga son:

- Q=0, cuando t=0

- Q=constante, cuando t$\geq$0

- $\lim\limits_{r\to 0}\left(r\dfrac{\partial h}{\partial r}\right) = \dfrac{Q}{2\pi T}$ para t$\geq$0

- $\lim\limits_{r\to 0}\left(s\dfrac{\partial h}{\partial r}\right) = -\dfrac{Q}{2\pi T}$ para t$\geq$0

Al igual que Theis, Hantush y Jacob, [38], encontraron la solución a la ecuación de movimiento, la cual es:

$$s(r,t) = \frac{Q}{4\pi T}W\left(u,\frac{r}{B}\right) \qquad (\textit{3-48})$$

Donde $W(u,\frac{r}{B})$ es la función de pozo para acuíferos semiconfinados de Hantush y Jacob. Está función describe una serie, cuya expresión es:

$$\left(u,\frac{r}{B}\right) = \int_u^\infty \frac{1}{u}e^{[-u-\frac{\left(\frac{r}{B}\right)^2}{u}]}du \qquad (\textit{3-49})$$

además, $u = \dfrac{r^2 S}{4Tt}.$

La Figura 3.6. tabula los valores de la función de pozo, que también están en tablas en libros de matemáticas avanzadas e hidráulica de pozos.

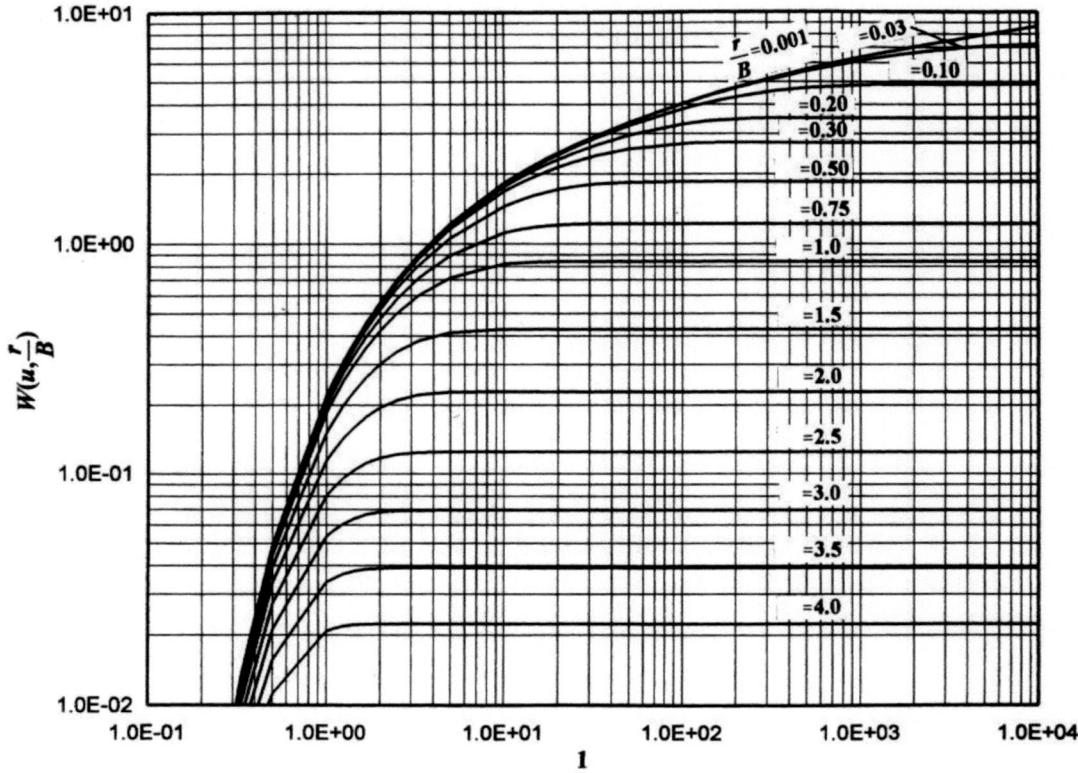

Figura 3-6 Curva de Hantush y Jacob, [38]

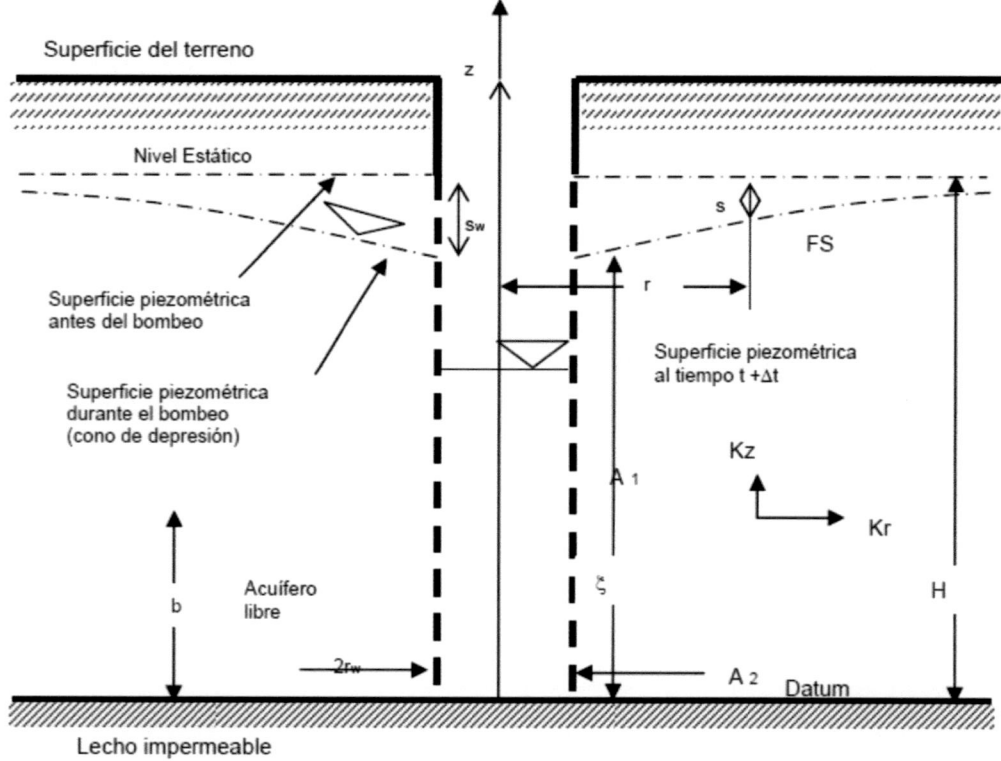

Figura 3-7 Flujo a un pozo en un acuífero libre infinito

En 1972, Neuman, [67], a partir de los desarrollos realizados por Boulton, [15] y por Batu, [8], simplificó la ecuación de movimiento en acuíferos libres, ilustrados en la Figura 3.7. Las consideraciones que tuvo en cuenta fueron las siguientes:

- ✓ La tasa de bombeo es contante, Q:
- ✓ El diámetro del pozo es infinitamente pequeño
- ✓ El pozo penetra completamente en el acuífero
- ✓ En la zona saturada del acuífero, la ley de Darcy se cumple siempre
- ✓ El acuífero tiene extensión lateral infinita
- ✓ El material del acuífero es homogéneo pero anisotrópico, y su principal conductividad hidráulica está orientada paralela a los ejes coordenados
- ✓ El agua es bombeada por compactación del acuífero, expansión del aguay drena por gravedad de la superficie libre
- ✓ El pozo puede ser tratados como una línea hundida
- ✓ El abatimiento de la tabla de agua es pequeño comparado con el espesor de la zona saturada
- ✓ Los efectos de capilaridad son despreciables

La ecuación de movimiento (véase capítulo 2) es:

$$K_r \frac{\partial^2 s}{\partial r^2} + \frac{K_r}{r} \frac{\partial s}{\partial r} + K_z \frac{\partial^2 s}{\partial z^2} = \frac{S}{T} \frac{\partial s}{\partial t} \quad 0 < z < \xi \qquad (3\text{-}50)$$

La posición de la superficie libre de los acuíferos libres cambia en el espacio bajo condiciones de flujo ascendente. Por este motivo, la superficie libre es tratada como una frontera en movimiento. Bajo esta concepción, la frontera de la región de flujo consiste en tres partes complementarias, mostradas en la Figura 3.7.

La frontera de carga prescrita, A1, la frontera de flujo prescrito, A2 y frontera de la superficie libre, FS. Las otras fronteras tienden al infinito. La pared del pozo se incluye en A1. Las condiciones iniciales para abatimiento, s(r,z,t) y espesor saturado ξ(r,t), respectivamente son:

- S(r,z,0) = 0
- ξ(r,0) = b

La condición de frontera del abatimiento en el infinito es s (∞, z, t) = 0 y en la frontera A2 es $\frac{\partial s(r,0,t)}{\partial z} = 0$. La condición de tasa de bombeo constante Q en el pozo está dada por la siguiente expresión:

$$\lim_{r \to 0} \int_0^\infty r \frac{\partial s}{\partial r} dz = -\frac{Q}{2\pi K_r} \qquad (3\text{-}51)$$

Neuman [67], simplificó la ecuación de movimiento, llegando a la siguiente expresión:

$$\frac{\partial^2 s}{\partial r^2} + \frac{1}{r}\frac{\partial s}{\partial r} + K_D \frac{\partial^2 s}{\partial z^2} = \frac{1}{\alpha_s}\frac{\partial s}{\partial t} \qquad 0 < z < b \qquad (3\text{-}52)$$

donde:

$$K_d = \frac{K_z}{K_r}, \ \alpha_s = \frac{K_r}{S_s}, \ \alpha_\gamma = \frac{K_z}{S_\gamma},$$

$$\frac{\partial s(r,b,t)}{\partial z} = -\frac{1}{\alpha_\gamma}\frac{\partial s(r,b,t)}{\partial t}$$

La solución encontrada por Neuman, para el abatimiento es:

$$s(r,z,t) = \frac{Q}{4\pi T}\int_0^\infty 4x J_0[x(K_D)^{\frac{1}{2}}][\omega_0(x) + \sum_{n=1}^\infty \omega_n(x)]\,dx \qquad (3\text{-}53)$$

Donde J_0 es la función de Bessel de primera clase de orden cero y:

$$\omega_0(x) = \frac{\{1 - \exp[-t_s K_D(x^2 - \beta_0^2)]\}\cosh(\beta_0 z_d b_d)}{\left\{x^2 - (1+\sigma)\beta_0^2 - [(x^2 + \beta_0^2)^2 \frac{b_D^2}{\sigma}\right\}\cosh(\beta_0 b_D)}$$

$$\omega_0(x) = \frac{\{1 - \exp[-t_s K_D(x^2 - \beta_n^2)]\}\cosh(\beta_n z_d b_d)}{\left\{x^2 - (1+\sigma)\beta_n^2 - [(x^2 + \beta_n^2)^2 \frac{b_D^2}{\sigma}\right\}\cosh(\beta_n b_D)}$$

$$t_s = \frac{Tt}{Sr^2}, \ t_\gamma = \frac{Tt}{S_\gamma r^2}, \ b_D = \frac{b}{r}, \ Z_D = \frac{z}{r}, \ \sigma = \frac{S}{S_\gamma}$$

Las Figuras 3.8 y 3.9 muestran la función de pozo de Neuman, [67], en función del abatimiento y el tiempo relativos.

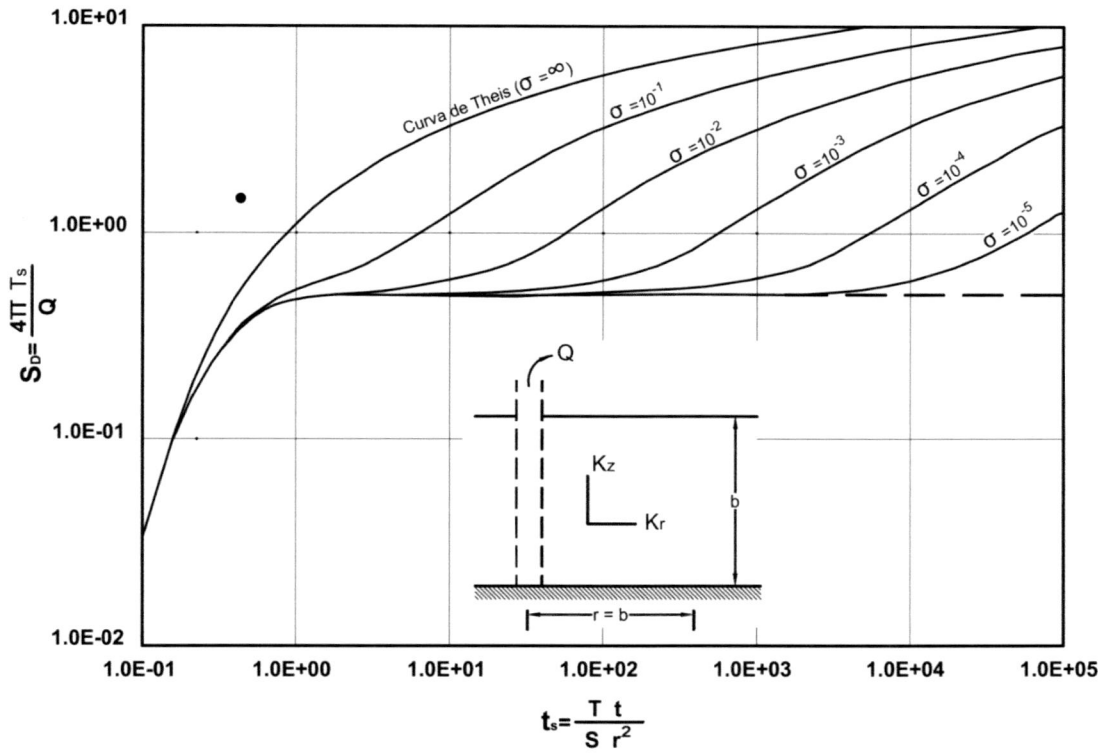

Figura 3-8 Función de Pozo de Neuman. (Batu [8])

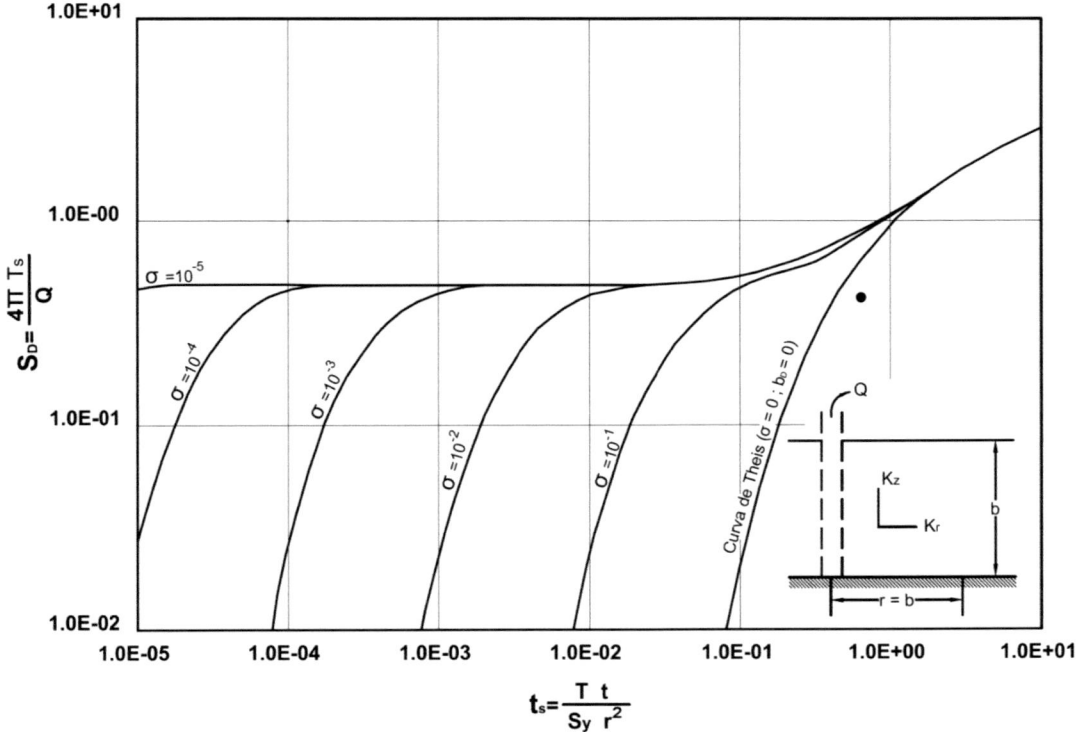

Figura 3-9 Función de Pozo de Neuman. (Batu [8])

Los pozos de pequeño diámetro generalmente varían entre 0,05 m y 0,25 m. Como se mostró anteriormente, esos son representados por una línea en los modelos matemáticos. Esta aproximación es válida para los pozos en este rango de diámetros, pero inapropiada para pozos con un diámetro mayor. En particular, los radios de pozos excavados pueden ser de 0,50 m a 2,00 m o superior.

La teoría de Theis asume que el pozo es una línea en el origen. Esta suposición no tiene en cuenta los efectos significativos de almacenamiento. Los efectos de este almacenamiento en el pozo llegan a ser importantes cuando la transmisividad y el coeficiente de almacenamiento del acuífero son pequeños o cuando el diámetro del pozo de bombeo es grande.

Papadopulos y Cooper, [70] desarrollaron soluciones analíticas en y alrededor de pozos de gran diámetro en acuíferos confinados homogéneos e isotrópicos, tomando en cuenta los efectos del almacenamiento dentro del pozo. Después, Moensch, [64] presentó modelos matemáticos que combinaron los acuíferos semiconfinados de Hantush, [38] con la teoría antes mencionada del flujo en pozos de gran diámetro.

La solución analítica de Papadopulos y Cooper, [70] bajo condiciones de explotación tiene en cuenta las siguientes suposiciones:

- El acuífero es un homogéneo e isotrópico
- El acuífero es horizontal y tiene un espesor constante (b)
- La tasa de descarga (Q) del pozo es constante
- El acuífero no tiene goteo y es horizontalmente infinito
- El pozo penetra totalmente el acuífero
- Las pérdidas en el pozo son despreciables
- Antes del bombeo, la carga hidráulica en el acuífero es la misma en todos los puntos del acuífero
- La descarga de los pozos es derivada exclusivamente del volumen almacenado en el acuífero
- El agua es inmediatamente tomada en el bombeo, lo que hace decaer la carga hidráulica
- El almacenamiento en el acuífero es proporcional a la carga hidráulica

La Ecuación de Movimiento es la misma ecuación 3.2, con la condición de que el radio, $r \geq r_w$

$$\frac{\partial^2 s}{\partial r^2} + \frac{1}{r}\frac{\partial s}{\partial r} = \frac{S}{T}\frac{\partial s}{\partial t} \qquad (3\text{-}54)$$

Donde s es el abatimiento en el acuífero a una distancia r en un tiempo t; r es la distancia radial desde el centro del pozo; S es el coeficiente de almacenamiento del acuífero; T es la transmisividad y r_w es el radio efectivo de la pared del pozo. Las condiciones iniciales en el acuífero y el pozo, respectivamente, son:

- R≥rw, cuando s(r,0), sw(0)=0

Las condiciones de frontera son:

$s(r_w,t)= s_w(t)$
$s(\infty, t)=0$

Almacenamiento dentro del pozo:

$$2\pi r_w T \frac{\partial s(r_w,t)}{\partial t} - \pi r_c^2 \frac{\partial s_w(t)}{\partial t} = -Q \text{ con t≥0}$$

(3-55)

Donde $s_w(t)$ es el abatimiento en el pozo a un tiempo t y r_c el radio del pozo en el intervalo sobre el cual el nivel de agua decae. Las condiciones iniciales muestran que en un comienzo el abatimiento en el acuífero y en el pozo es cero. La primera condición de frontera indica que el abatimiento en el acuífero, en una cara del pozo es igual al abatimiento en el pozo. La segunda señala que el abatimiento en el acuífero en el infinito es cero.

Finalmente, se expresa el efecto que tiene la tasa de descarga del pozo, que se iguala a la suma de la tasa de flujo de agua del pozo y la tasa de descenso en el volumen de agua dentro del pozo. El problema planteado fue resuelto por Papadopulos & Cooper, [70], mediante la transformada de Laplace como recogido en Batu, [8].

$$s(r,t) = \frac{Q}{4\pi T} F(u,\alpha,\rho)$$

(3-56)

donde,

$$F(u,\alpha,\rho) = \frac{8\alpha}{\pi} \int_0^\infty \frac{C(\beta)}{D(\beta)\beta^2} d\beta$$

(3-57)

$$C(\beta) = \left[1 - e^{\left(-\beta^2 \frac{\rho^2}{4y}\right)}\right] [J_0(\beta_\rho)A(\beta) - Y_0(\beta_\rho)B(\beta)]$$

(3-58)

y,

$$A(\beta) = \beta Y_0(\beta) - 2\alpha Y_1(\beta)$$

$$B(\beta) = \beta J_0(\beta) - 2\alpha J_1(\beta)$$

$$D(\beta) = [A(\beta)]^2 + [B(\beta)]^2$$

$$u = \frac{r^2 S}{4Tt}, \ \alpha = \frac{r_w^2 S}{r_c^2}, \ \rho = \frac{r}{r_w}$$

J_0 y Y_0 son las funciones de Bessel de orden cero y primera clase. Y_1 es la función de Bessel de primer orden y de segunda clase. El abatimiento dentro del pozo es obtenido cuando $r=r_w$ y puede ser expresado como:

$s(r,t) = \dfrac{Q}{4\pi T} F(u_w, \alpha)$	(3-59)

donde:

$F(u_w, \alpha) = F(u, \alpha, 1)$	(3-60)

$$u_w = \frac{r_w^2 S}{4Tt}$$

Los valores de $F(u,\alpha,\rho)$ son tabulados por integración numérica. En la Figura 3.10, los valores son representados como una familia de cinco

curvas de $\frac{s_w}{Q/4\pi T}$ contra $1/u_w$; una curva para cada uno de los cinco valores del parámetro α. La curva de Theis también se muestra en la Figura 3.10, de la que se obtienen importantes características de $F(u,\alpha,\rho)$.

El abatimiento predicho por la ecuación de Theis, se aproxima al abatimiento en el pozo de diámetro finito sólo para valores de tiempo relativamente grandes.

Por su parte, Papadopulos, [70] comparó su aproximación con la Theis, así:

$F(u, \alpha, \rho) \approx W(u) \ para \ t > 2.5 \dfrac{10^3 r_c}{T}, \dfrac{\alpha \rho^2}{u} > 10^4$	(3-61)

$F(u_w, \alpha) \approx W(u) \ para \ t > 2.5 \dfrac{10^2 r_c}{T}, \dfrac{\alpha \rho}{u} > 10^3$	(3-62)

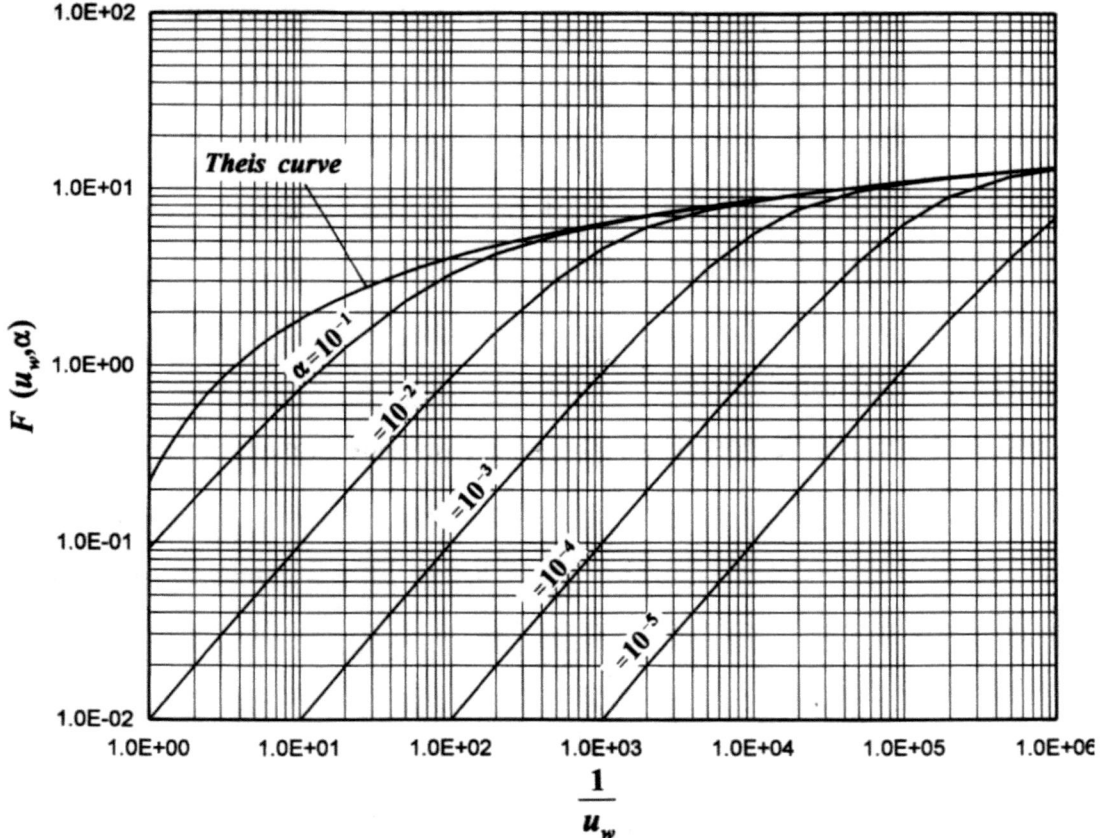

Figura 3-10 Curvas de Papadopulos y Cooper, [70]

Las aproximaciones en las ecuaciones 3.38 y 3.39 anteriores, son válidas para ambas condiciones: para pozos que tienen un pequeño diámetro o acuíferos de transmisividad relativamente alta, el período definido en las anteriores ecuaciones es muy pequeño.

Así pues, para pozos de gran diámetro y acuíferos de baja transmisividad, este período es considerablemente largo. Si 1/uw llega a ser suficientemente pequeño, las curvas se aproximan a líneas rectas que satisfacen la ecuación:

$$s_w = \frac{Qt}{\pi r_c^2} = \frac{Volumen\ de\ agua\ descargada}{Área\ del\ pozo} = \frac{Q}{4\pi T}\frac{\alpha}{u_w} \qquad (3\text{-}63)$$

o bien,

$$F(u_w, \alpha) = \frac{\alpha}{u_w} \qquad (3\text{-}64)$$

En los primeros períodos, las líneas rectas representan las condiciones bajo la cual toda el agua bombeada es obtenida del almacenamiento dentro del pozo. Como resultado, los datos que están dentro del tramo de línea recta, de las curvas tipo, no dan información acerca de las características hidrogeológicas del acuífero.

3.4.2 Movimiento permanente

Después de largos períodos de bombeo o recarga de un pozo, el flujo de aguas subterráneas alrededor de un pozo se aproxima al estado estable. Esto significa que la carga hidráulica del pozo en cualquier punto del acuífero no cambia con el tiempo.

El período requerido para alcanzar el estado estable depende de las características hidráulicas del acuífero. Para los acuíferos menos permeables el período es más largo que para los altamente permeables.

Las soluciones de estado estable juegan un papel muy importante en el análisis de datos de abatimiento para la determinación de las características hidráulicas del acuífero y hacer el avalúo de la zona de influencia de un pozo o una batería de pozos.

Thiem [88] fue el primero en derivar una solución para el flujo hacia un pozo en condiciones estables para acuíferos confinados con base en las siguientes suposiciones:

- Acuífero horizontal y con espesor constante
- Acuífero homogéneo e isotrópico y de extensión lateral infinita
- La carga hidráulica tiene una superficie horizontal antes del bombeo
- La ley de Darcy es válida en el acuífero
- El agua es instantáneamente removida del almacenamiento proporcionalmente con el decaimiento de la carga hidráulica
- La tasa del bombeo del pozo es contante
- El flujo es simétrico con respecto al eje del pozo
- La ecuación de movimiento (2.2), en flujo estable se reduce a:

$$\frac{\partial^2 h}{\partial r^2} + \frac{1}{r}\frac{\partial h}{\partial r} = \frac{S}{T}\frac{\partial h}{\partial t} \quad T = K_r b \qquad (3\text{-}65)$$

Para condiciones de flujo estable, el término de la derecha tiende a cero, entonces:

$$\frac{\partial^2 h}{\partial r^2} + \frac{1}{r}\frac{\partial h}{\partial r} = 0 \qquad (3\text{-}66)$$

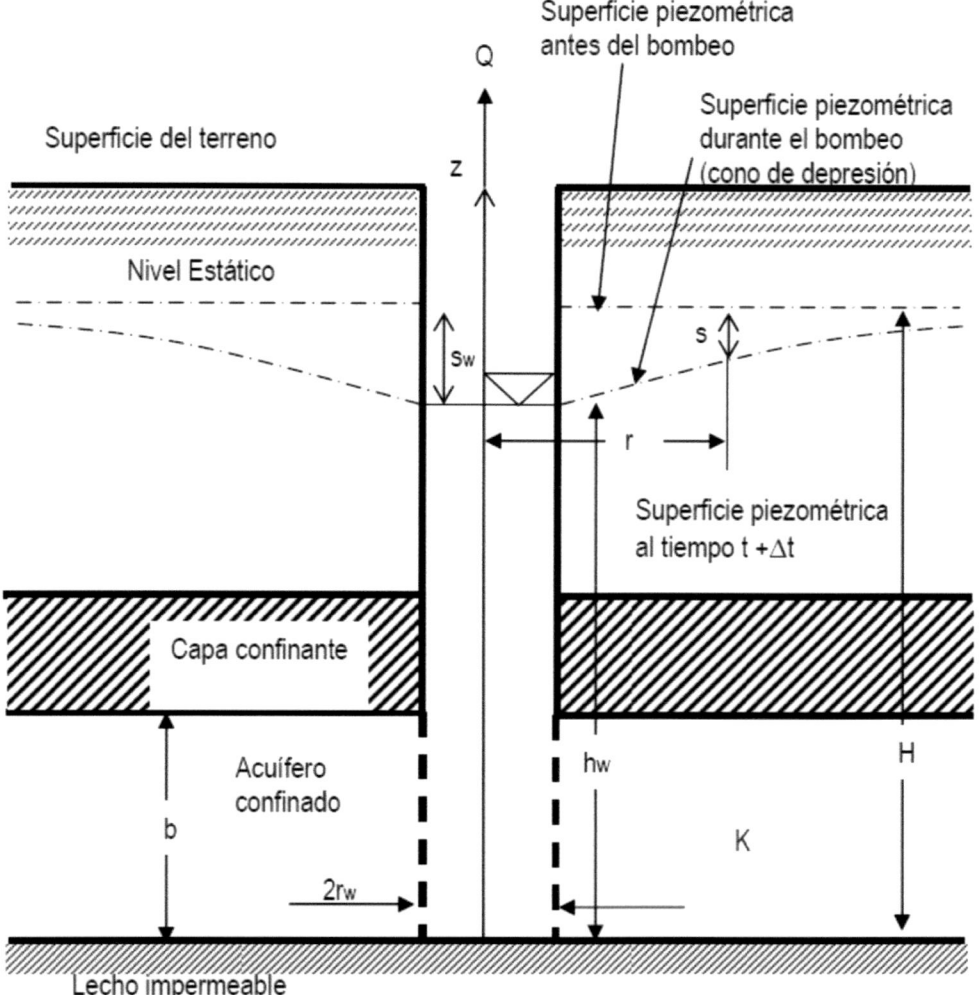

Figura 3-11 Esquema representativa de un pozo en un acuífero confinado

Es necesario conocer las condiciones de frontera de Dirichlet (primer tipo), con referencia en la Figura 3-11:

- $h = h_w$ Carga piezométrica conocida en la frontera del pozo
- $r = r_w$ Radio del pozo
- $h = H$ Nivel de la carga piezométrica antes del bombeo
- $r = R$ Radio de influencia del pozo en el cual el abatimiento es cero

Utilizando la ecuación de continuidad, a cualquier anillo concéntrico al pozo y teniendo en cuenta que se analiza el proceso de bombeo, el caudal es negativo (si el pozo fuera de inyección el caudal sería positivo), se tiene que:

$$S = h(R) - h(r_w) = \frac{Q}{2\pi T}\left[\ln\left(\frac{R}{r_w}\right)\right] \qquad (3\text{-}67)$$

Esta forma de la ecuación de Thiem, posee las siguientes características:

- La distancia R, para la cual el abatimiento es cero, es el radio de influencia del pozo.
- El parámetro R tiene que ser estimado antes de la predicción de los abatimientos

La Figura 3-12 muestra un pozo que penetra totalmente un acuífero semiconfinado, a través del cual la filtración proviene de un acuitardo superior. La solución propuesta independientemente por Jacob, [52], se basa en las siguientes suposiciones:

- El acuífero es limitado abajo por un lecho impermeable, y arriba por una capa semiconfinante.
- Sobre la capa semiconfinante existe un acuífero libre que tiene una tabla de aguas horizontal, cuya carga hidráulica es constante (h_0). El suministro de agua al acuífero libre es suficiente para mantener h_0 constante.
- El flujo en la capa semiconfinante es vertical.
- Las mismas suposiciones del acuífero confinado.
- Aplicando la ecuación de continuidad a cualquier anillo de radio r, mostrado en la Figura 3-12 se tiene que:

$$Q(r + \Delta r) - Q(r) + (2\pi r \Delta)v_v = 0 \qquad (3\text{-}68)$$

Donde v_v es la velocidad de goteo desde la capa semiconfinante. Si se divide por Δr y como Δr tiende a cero, se llega a:

$$\lim_{\Delta r \to 0} \left[\frac{Q(r + \Delta r) - Q(r)}{\Delta r} + (2\pi r)v_v \right] = 0 \qquad (3\text{-}69)$$

$$\frac{\partial Q}{\partial r} + 2\pi r v_v = 0 \qquad (3\text{-}70)$$

La Ley de Darcy por el acuífero semiconfinado, conduce a:

$$\frac{Q(r + \Delta r) - Q(r)}{\Delta r} + (2\pi r)v_v = 0 \qquad (3\text{-}71)$$

$$Q(r) = (2\pi r b)K \frac{\partial h}{\partial r} \qquad (3\text{-}72)$$

$$Q(r) = 2\pi r T \frac{\partial h}{\partial r} \qquad (3\text{-}73)$$

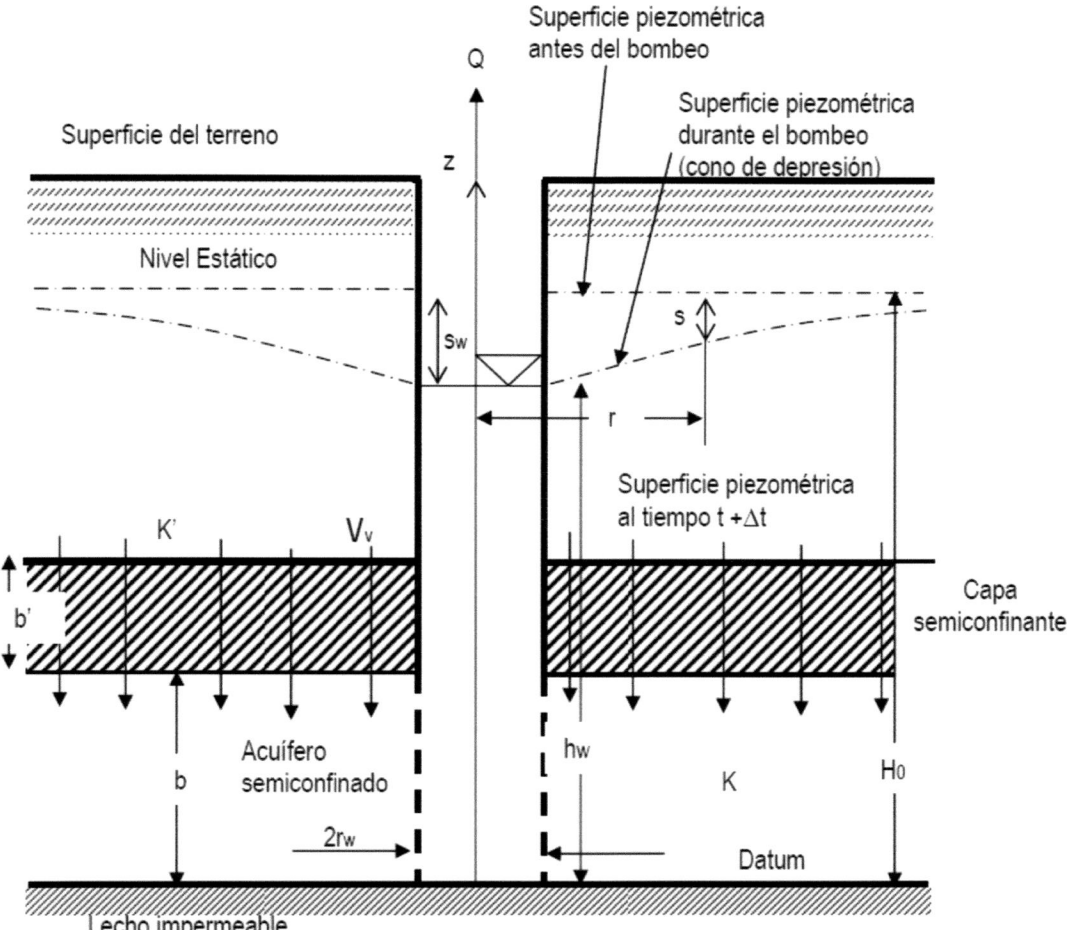

Figura 3-12 Esquema representativa de un pozo en un acuífero semiconfinado

La Ley de Darcy también controla la velocidad de goteo, que es:

$$V_v = K' \frac{h_0 - h}{b'} \qquad (3\text{-}74)$$

Donde K' y b' son la conductividad hidráulica y el espesor de la capa confinante (acuitardo) y reordenando, se obtiene:

$$\frac{\partial \left(2\pi r T \frac{\partial h}{\partial r}\right)}{\partial r} + 2\pi r \left(K' \frac{h_0 - h}{b'}\right) = 0 \qquad (3\text{-}75)$$

$$\frac{\partial}{\partial r}\left(r \frac{\partial h}{\partial r}\right) + r\left(\frac{h_0 - h}{B^2}\right) = 0 \;\therefore\; \frac{1}{r}\frac{\partial}{\partial r}\left(r \frac{\partial h}{\partial r}\right) + \frac{h_0 - h}{B^2} = 0 \qquad (3\text{-}76)$$

donde $B^2 = \frac{bb'K}{K'}$ es llamado factor de filtración. En la misma ecuación b'/K' es conocida como la resistencia hidráulica. La ecuación puede ser escrita como una ecuación de movimiento ordinaria porque h sólo depende del radio r.

Reemplazando s=h-h$_0$, en la ecuación:

$$\frac{1}{r}\frac{d}{dr}\left(r\frac{dh}{dr}\right) + \frac{h_0 - h}{B^2} = 0$$

$$\frac{1}{r}\frac{d}{dr}\left(r\frac{ds}{dr}\right) + \frac{s}{B^2} = 0 \quad \therefore \quad \frac{1}{r}\frac{ds}{dr} + \frac{d^2s}{dr^2} - \frac{s}{B^2} = 0 \quad \therefore \quad r^2\frac{d^2s}{dr^2} + r\frac{ds}{dr} - r^2\frac{s}{B^2} = 0$$

Si r/B=x, entonces r=Bx, y dr=Bdx, y se expresar como:

$$(Bx)^2\frac{d^2s}{B^2dx^2} + Bx\frac{ds}{Bdx} - B^2x^2\frac{s}{B^2} = 0 \quad \therefore \quad x^2\frac{d^2s}{dx^2} + x\frac{ds}{dx} - x^2s = 0 \qquad (3\text{-}77)$$

En acuíferos libres se puede emplear la ecuación de Depuit-Frochmeir recogida en el Capítulo 2.

3.4.3 Principio de superposición

Este principio, desarrollado por Quintero [75], se encarga de analizar la interferencia entre una batería de pozos en una formación acuífera y el efecto que presenta este en la producción de estos.

Como sucede en la realidad, los acuíferos se encuentran con unas limitaciones hidrogeológicas definidas, que restringen la aplicabilidad de los métodos analíticos, que suponen la extensión infinita de los acuíferos, como lo muestra las Figura 3-13, Figura 3-14 y Figura 3-15.

El método de las imágenes se utiliza para resolver teóricamente estos casos, aproximando una extensión finita de los acuíferos, con un pozo real y otra imagen.

Está basado en la linealidad de la ecuación de Laplace (para acuíferos libres, se mantiene si la variable de estado es h2 y no h), suponiendo el trabajo de cada pozo y luego superponerlos, para así obtener la resultante de todos los pozos trabajando en conjunto.

Se supone que en un acuífero confinado se tienen dos pozos, separados a una distancia 2a, como muestra la Figura 3-16.

Los pozos están diseñados de igual forma, y están localizados de tal manera que a una distancia radial el potencial permanece constante. El caudal que se extrae de ambos es el mismo, Q.

De acuerdo al principio de superposición el abatimiento total producido en un punto P(x,y) será la suma de los abatimientos que produce cada pozo en su operación individual, por lo tanto:

$$s = s_1 + s_2 = 0.366 \frac{Q_0}{T} \log \left(\frac{R}{r_1}\right) + 0.366 \frac{Q_0}{T} \log \left(\frac{R}{r_2}\right) \qquad (\text{3-78})$$

$$s = 0.366 \frac{Q_0}{T} \log \left(\frac{R^2}{r_1 r_2}\right) \qquad (\text{3-79})$$

Por lo tanto, el abatimiento total en cada pozo será:

$$s_P = 0.366 \frac{Q_0}{T} \log \left(\frac{R}{r_P 2a}\right) \qquad (\text{3-80})$$

El caudal que produce cada uno será

$$Q_0 = \frac{T s_P}{0.366 \log \left(\frac{R}{r_p 2a}\right)} \qquad (\text{3-81})$$

Como lo muestra la ecuación 3.68, el caudal disminuye a medida que disminuye la distancia 2a, entre pozos.

3.4.4.1 Métodos de las imágenes

Este es el comportamiento típico de un pozo situado en cercanías de un río y perforando un acuífero que está en contacto directo con el río el cual se extiende linealmente en una gran distancia.

La Figura 3-17, representa la zona de recarga como una línea que se extiende a lo largo del eje "Y" a una distancia "a" se encuentra un pozo del cual se bombea un caudal determinado, Q.

La zona de recarga se puede simular con dos pozos separados a una distancia 2 a, y en forma tal que uno de ellos, el pozo imagen, es un pozo de recarga. Estos dos pozos producen a lo largo del eje y, la condición s=0. La solución está dada por la ecuación:

$$s = \frac{Q_0}{2\pi T} \ln \left(\frac{r_2}{r_1}\right) \qquad (3\text{-}82)$$

Si r2 = 2a y r1 = rp, se tiene que el caudal Q, es igual a:

$$Q = \frac{2\pi T s_p}{\ln \left(\frac{2a}{r_p}\right)} \qquad (3\text{-}83)$$

Aplicando el teorema del coseno, se encuentra el abatimiento buscado.

$$r_2^2 = r_1^2 + 4a - 4ar_1 cos\beta$$

$$r_2 = \sqrt{r_1^2 + 4a - 4ar_1 cos\beta}$$

Por lo tanto, reemplazando en 3.82, se obtiene la siguiente expresión:

$$s = \frac{Q_0}{2\pi T} \ln \left(\frac{\sqrt{r_1^2 + 4a - 4ar_1 cos\beta}}{r_1}\right) \qquad (3\text{-}84)$$

Para los puntos paralelos a la línea de recarga, es decir cuando β=90º, el cos (90) = 0, y la ecuación 5.5 se simplifica:

$$s = \frac{Q_0}{2\pi T} \ln \left(\frac{\sqrt{r_1^2 + 4a^2}}{r_1}\right) \qquad (3\text{-}85)$$

Para los puntos situados sobre la línea perpendicular a la zona de recarga, cuando β=0 o 180º, el cos(β) es igual a ± 1, y la expresión se simplifica.

$$s = \frac{Q_0}{2\pi T} \ln \left(\frac{\sqrt{r_1^2 + 4a^2 \pm 4ar_1}}{r_1}\right) \qquad (3\text{-}86)$$

$$s = \frac{Q_0}{2\pi T} \ln \left(\frac{\sqrt{(r_1 - 2a)^2}}{r_1}\right) = \frac{Q_0}{2\pi T} \ln \left(\frac{(r_1 - 2a)}{r_1}\right), \qquad \beta = 0 \qquad (3\text{-}87)$$

$$s = \frac{Q_0}{2\pi T} \ln \left(\frac{\sqrt{(r_1 + 2a)^2}}{r_1}\right) = \frac{Q_0}{2\pi T} \ln \left(\frac{(r_1 + 2a)}{r_1}\right), \qquad \beta = 180° \qquad (3\text{-}88)$$

De estas ecuaciones se puede concluir que la pendiente de la curva de abatimiento de la parte que queda hacia el río es más fuerte que la que va tierra adentro.

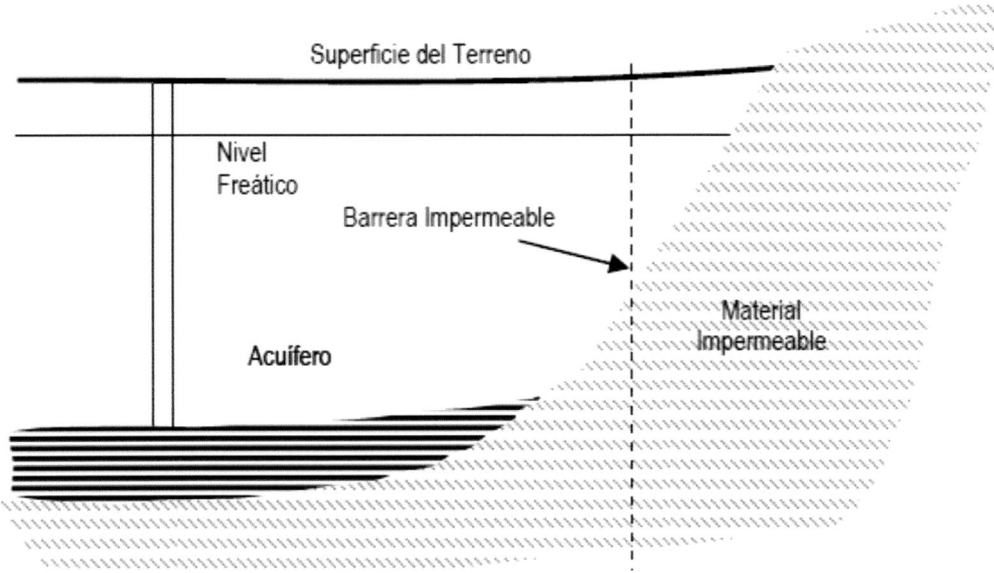

Figura 3-13 Acuífero limitado por una barrera impermeable (Quintero, [75]).

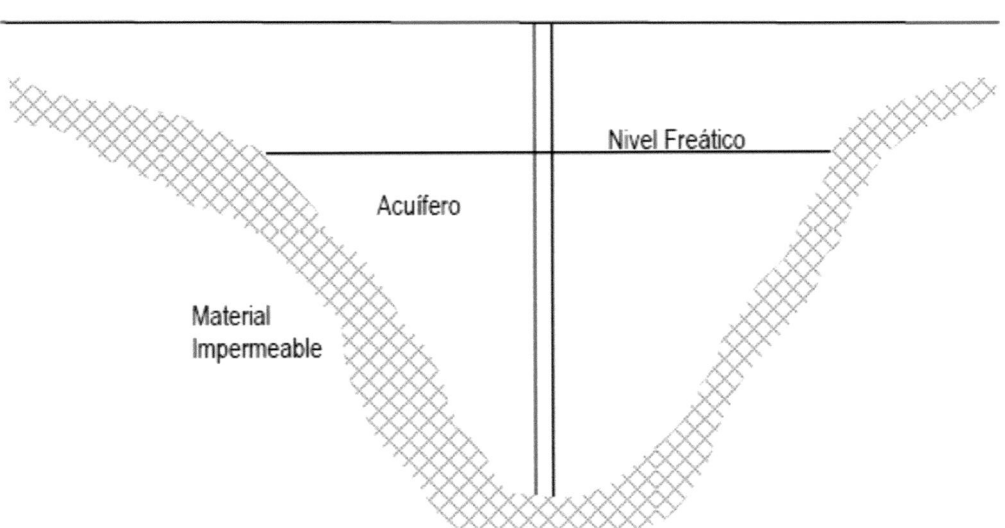

Figura 3-14 Acuífero limitado por dos barreras impermeables. (Quintero, [75])

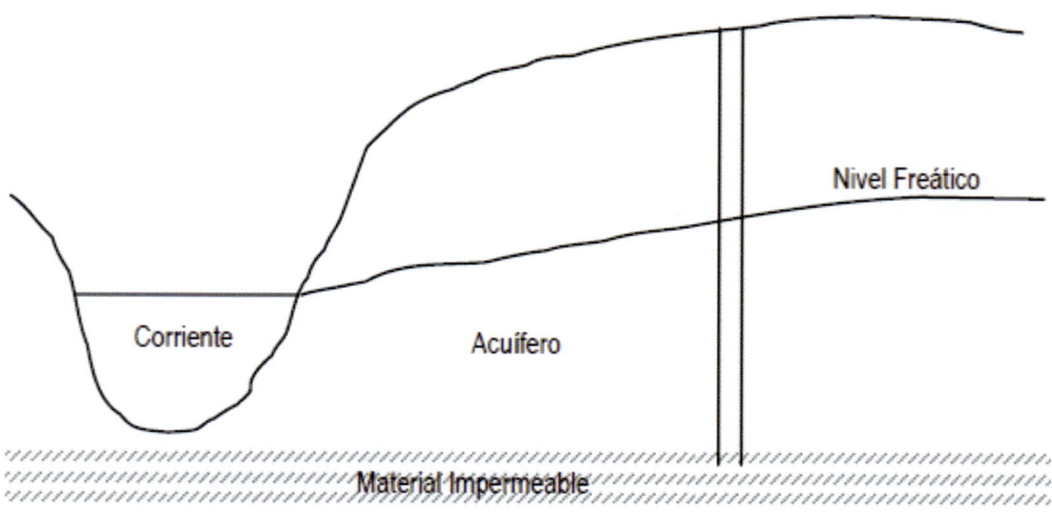

Figura 3-15 Acuífero limitado por una zona de recarga. (Quintero, [75])

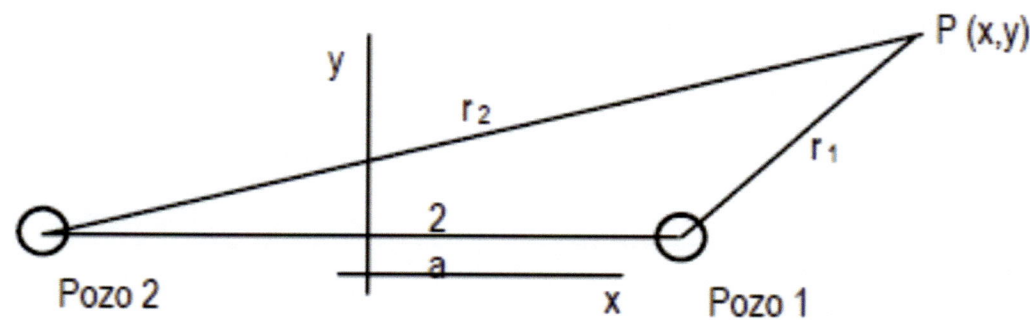

Figura 3-16 Esquema de la ubicación de dos pozos. (Quintero, [75])

3.4.4.2 Pozo construido en un acuífero que está limitado por una barrera impermeable

En la Figura 3-14, se representa un pozo construido en un acuífero que está limitado por una barrera impermeable y que ésta no puede contribuir al bombeo. Por ello, cuando el cono de abatimiento alcanza la barrera impermeable y ante la imposibilidad de extenderse más allá de este límite, se produce una caída más acelerada de la curva de abatimiento.

Como se estudió en anterior apartado, el efecto que producen los pozos separados una distancia *2a*, sobre la línea que los divide, es que el abatimiento no varía con la distancia y, por tanto, la línea divisoria se comporta como impermeable. Así, también se puede decir que el sistema analizado, es equivalente a dos pozos de descarga, funcionando en un acuífero infinito. La solución está dada por:

$$s = \frac{Q_0}{2\pi T} \ln\left(\frac{R_2}{r_1 r_2}\right)$$

(3-89)

En donde r_2 es la distancia desde el pozo imagen al punto, considerando r1 la distancia del punto considerado al pozo de bombeo.

Cuando se tiene un piezómetro de monitoreo a una distancia r0 del pozo de bombeo y sobre la línea perpendicular a la barrera impermeable.

Como en los dos casos anteriores, el sistema es equivalente al mostrado en la Figura 3.16.

El tiempo a partir del comienzo del bombeo para el cual se siente algún abatimiento en el piezómetro de monitoreo es cuando:

$$\frac{2.25Tt}{r_0^2 S} = 1.0 \therefore \frac{t_0}{r_0^2} = \frac{S}{2.25T}$$

(3-90)

El tiempo que se necesita para que el pozo imagen tenga alguna influencia en el de monitoreo es cuando

$$\frac{2.25Tt}{r_0^2 S} = 1.0 \therefore \frac{t_i}{r_i^2} = \frac{S}{2.25T}$$

(3-91)

Igualando las dos expresiones, se tiene que:

$$\frac{t_0}{r_0^2} = \frac{t_i}{r_i^2}$$

(3-92)

que se conoce como la ley de los tiempos de Ingersoll, tal y como explica Quintero, [75], en donde:

- t_0: Tiempo transcurrido desde el comienzo del bombeo hasta que comienza a sentirse el abatimiento en el pozo de monitoreo.

- r_0: Distancia desde el pozo de monitoreo al pozo de bombeo.

- t_1: Tiempo a partir del cual existe una influencia del pozo imagen (o sea de la berrera impermeable)

- r_1: Distancia desde el pozo imagen al pozo de observación.

Si el sistema está compuesto de varios pozos situados en una cierta distancia de la zona de recarga, el problema se resuelve como en los casos anteriores utilizando el método de las imágenes y el principio de superposición.

3.5 Ensayos de bombeo

Todo lo anteriormente descrito se utiliza para los ensayos de bombeo que representan el dato más importante de cara al proyecto de cualquier elemento que esté a contacto con al agua subterránea.

A continuación (ver Figura 3-17), se representan las mediciones que se deben llevar a cabo en los ensayos de bombeos:

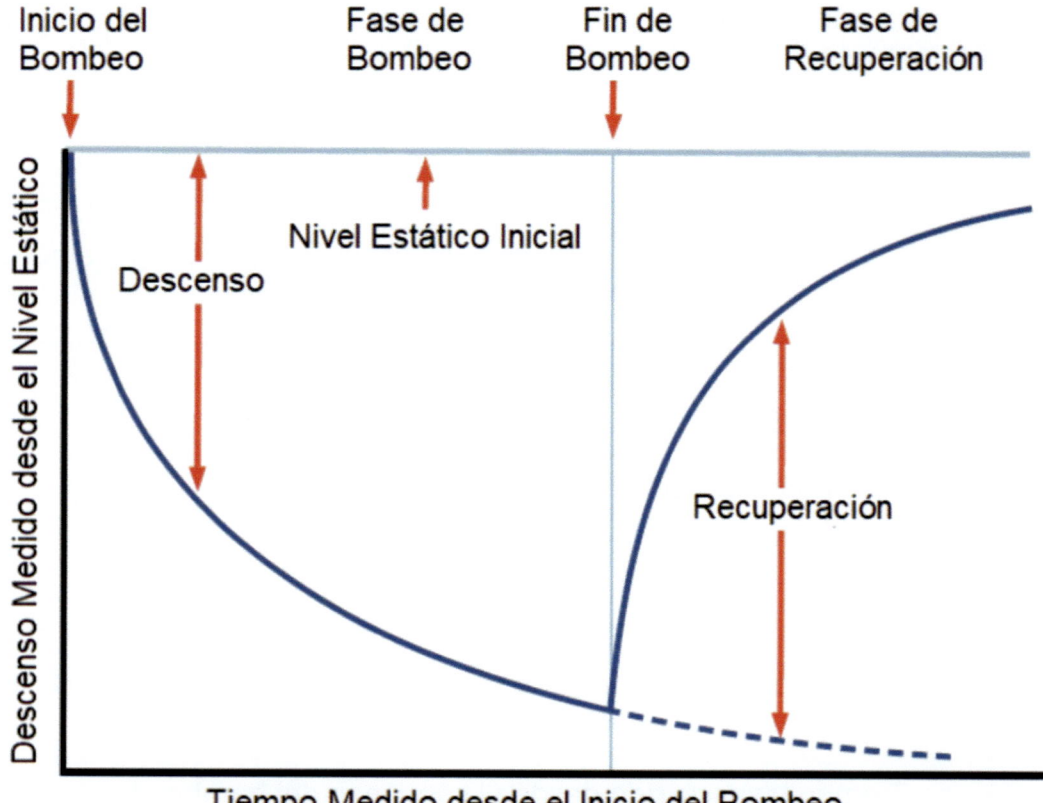

Figura 3-17 Esquema de mediciones (Sterrett, [85])

Como es sabido, una prueba de bombeo consiste, esencialmente, en el bombeo de agua desde un pozo, normalmente a caudal constante, y la medición de cambios en los niveles de agua (descensos) en el mismo pozo y en los puntos de observación, o sectores de afloramiento o cauce superficial de flujo de agua.

Asimismo, esta prueba mide los cambios en el nivel de agua y flujos luego de que el bombeo finaliza, esta información servirá para verificar los resultados del bombeo.

Las pruebas de bombeo pueden durar desde horas a días, e incluso, hasta semanas, dependiendo del propósito del ensayo. Tradicionalmente, éstos duran entre 24 y 72 horas.

Las pruebas de bombeo pueden ser llevadas a cabo para proveer una mayor confidencia en la capacidad estimada durante la perforación del pozo, ensayos que no duran más de 12 horas y son realizados en pozos domésticos o de prueba, hasta aquellos que tienen un objetivo más complejo, los cuales buscan:

- Probar la disponibilidad de agua para los procedimientos administrativos formales ante la autoridad competente, para procedimientos de desarrollos residenciales y otros proyectos de uso y volúmenes complejos.

- Determinar el rendimiento máximo de un pozo.

- Evaluar impactos en pozos aledaños o cuerpos de agua superficiales, como quebradas o manantiales, a partir de uso propuesto del pozo.

- Evaluar y proyectar infraestructuras drenantes, o diseños de ingeniería destinadas a la construcción o extracción de materiales del subsuelo.

- Obtener las propiedades del acuífero como la permeabilidad y las condiciones de borde.

El diseño y planeamiento de una prueba de bombeo es crítico y debe ser realizado al inicio, antes de cualquier trabajo de campo o la instalación de equipos en campo. La carencia de planificación puede generar retrasos, costos adicionales, dificultades técnicas y datos no fiables o inútiles.

Durante las pruebas de bombeo, se imponen bombeos controlados, por lo que es esencial su medición, control y registro durante la prueba, lo que ayudará al desarrollo exitoso del ensayo.

Aunque convencionalmente se desarrollan pruebas de bombeo constante, la tasa de bombeo puede variar según el criterio del ejecutor, las tasas de caudal deben ser registradas secuencialmente en la actividad desarrollada.

La medición del caudal durante la prueba de bombeo puede ejecutarse utilizando los siguientes:

- Contenedor calibrado y cronómetro (método volumétrico)

- Flujómetro en tubería

- Flujo de agua en Vertedero

- Vertedero o canal

Los caudales deben registrarse con frecuencia suficiente para demostrar una tasa de bombeo constante o monitorear los cambios de caudal planeados, de haber interrupción temporal (falla de energía, por ejemplo), las paradas y reinicios deberán ser registradas para permitir una interpretación apropiada del ensayo.

Es necesario considerar que las tasas de bombeo disminuyen debido al descenso de nivel de agua en al pozo, por lo que se recomienda revisar y ajustar el flujo por lo menos cada hora. No obstante, se deberán intensificar las mediciones hasta establecer la verdadera frecuencia necesaria.

4. TRATAMIENTO DEL TERRENO

4.1 Introducción

En este capítulo se describen brevemente los tratamientos del terreno que mejor responden frente al movimiento de las aguas subterráneas.

4.2 Filtros de geotextil

Los geotextiles son telas permeables, filtrantes, construidas con fibras sintéticas especialmente polipropileno, poliéster, nylon y polietileno.

Los geotextiles, generalmente, se clasifican en tejidos y no tejidos. Los tejidos a su vez se diferencian de acuerdo con el sistema de tejido (Figura 4.1). Los geotextiles más utilizados para filtro son los no tejidos, entre los cuales se deben diferenciar los perforados con alfileres, los pegados al calor y los pegados con resinas, aunque es común encontrar mezclas de los tres procesos de manera combinada. La durabilidad de los geotextiles está en función de las fibras poliméricas y las resinas a los ataques ambientales.

En la Tabla 4.1 se recogen algunas propiedades representativas de algunos geotextiles.

Tabla 4-1 Rango de valores de algunas propiedades representativas de algunos geotextiles utilizados para filtros (Lawson, [58])

Geotextil	Resistencia a la tensión (KN/m)	Elongación Máxima (%)	AOS (mm)	Caudal de flujo (l/m²/seg)	Peso unitario (g/m³)
TEJIDOS					
Monofilamento	20-80	5-35	0,07-2,50	25-2000	150-300
Hilo	40-800	5-30	0,20-0,90	20-80	250-1300
Cinta	8-90	15-20	0,05-0,10	5-15	100-250
NO TEJIDOS					
Punzonado	7-90	50-80	0,02-0,15	25-200	150-2000
Fundido	3-25	20-60	0,01-0,35	25-150	70-350
Con Resina	4-30	30-50	0,01-0,35	20-100	130-800

Para aplicaciones en las cuales existe alto riesgo de $K_n \geq 10$ veces K el Diseñador deberá realizar ensayos de filtración para comprobar que el geotextil no se colmata.

siendo,

K = Permeabilidad del suelo
K_n = Permeabilidad normal al plano del geotextil

La geomalla se envuelve en un geotextil, el cual actúa como filtro impidiendo el paso de partículas de suelo hacia la geomalla y permitiendo a su vez el flujo de agua.

Figura 4-1 Tipos de tejidos en geotextiles

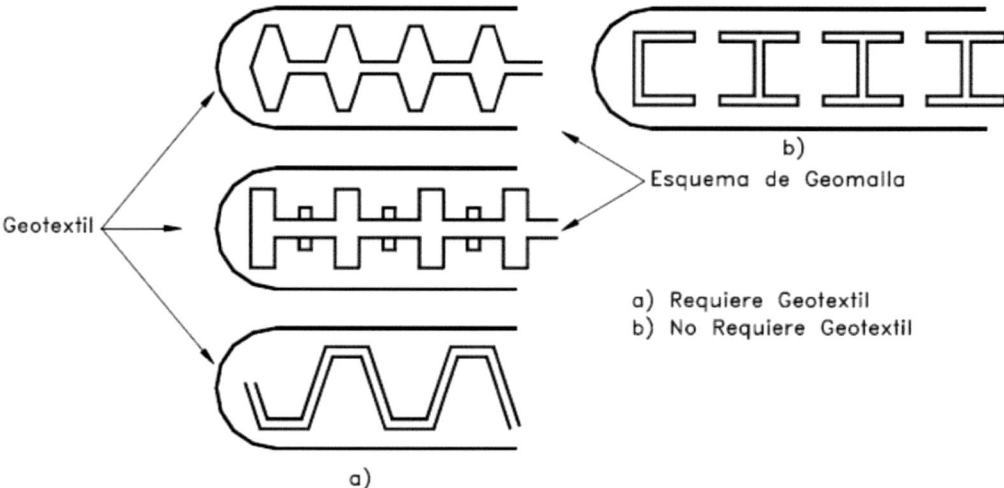

Figura 4-2 Geomalla

En el extremo inferior de la geomalla y envuelto por el geotextil se coloca una tubería perforada de PVC especial para subdrenes, la cual recoge y conduce el agua colectada por la geomalla.

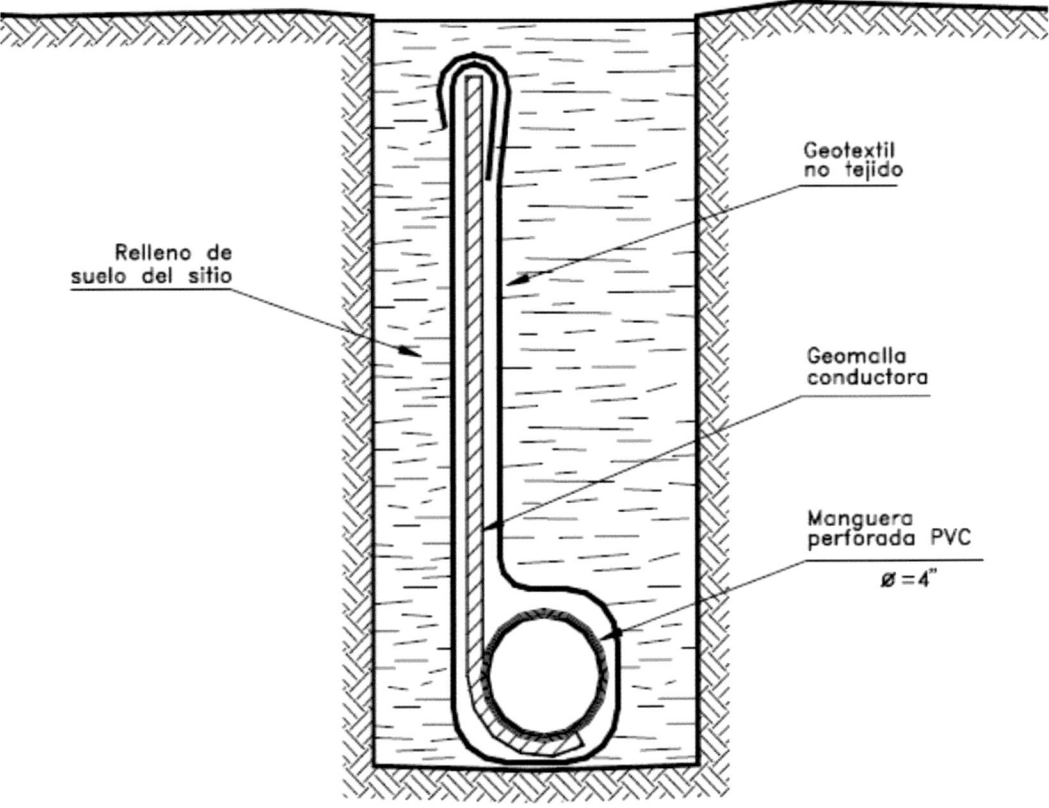

Figura 4-3 Diagrama de un subdrén 100% sintético

Las teorías de redes de flujo pueden utilizarse para el diseño de sistemas de subdrenaje en suelos homogéneos, pero en materiales residuales el Proyectista debe tener un conocimiento muy claro de la estructura geológica, en especial de la presencia de mantos, discontinuidades o zonas de alta permeabilidad.

Al colocar un subdren se está colocando un punto de presión atmosférica dentro de una masa de suelo con agua a una presión superior. El efecto inmediato es la generación de un flujo de agua hacia el dren debido a la diferencia de cabeza hidrostática. El paso siguiente al flujo de agua inicial es la disminución de la presión de poros en una distancia de influencia a lado y lado del subdren, la cual depende de la permeabilidad del suelo. En suelos arcillosos está distancia de influencia es menor que en suelos granulares. El producto final es una nueva línea de nivel freático con puntos de inflexión en los sitios de subdren (Figura 4-4). Para un suelo uniforme se puede obtener una solución analítica, incluyendo otros efectos como es la infiltración debida a la precipitación y se pueden obtener las redes de flujo para calcular los caudales y las presiones (Figura 2-10). El cálculo de caudales y el diseño del espaciamiento entre drenes requiere de un análisis geotécnico muy completo del comportamiento del agua en el suelo del sitio.

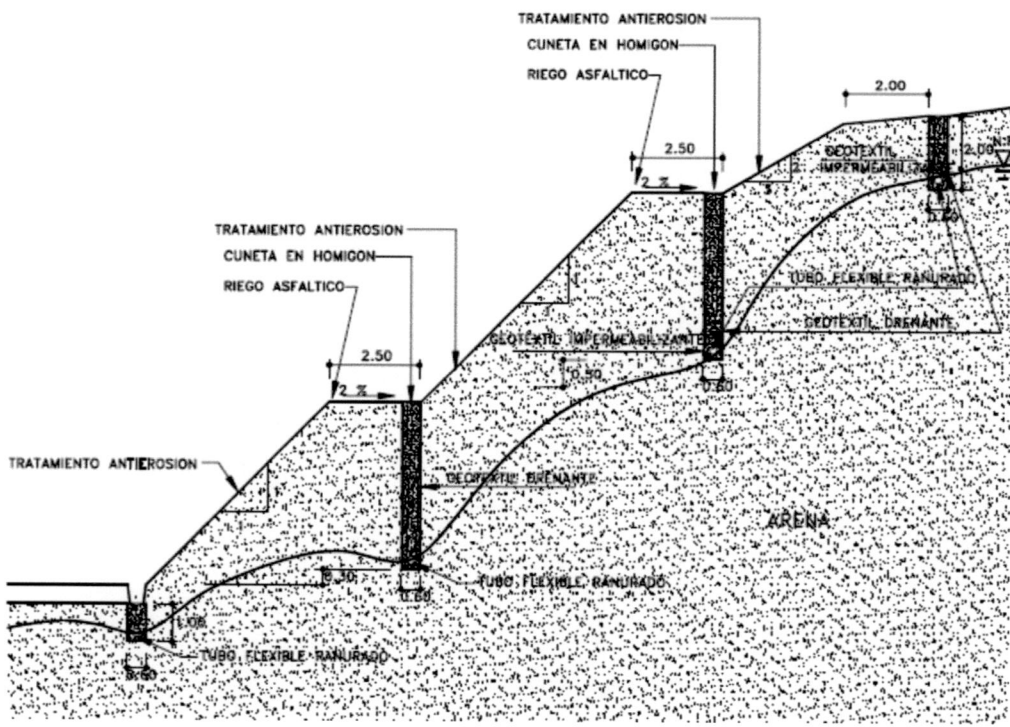

Figura 4-4 Subdrenes en taludes saturados de suelos arenosos. Efecto sobre el nivel freático

4.3 Drenes horizontales o de penetración

Una de las medidas de drenaje de tipo profundo para la captación y evacuación del agua freática en el interior del talud, son los denominados drenes subhorizontales (llamados "californianos"), cuya sección longitudinal y transversal se muestran en las siguientes Figuras 4-5, 4-6 y 4-7.

Figura 4-5: Detalle de drenaje profundo mediante "Drenes Californianos".

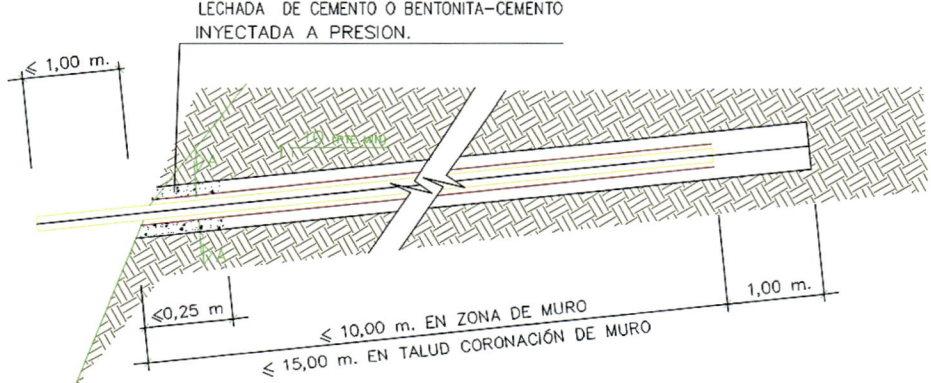

Figura 4-6: Detalle de drenaje profundo mediante "Drenes Californianos". Sección longitudinal

Figura 4-7: Drenaje profundo: drenes horizontales ("californianos")

4.4 Jet grouting

Se define como Jet-Grouting a un tratamiento del terreno consistente en la disgregación de este con alta energía en sentido ascendente y la mezcla con una lechada de cemento con el fin de crear de una forma controlada pseudo columnas de suelo-cemento. Aunque estas columnas vienen en ocasiones reforzadas por armaduras de acero situadas en su eje, lo habitual es que estén compuestas únicamente por la mezcla del suelo, previamente disgregado, con la lechada de cemento.

Las diferentes tipologías o clasificaciones se establecen básicamente por el sistema de desplazar y fracturar el terreno circundante y mezclarlo con la lechada de cemento inyectado y se contemplan tres tipos de tratamiento de Jet-Grouting:

- **Tipo 1**: También denominado **simple, mono Jet o de fluido único**, en donde la propia inyección de la lechada de cemento produce por una parte la disgregación o el desplazamiento del terreno, y por otra su mezclado con el mismo (Ver la Figura 4.8).

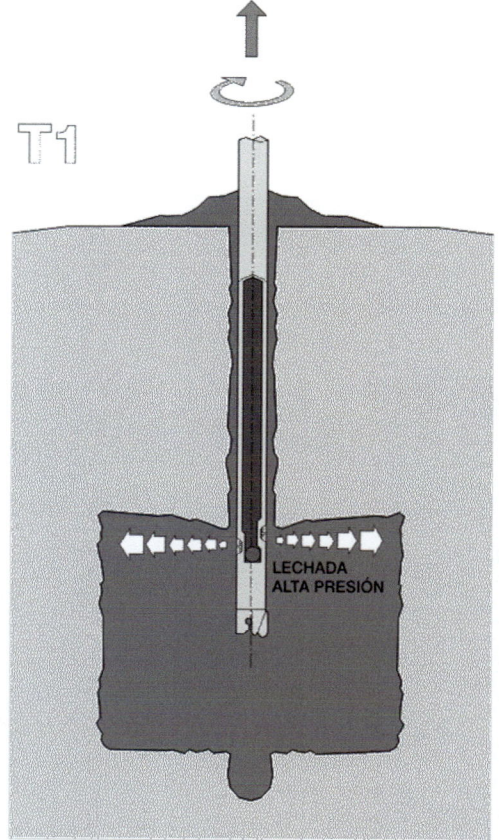

Figura 4-8 Jet tipo 1, simple, mono Jet o de fluido único

- **Tipo 2**: Denominado también **Jet de doble fluido**. Se presenta con dos variantes:

  ✓ En la **Variante 2A (AGUA + LECHADA)** el tratamiento del terreno se realiza a través de dos toberas desplazadas verticalmente. La disgregación del terreno se realiza con ayuda de agua a alta presión, por la tobera superior, y la inyección de relleno de lechada de cemento se realiza a menor presión por la tobera inferior (Figura 4.9).

  ✓ En la **Variante 2B (AIRE + LECHADA)** los chorros son concéntricos, potenciando el aire la acción de rotura del terreno y el mezclado de la lechada de cemento, además de favorecer la evacuación del detritus (Figura 4.10).

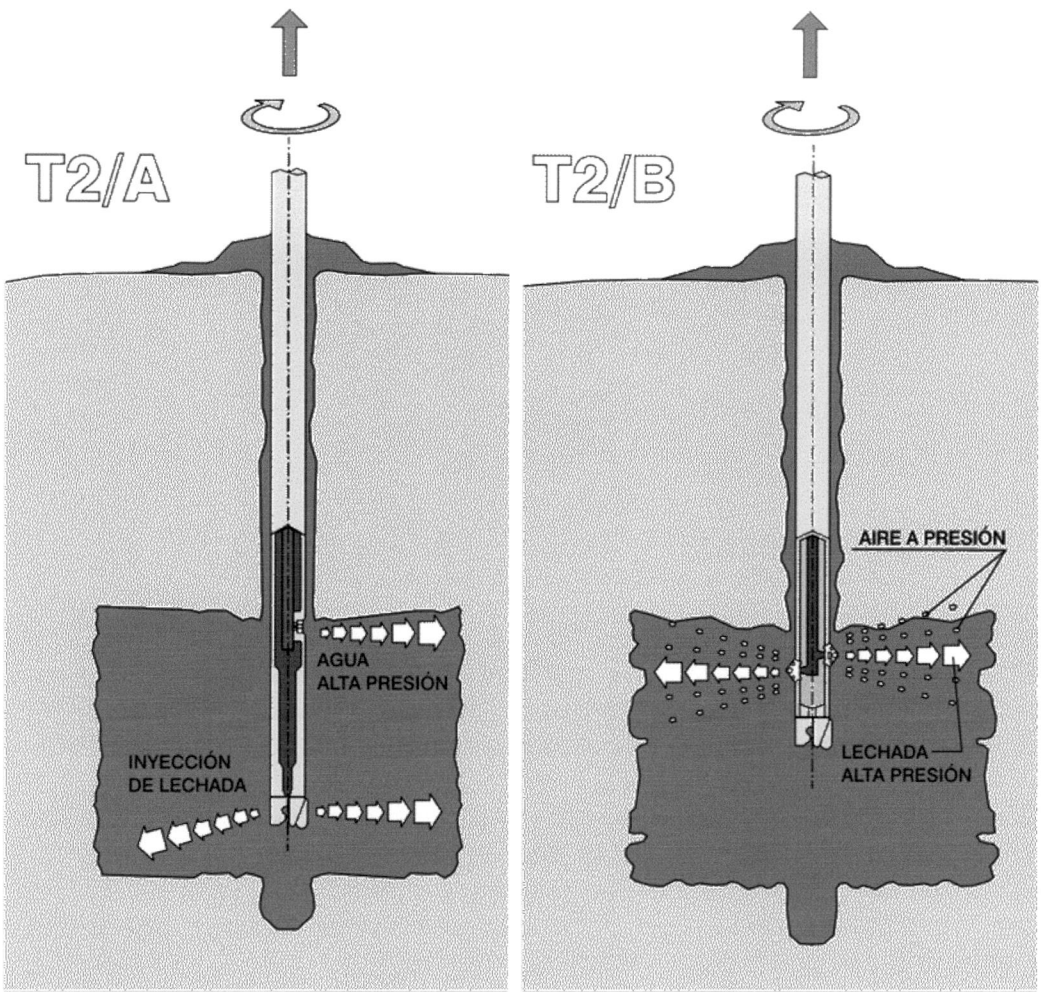

Figura 4-9 Jet tipo 2-A de doble fluído (agua + lechada) *Figura 4-10 Jet tipo 2-B de doble fluido (aire + lechada)*

Tipo 3: También conocido como Jet-Grouting de **triple fluido o tri-Jet**, consiste en envolver con aire comprimido el chorro de agua a alta presión del Tipo 2, que se inyecta por las toberas superiores para romper el terreno, para posteriormente rellenarlo con lechada de cemento inyectada por las toberas inferiores (Figura 4.11).

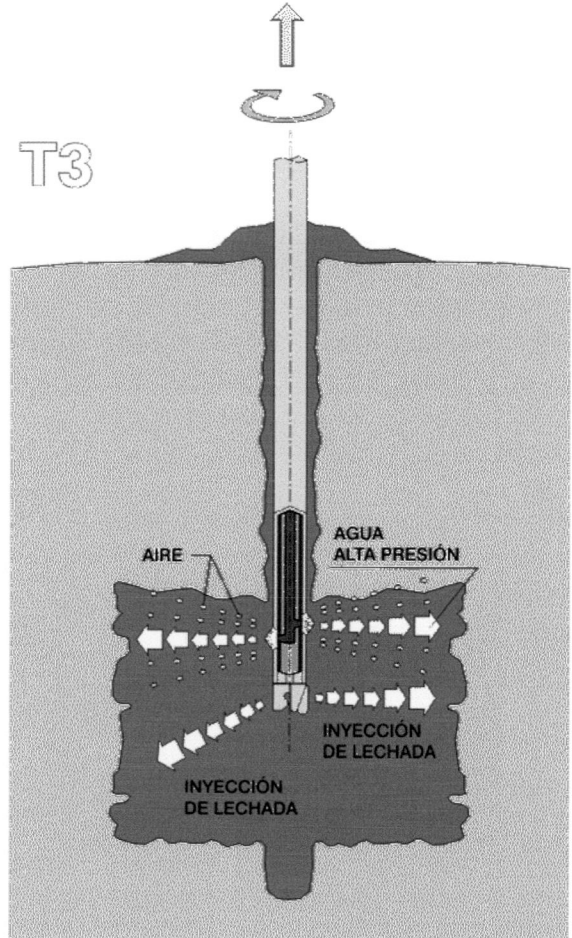

Figura 4-11 Jet tipo 3, tri Jet o de triple fluido

En los tipos de Jet 2 y 3, la presión de la lechada de cemento en el relleno será la necesaria para poder inyectar los volúmenes de lechada prefijadas en el campo de pruebas, a través de las toberas de relleno.

En la realización de pantallas de protección y barreras delgadas, para crear en unos casos recintos resistentes y estancos que permitan efectuar en condiciones de seguridad excavaciones, o crear barreras de impermeabilización de poco espesor en el interior del terreno, generalmente contra la contaminación.

En el primer caso se realizan columnas secantes, solapadas en una o varias filas, en función de las solicitaciones (fundamentalmente flexión y cortante) a la que van a estar sometidas (Figura 4.12).

En el caso de las pantallas delgadas la ejecución de cada columna se realiza sin giro del monitor, de forma que produzca el solape de la fila (Figura 4.13).

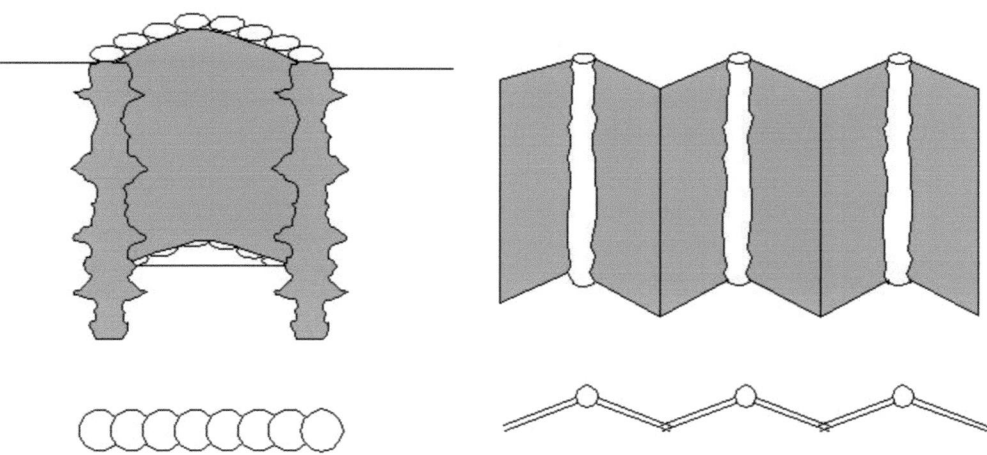

Figura 4-12 Jet para pantallas delgadas

En la creación de pantallas de estanqueidad, como es el caso de tapones de fondo en recintos apantallados sometidos a subpresiones o en barreras de impermeabilización en núcleos de presas. Se realiza el tratamiento realizando columnas secantes, solapadas entre sí, y en un espesor determinado del terreno.

Este espesor y la densidad de las columnas es función de las solicitaciones (fundamentalmente flexión y cortante) a la que van a estar sometidas (Figura 4.13).

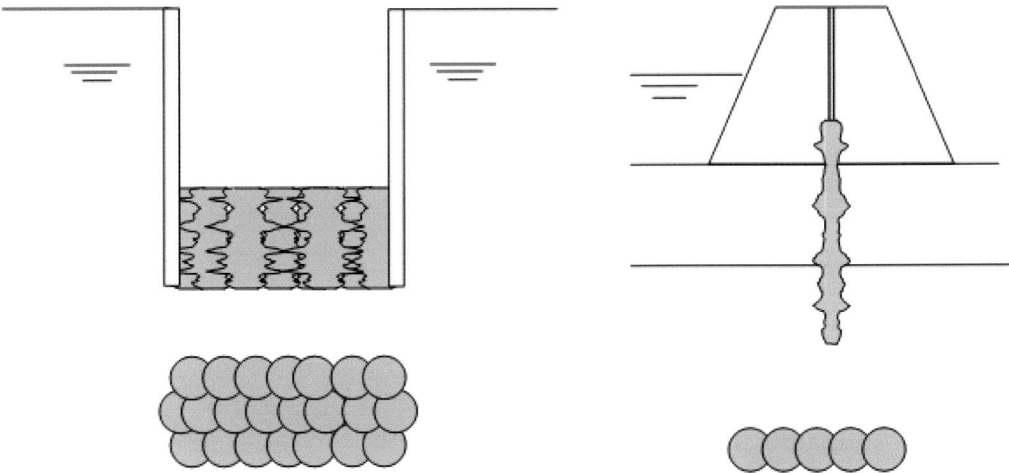

Figura 4-13 Tapones de Jet grouting

En tapones de fondo suele ser necesario ejecutar una solera sobre el jet, generalmente armada para toda la subpresión. En ocasiones, el jet se utiliza para crear estampidores de acodalamiento de pantallas bajo el fondo de excavación previamente a la ejecución de esta. Como elemento de impermeabilización en pantallas de pilotes o micropilotes, cuando estos se construyen separados. En este caso las columnas se realizan entre cada dos pilotes o micropilotes. Estos últimos sirven de elementos estructurales, proporcionando el jet-grouting la impermeabilización necesaria.

4.4.1 Materiales y productos constituyentes

Las lechadas de cemento utilizadas en las inyecciones de relleno y mezcla con el terreno deberán estar dosificadas con una relación agua/cemento (a/c) comprendida entre 0,50 y 1,20 salvo indicación contraria de la Dirección de Obra. Los cementos para emplear serán los utilizados en obras de hormigón y serán resistentes a la presencia de sustancias agresivas en el terreno cuando así sea necesario (p.e. sulfatos).

Cuando las condiciones geotécnicas o estructurales (o, incluso, el propio Proyecto) lo demande, se podrá incorporar en el eje de la columna de jet-grouting una armadura, formada por una barra corrugada o por un tubo de acero.

Aunque este proceso se realiza normalmente mediante la hinca de la armadura en la columna recién ejecutada, en ocasiones, particularmente en suelos granulares, y en función de la longitud de la armadura, es precisa la reperforación de la columna, reinyectándola una vez introducida la armadura. La inserción de la armadura es difícil en columnas inclinadas o muy largas, no hay garantías de que el tubo quede en el eje.

Para aplicaciones concretas en las que se requieren bajas resistencias, como pantallas plásticas, se podrá incorporar bentonita en la lechada de cemento, en proporciones de hasta un 5% en peso de cemento.

En la ejecución de pantallas plásticas los porcentajes de bentonita podrán alcanzar proporciones de hasta el 10 % en peso de cemento. Hay que tener en cuenta que los resultados del tratamiento pueden no ser satisfactorios si el terreno existente material orgánico o contaminantes que impidan el fraguado de la lechada. El tratamiento también puede fallar en gravas, morrenas y suelos granulares gruesos no desplazables por el chorro de agua o lechada, produciéndose un efecto "sombra" que impide la formación de columnas continuas y regulares.

En suelos con niveles cementados pueden producirse el estrangulamiento de las columnas. En suelos heterogéneos es muy difícil el ajuste de parámetros para conseguir un tratamiento óptimo en toda la longitud de la columna.

4.4.2 Diseño del tratamiento de Jet-Grouting

El diseño de un tratamiento mediante la técnica de jet-grouting requiere conocer en primer lugar las solicitaciones ejercidas por la estructura a cimentar en unos casos, o por la acción del terreno o del agua en otros casos, y que corresponden a las acciones nominales (consideradas sin mayorar), y en segundo lugar las propiedades esperables del suelo tratado (resistencias a tracción y compresión, impermeabilidad, etc.). Es necesario, además, tener un conocimiento previo muy completo de las características del terreno a tratar y su variación a lo ancho de la obra, sobre todo en el caso de losas o tapones de impermeabilización

De esta forma se podrá diseñar el tratamiento adecuado a cada caso (disposición, diámetro y profundidad de las columnas de jet-grouting). El diseño de un tratamiento del terreno mediante la técnica de jet-grouting precisa conocer las propiedades medias del suelo-cemento de las columnas. Estas propiedades son básicamente de dos tipos:

- Propiedades intrínsecas del suelo tratado, como son la resistencia media a tracción, compresión, cortante y módulo de deformación (en estructuras de cimentación y en estructuras sometidas a efectos de flexión), y el coeficiente de permeabilidad (en estructuras de estanqueidad).

- Propiedades geométricas del suelo tratado, y en particular el diámetro mínimo de la columna creada.

Estas propiedades se pueden obtener a partir de dos métodos:

- ✓ Mediante métodos empíricos, con tablas obtenidas en tratamientos realizados en terrenos similares.

- ✓ Mediante columnas de prueba realizadas "in situ", previamente al tratamiento general.

En función de la naturaleza inicial del terreno, su granulometría y la resistencia a compresión simple (RC) del suelo a tratar se pueden obtener de los siguientes parámetros del suelo tratado:

- **Resistencia a compresión del suelo tratado**: se puede obtener su valor de la tabla siguiente:

Tabla 4-2 Valores de Rc en función de la naturaleza del terreno

Naturaleza del terreno inicial	R_C (N/mm²)
Arcillas	2 ÷ 5
Limos	3 ÷ 7
Arenas y gravas limpias	4 ÷ 15

- **Resistencia a tracción del suelo tratado:** se puede estimar su valor en el orden del 10% de su resistencia a compresión:

$$RT \leq 0,10\,RC$$

(4-1)

- **Resistencia a esfuerzo cortante del suelo tratado:** se puede estimar su valor en el orden del 8% de su valor de resistencia a compresión:

$$Q = 0,08\,RC$$

(4-2)

- **Módulo de deformación del suelo tratado:** se puede correlacionar con el valor de la resistencia a compresión (RC) del suelo tratado por la expresión:

$$E = \alpha \cdot RC$$

(4-3)

El factor adimensional α depende fundamentalmente de la naturaleza del terreno inicial.

Tabla 4-3 Valores de α en función de la naturaleza del terreno

Naturaleza del terreno inicial	α
Arcillas	300
Limos	700
Arenas y gravas	1000

- **Coeficiente de permeabilidad del suelo tratado.** El coeficiente de permeabilidad se puede obtener de la tabla siguiente. Siendo función de la naturaleza del terreno original. Es importante en todo caso indicar que la permeabilidad global depende tanto de la continuidad del tratamiento como de la permeabilidad del propio suelo tratado.

Tabla 4-4 Valores de K en función de la naturaleza del terreno

Naturaleza del terreno inicial	K del terreno a tratar (m/seg)
Arcillas	$10^{-7} \div 10^{-9}$
Limos	$10^{-7} \div 10^{-9}$
Arenas y gravas	$10^{-8} \div 10^{-10}$

- **Diámetros medios de las columnas y contenidos de cemento.** Es un parámetro muy difícil de estimar sin ensayos previos. A título orientativo los diámetros medios de las columnas; en función del tipo de tratamiento, y correlativamente el contenido de cemento por metro de columna. El diámetro de la columna dependerá fundamentalmente del tipo de terreno, como de la energía aplicada en el tratamiento. Los consumos de cemento dependerán de las características resistentes y de impermeabilización que se requiera en proyecto a las columnas de Jet.

Tabla 4-5 Valores de diámetros de columnas dependiendo del tipo de jet grouting

Tipo de tratamiento	D (m)	C (Kg/m)
Jet Tipo 1	$0,45 \div 0,80$	$250 \div 400$
Jet Tipo 2	$0,60 \div 2,00$	$500 \div 1400$
Jet Tipo 3	$1,00 \div 2,50$	$800 \div 1500$

Esta tabla se ha realizado en base a densidades de lechada comprendida entre 1,5 y 1,65 kg/m^3. Los valores bajos de diámetro corresponden normalmente a los suelos muy cohesivos o densos, y los altos a los granulares flojos.

En este sentido es importante realizar unas columnas de pruebas siempre y antes de dar por bueno el tratamiento. Las columnas de prueba se realizarán en zonas acotadas de la obra en donde el terreno presente características similares al del resto de la zona a tratar. El número de columnas depende de la uniformidad del terreno a tratar. En general, y realizadas con diferentes parámetros de tratamiento, no deberá ser inferior a tres, para cada tipo de terreno dentro del espacio a tratar, en el caso de columnas aisladas, y las precisas geométricamente para aplicaciones puntuales, como en barreras de impermeabilización, tapones, etc.

Las variables de prueba suelen ser:

- ✓ Densidad o dosificación de la lechada.
- ✓ Velocidad ascensional y de rotación.
- ✓ La presión de inyección.

Sobre las columnas, una vez excavadas en todo su perímetro en unos casos o parcialmente en otros, como en los recintos impermeables, se realizarán medidas de sus diámetros y continuidad a lo largo de las diferentes capas atravesadas, y ensayos de resistencia e impermeabilidad.

4.4.2.1 Capacidad estructural de la columna a compresión

Al estar formada la columna por una mezcla del terreno con lechada de cemento, al que a veces se le incorpora una armadura, la capacidad estructural de la columna, **T$_{Ed}$**, es la máxima carga a compresión que se le puede asignar para absorber los esfuerzos actuantes **E$_N$**. Frente a esfuerzos de compresión la capacidad estructural de la columna se puede obtener de la siguiente expresión:

$$T_{Ed} = A_C * RC / F_2 \qquad (4\text{-}4)$$

siendo:

- A$_C$: Sección recta de la columna, en la sección de menor diámetro.

- RC: Resistencia media a compresión del terreno tratado (suelo+cemento). (Corresponde a la rotura a compresión simple de probetas talladas en el terreno tratado, con edades del tratamiento superiores a 28 días). Valores orientativos de este parámetro vienen indicadas en la Tabla 4.5.

- F$_2$: Coeficiente de minoración que depende del grado de responsabilidad del elemento, la uniformidad del suelo y la posible presencia en el terreno que compliquen la correcta ejecución del tratamiento (bolos intercalados, gradiente de agua, etc.). Su rango de variación esta entre 2,50 y 4,00 dependiendo del número de ensayos, de la dispersión de los resultados y de la responsabilidad del elemento.

4.4.2.2 Rozamiento de fuste admisible del terreno.

El rozamiento unitario de fuste admisible **q$_{f,adm}$** de la columna con el terreno se puede deducir tanto de ensayos de carga o tracción sobre columnas, como por métodos teóricos a partir de los parámetros de resistencia al corte del terreno, o por correlaciones empíricas.

Estos últimos sistemas son los más habituales para obtener el rozamiento en el contacto terreno - fuste de la columna. Se pueden aplicar de dos formas:

1. Empleando la siguiente expresión de la resistencia media, en presiones efectivas:

$$q_{f,adm} = c' / F_c + \sigma' * tg \, \varphi' / F_\varphi \qquad (4-5)$$

siendo:

- c': la cohesión efectiva del terreno en el contacto terreno – fuste de la columna.
- φ': el ángulo de rozamiento interno efectivo del terreno en el contacto terreno–fuste de la columna.
- σ': la presión efectiva del terreno a la mitad de la longitud de la columna.
- F$_c$ y F$_\varphi$ los coeficientes de minoración dependen del tipo de estructura, viniendo indicados en la Tabla 4.5

Tabla 4-6 Coeficientes Fc y Fφ

Tipo de estructura	F$_\varphi$	F$_c$
Estructura de cimentación nueva	1,30	1,70
Estructuras de recalce	1,20	1,40

Empleando la siguiente expresión, en tensiones totales:

$$q_{f,adm} = c_u \, / \, F_{cu} \qquad (4\text{-}6)$$

siendo:

- c_u: la cohesión del terreno en el contacto terreno – fuste de la columna.
- F_{cu}: el coeficiente de minoración (Es igual al coeficiente F_c indicado arriba)

4.4.2.3 Resistencia de punta admisible del terreno.

La resistencia unitaria límite por la punta $q_{p,adm}$ de una columna de jet-grouting sometida a esfuerzos de compresión se suele obtener a partir de correlaciones empíricas.

$$q_{p,adm} = A_P \cdot q_{p,lim} \, / \, 2,5 \qquad (4\text{-}7)$$

Dado que el jet-grouting es una técnica para emplear en suelos, cuando el apoyo se produce en roca, el valor de la resistencia de punta se debe definir en cada caso, pues depende de cómo se realice el contacto, que en gran parte es función de los útiles de disgregación y desplazamiento del terreno. Si no se dispone de datos se considerarán las características del terreno situado inmediatamente por encima.

En los casos especiales en los que la dureza de la roca sea superior a la resistencia media a compresión (RC) de la columna de jet-grouting, y siempre que se pueda asegurar el buen contacto de la columna con la roca (bien por una penetración en la roca del varillaje hasta el nivel de toberas, o porque la posición de las toberas permita formar la columna por delante del útil de perforación hay una tobera con un ángulo pequeño con el eje), la capacidad de la columna será la correspondiente a su tope estructural.

La carga total admisible por resistencia del terreno Q_{adm}, en columnas sometidas a esfuerzos axiles de compresión, se obtiene como suma de la resistencia de fuste y la resistencia de punta:

$$Q_{adm} = A_L * q_{f,adm} + A_P * q_{p,adm} \qquad (4\text{-}8)$$

siendo:

- $q_{f,adm}$: el rozamiento límite por fuste del terreno.
- $q_{p,adm}$: la resistencia límite por la punta del terreno.

♦ A_L: el área lateral de la columna.

♦ A_P: el área de la sección recta de la base de la columna.

Este valor obtenido no deberá ser inferior al esfuerzo axil actuante, sin mayorar:

	(4-9)
$$Q_{adm} \geq E_N$$	

	(4-10)
$$E_N < T_{ED}$$	

4.4.2.4 Estimación de asientos de las columnas de jet-grouting.

En general el asiento de la columna de jet-grouting, apoyada en un terreno suficientemente competente, suele ser tan pequeño que en general no es preciso considerarlo en el dimensionado.

Para la estimación de los asientos se pueden emplear los métodos de uso habitual en pilotes, asimilando las columnas a elementos de este tipo.

En cambio, sí puede ser importante el asiento que su ejecución puede inducir en la estructura a recalzar, debido a la alteración de la estructura del terreno provocada por el tratamiento y a su disminución de capacidad portante durante el periodo de tiempo necesario hasta el fraguado de la lechada de cemento.

Los asientos aumentan con el mayor potencial colapsabilidad del terreno (rellenos antrópicos flojos, estructuras limosas eólicas, etc.), y disminuye con la mayor compacidad de este.

Además de ser necesario por ello establecer un orden de ejecución de las columnas para hacer compatibles estos movimientos con los de la estructura, puede ser necesario diseñar apeos provisionales, parciales o totales, de la misma.

Hay que tener en cuenta que la ejecución del jet-grouting implica un cierto volumen de arrastre de suelo ("rechazo") con el fluido de perforación, si esto no se compensa con aportes de lechada podría repercutir en asientos más o menos importantes.

El rechazo puede ser grande en jet-grouting sub-horizontal en terrenos poco cohesivos y con carga de agua. En estos casos es importante trabajar con válvulas antirretorno y obturar los taladros una vez terminada la ejecución.

4.4.2.5 Criterios de diseño frente a esfuerzos de flexión y/o cortante

En el dimensionamiento de una pantalla de columnas de jet-grouting sometida fundamentalmente a esfuerzos de flexión (por empujes del terreno o de las aguas), se debe asegurar tanto el equilibrio global como el local, tanto en fase de ejecución como en la situación definitiva.

En el análisis del equilibrio global se utilizarán los métodos del estado límite de equilibrio habituales en la práctica, con superficies de rotura planas o curvas (tales como Janbu, Bishop, etc).

El coeficiente de seguridad frente a este equilibrio global se situará en el entorno de los indicados en la Tabla 4.7 para los diferentes tipos de obras y situaciones de cálculo.

Tabla 4-7 Coeficiente de seguridad global Fs

Situaciones de cálculo	F_s
Situaciones permanentes o casi permanentes	1,30 ÷ 1,50
Situaciones transitorias a corto plazo	1,20 ÷ 1,30
Situaciones accidentales	1,05 ÷ 1,10

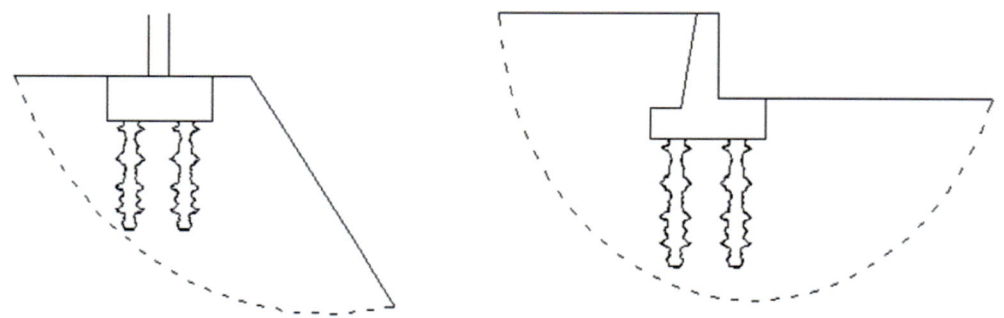

Figura 4-14 Comprobación de estabilidad global en una columna de jet-grouting

Además, se debe asegurar asimismo el buen comportamiento de la pantalla de jet-grouting:

- ✓ La seguridad frente a la rotura a flexión, cortante y compresión de la pantalla como elemento estructural (A).

- ✓ La seguridad frente a la rotura del terreno que rodea a la columna (B).

✓ La seguridad frente a la transmisión de esfuerzos de la pantalla a otras estructuras (C).

Figura 4-15 Comprobación de seguridad frente a la rotura a flexión, cortante y compresión

4.4.2.6 Criterios de diseño de barreras de impermeabilización

En el diseño de una barrera de impermeabilización realizada mediante columnas de jet-grouting, hay que tener en cuenta que sus misiones fundamentales son limitar el paso de agua a través suyo y disminuir los arrastres del terreno.

El buen comportamiento local del recinto frente a la circulación de agua a presión a su través se debe asegurar consiguiendo que no exista ningún punto donde su permeabilidad sea superior al valor fijado en proyecto.

El proceso de diseño del tratamiento conlleva considerar los pasos siguientes:

✓ Seleccionar el tipo de tratamiento (sean 1, 2A, 2B ó 3, según la clasificación del apartado 4.4.2.1) más adecuado al terreno existente, y a las características medias, tanto geométricas como mecánicas, buscadas del terreno tratado.

✓ Evaluar las desviaciones previstas en la perforación de cada elemento, para que, de acuerdo con las características geométricas de las columnas, se pueda diseñar la malla del tratamiento, para evitar zonas localizadas no tratadas.

✓ Estudiar el comportamiento de las zonas de contacto con otras estructuras, efectuándose el diseño especifico que contemple tanto sus características geométricas como mecánicas.

Dado que la misión fundamental de una barrera de impermeabilización creada mediante la técnica de jet-grouting es limitar la entrada de agua al recinto a agotar, es preciso diseñar la disposición en planta de las columnas para conseguir que no existan zonas sin tratamiento.

Dada la tipología especifica de la técnica de jet-grouting es necesario tener en cuenta a la hora de diseñar el tratamiento que los solapes teóricos son físicamente imposibles.

En la práctica su efecto consiste en una redistribución de los nuevos aportes de lechada a zonas aún no tratadas en la fase de tratamiento anterior.

La densidad de la malla de columnas del tratamiento depende en general de los siguientes factores:

- De la longitud estéril de las columnas, o lo que es lo mismo, de la profundidad del tratamiento (la desviación práctica mínima es del 1%).
- Del diámetro previsto de las columnas del tratamiento.
- De la presión del agua sobre el tratamiento.
- Del espesor proyectado de tratamiento.

En condiciones medias, y valido para un diseño preliminar, se puede considerar un porcentaje de solape variable entre el 10 y el 20% de la superficie teórica a tratar.

El grado de impermeabilidad que se puede conseguir depende más de la continuidad del tratamiento que de la propia permeabilidad del suelo tratado. En general los coeficientes de permeabilidad del terreno tratado oscilarán entre valores de 10^{-5} y 10^{-8} cm/seg.

Los valores reales se podrán verificar bien mediante pruebas de bombeo, y en casos extremos, efectuando recintos de prueba, que, al ser excavados, permitan medir el caudal de entrada.

En el diseño de un tratamiento de jet-grouting, bien sea para cimentar una estructura, bien lo sea para contener empujes del terreno o de las aguas, o finalmente lo sea para limitar la circulación del agua, es muy importante tener en cuenta, además de las fases constructivas, los detalles constructivos.

- Tratamiento del contacto de la columna con el cimiento (función de la naturaleza y estado de la cimentación antigua, y de la disminución de volumen por retracción de fraguado).

- Tratamiento como tapón de fondo dependiendo de la profundidad, de la presión del agua y del diámetro de las columnas:

  ✓ Recubrimiento mínimo de terreno por encima del tratamiento: 1,00 m justificación constructiva.
  ✓ Espesor mínimo del tratamiento: 2,00 m (debido a la distancia que hay normalmente en el monitor entre la tobera agua-aire y la inferior de lechada).

En las siguientes figuras se recogen algunos ejemplos:

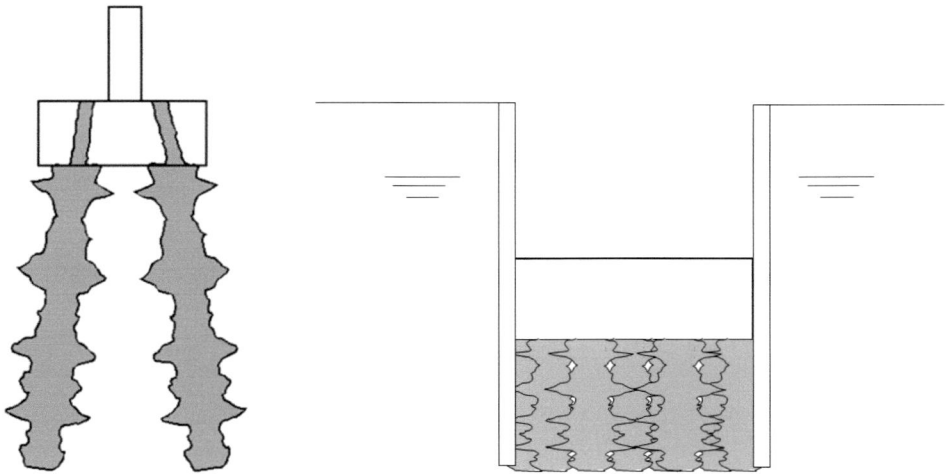

Figura 4-16 Ejemplos de tratamientos para cimentación e impermeabilización

La ejecución de la técnica de jet-grouting comporta básicamente la realización de las siguientes operaciones (las dos últimas opcionales, según los casos):

a) Perforación de los taladros para ubicar el monitor del tratamiento.
b) Realización del tratamiento (normalmente en forma de columnas)
c) Instalación de la armadura.
d) Conexión del tratamiento con la estructura a cimentar.

Para poder realizar todas estas operaciones se deberá preparar, y conservar en buenas condiciones, una plataforma de trabajo que permita efectuarlas adecuadamente y con la seguridad necesaria. Deberá tener la suficiente superficie en planta para permitir ubicar en ella tanto el equipamiento necesario para la ejecución de las columnas, como los materiales constituyentes de las mismas.

Una vez realizado el replanteo de las columnas, de acuerdo con el plano o croquis descriptivo de proyecto, se procederá a realizar la perforación del terreno. En obras de recalce es preciso además perforar previamente el cimiento antiguo de la estructura a recalzar. Esta operación obligará a observar los cuidados necesarios para causar los menores daños posibles a la estructura.

Las perforaciones se efectuarán respetando el orden de ejecución de columnas que ha sido marcado para que no se produzcan interferencias no previstas con las realizadas con anterioridad

Los diámetros del elemento de perforación (tricono o trialetas fundamentalmente en suelos y corona de widia o diamante en cimientos antiguos) serán lo suficientemente mayores que los diámetros del varillaje del tratamiento, para facilitar la salida del material por el anillo formado entre este varillaje y las paredes del taladro (a este material formado por una mezcla de terreno con lechada de cemento se le suele denominar resurgencia o rechazo). Aunque depende del tipo de suelo, se suelen requerir valores superiores al menos a 20 mm en Jet del tipo 1, y a 40 mm en Jet del tipo 2 y 3.

Los diámetros más habituales del varillaje del tratamiento oscilan entre los 60 y los 114 mm, y los de los útiles de perforación entre 90 y 150 mm.

El equipo de perforación realizará los taladros con las siguientes tolerancias:

- El eje de la boca de la perforación no estará desplazado en planta más de 50 mm., respecto a la posición teórica, a comprobar con cinta métrica. Esta comprobación se efectuará en todos los taladros.

- Respecto a la posición teórica inicial los taladros verticales no se desviarán en más de 2 %, comprobándose con clinómetro o con una escuadra que venga graduada en milímetros en ambos lados, y su equivalencia en inclinación. El control se efectuará en al menos un 5% de los taladros, y no en menos de tres de ellos. En el caso de columnas inclinadas es difícil garantizar la alineación por lo que deberá contarse con desviaciones hasta el 5%.

- La longitud de perforación no variará en más del 2%, a comprobar midiendo con cinta métrica la longitud total de los útiles de perforación empleados. Esta comprobación se efectuará en al menos el 10% de los taladros, y en no menos de tres.

- En el caso de soleras de impermeabilización realizadas a profundidades importantes (más de 20m.) es necesario, o bien tener en cuenta en el diseño la posible desviación de las columnas, o emplear un equipo provisto de un sistema de medición de la posición del taladro en profundidad, que permita comprobar la bondad del tratamiento.

Se debe elegir el sistema de perforación adecuado a las características del terreno y, en el caso de recalces, que afecte en el menor grado posible a las estructuras y sus cimentaciones. Los sistemas que se pueden utilizar son los siguientes:

- Perforación a rotación o rotopercusión (tricono, vidia o diamante), y que consiste en fracturar los materiales (terreno rocoso o cimentación) por fricción y/o golpeo. El primer sistema está más recomendado para atravesar cimentaciones antiguas al provocar menores vibraciones. Puede hacerse con la batería usual de sondeos, con barrenas helicoidales, y con martillos de fondo o en cabeza.

- Perforación a destroza, generalmente con tricono, y también a rotación o rotopercusión, estando recomendado en suelos, y que consiste en triturar los materiales por rotación.

La perforación de elementos resistentes u obstáculos, como zapatas, muros roca etc. puede ser realizada con equipos o sistemas diferentes a los utilizados para el tratamiento final, haciendo previamente unas pre-perforaciones que faciliten la introducción de la sarta de tratamiento.

En el caso de terrenos muy blandos, como serían por ejemplo los rellenos, que son colapsables por inundación, se empleará el sistema que menos los altere. En la zona estéril de la perforación en ocasiones puede ser necesario el empleo de revestimientos permanentes.

En la ejecución de columnas horizontales o en terrenos muy blandos, puede ser necesario la utilización de una tubería de revestimiento que asegure el disponer de un espacio anular para evacuar la resurgencia evitando que se produzcan sobrepresiones peligrosas. La retirada de la tubería de revestimiento se realizará de una forma simultánea a la que realice el tratamiento.

Los fluidos de perforación no serán nocivos ni a los materiales constituyentes de la inyección, ni en su caso a la armadura de las columnas.

El proceso de perforación deberá efectuarse de forma que cualquier variación significativa del terreno, respecto a la de proyecto, sea detectada inmediatamente. Se llevará un control subjetivo (duro/medio/blando) de la dureza de terreno perforado en cada una de las perforaciones.

En el caso de utilizar el tratamiento de jet-grouting para recalzar estructuras ya existentes, se deberá proceder, durante la fase de perforación, a controlar los movimientos de los pilares de la estructura más próxima a la zona de trabajo.

4.4.2.7 Realización del tratamiento de jet-grouting. Proceso de inyección

Esta fase del tratamiento del terreno, también llamada inyección, según la técnica del jet-grouting tiene dos objetivos fundamentales:

- Disgregar y desplazar el terreno circundante, con las inyecciones de alta presión dentro del varillaje que al salir el exterior se transforma en alta velocidad.

- Mezclar este terreno alterado con la inyección de la lechada de cemento, para constituir una mezcla de suelo-cemento.

La disgregación, desplazamiento del terreno y mezclado con la lechada de cemento, para la formación de la columna, se realizará inmediatamente de efectuada la perforación.

En las columnas del tratamiento del Tipo 1, la disgregación del terreno se efectúa simultáneamente a la mezcla de este con la lechada de cemento. En los tratamientos Tipos 2 y 3 la fracturación del terreno se efectúa a través de las toberas superiores, y el relleno del terreno con la lechada de cemento por las inferiores.

Generalmente, el tratamiento se realiza en sentido ascendente, a velocidad constante (comprendida entre 2 y 10 minutos/metro en la mayoría de las situaciones), y salvo en los paneles de Jet, rotando el varillaje de una forma coordinada con la velocidad ascensional. La variación de estos dos parámetros, y los correspondientes a las energías de corte e inyección de lechada, permiten definir el diámetro de la columna a conseguir.

Para las inyecciones de relleno de lechada de cemento las dosificaciones habituales (relación agua/cemento) oscilan entre 0,5 y 1. La densidad aparente de las lechadas líquidas se comprobará con balanza antes de la inyección, no siendo en ningún caso inferior a 1.510 Kg/m^3 ni superior a 1.830 Kg/m^3.

Los parámetros del tratamiento, como se ha indicado en el Apartado 4.4.2. Diseño del Tratamiento, se fijarán aplicando bien reglas empíricas, basadas en la experiencia de obras similares, o a través de columnas de prueba realizadas in situ previamente al tratamiento general.

En la práctica habitual los parámetros del tratamiento de Jet-Grouting se sitúan en los siguientes valores:

Tabla 4-8 Parámetros del Tratamiento orientativos

Parámetro	Rango	Normal
Presión de corte (en bomba)	30 ÷70 N/mm²	45
Diámetro tobera relleno	4 ÷12 mm²	0,35
Diámetro toberas corte	1,4 ÷4,5 mm	3,0
Velocidad ascensional	0,20 ÷0,5 m/min	0,35
Velocidad de giro	5 ÷15 r. p.m.	10

Cuando se realiza un Jet-Grouting es preciso tener en cuenta antes de su inicio que se pueden presentar problemas durante su ejecución. Se refieren a diferentes aspectos:

- ✓ Problemas asociados a la estructura a recalzar, o al recinto a impermeabilizar.

- ✓ Problemas asociados a la naturaleza y propiedades geomecánicas del terreno a tratar.

- ✓ Problemas derivados del sistema de ejecución.

El terreno situado bajo o junto la estructura en donde se realiza el tratamiento sufrirá temporalmente una merma en sus cualidades mecánicas, hasta que adquiera la resistencia definitiva. Hasta que concluye el proceso constructivo se crean "puntos duros" en los apoyos de la estructura a recalzar, o se crean zonas del terreno con diferente permeabilidad. En unos casos se producen asientos adicionales y en otros se crean vías preferentes de circulación de agua.

Es por ello necesario, además de seguir el orden de ejecución indicado, establecer un sistema que permita controlar los movimientos de la estructura de una forma continua. Así será posible, si fuera necesario, modificar el tratamiento, cambiar el ritmo o el orden de ejecución, e incluso si fuera necesario desistir del tratamiento.

Este tipo de tratamiento no es adecuado a todo tipo de terrenos. No lo es en absoluto en el caso de existir grandes bolos intercalados, que impiden en unos casos perforarlos para colocar el monitor del tratamiento en su posición, y a veces en caso de lograrse no se podría garantizar la calidad de este. El contenido de lechada de cemento, frente al terreno existente, en el eje de la columna es máximo disminuyendo en sentido radial. Poner frase del apartado 2.3 (incidencia del tipo de terreno).

En suelos potencialmente colapsables, se utilizará el sistema de perforación que menos los altere. Asimismo, si en el terreno se intercalan zonas con agua en movimiento, y dado que el tratamiento precisa un tiempo de fraguado, se deben realizar inyecciones previas para evitar que durante el tratamiento se puedan producir cortes o deslavados en los elementos realizados.

Durante la fase de rotura y relleno del terreno se debe garantizar que en todo momento no se interrumpe la salida de material por la boca de la perforación (resurgencia), controlándose tanto en calidad como en cantidad. Es obligatorio un contacto verbal continuo entre el operario que efectúa el tratamiento y el que acciona la bomba de corte e inyección, para permitir inmediatamente el tratamiento si se producen bolsas de presión.

Para la recogida, almacenamiento y posterior traslado a vertedero de la resurgencia, se habrá de asignar un presupuesto, así como una disponibilidad de espacios en obra.

La verticalidad de los elementos del tratamiento, dentro de los límites admisibles fijados, es fundamental en barreras o tapones de impermeabilización. El desvío de las columnas, junto a la heterogeneidad del suelo tratado en sentido radial, puede producir zonas no tratadas por donde se filtrará el agua. En este sentido esté tratamiento no es aconsejable con profundidades de perforación superiores a 20 m.

Se estudiará la ubicación de la Central de inyección del tratamiento para minimizar las pérdidas de presión. En general la distancia máxima entre ella y el punto del tratamiento no superará los 300 m. Asimismo cuanto mayor sea la distancia mayor será el riesgo de accidentes provocados por fugas en las conducciones (dada las elevadas presiones del tratamiento).

La existencia errática de madera o carbón en el terreno puede disminuir de una forma muy importante el diámetro de las columnas, ya que ambos materiales pueden absorber gran parte de la energía de corte.

La presencia en el terreno de materia orgánica puede retrasar o impedir el fraguado de la mezcla inyectada. Cuando se realicen las columnas contiguas, el material que se quiere eliminar, puede penetrar en la columna no fraguada, reduciendo de una forma muy importante, tanto sus características mecánicas como de impermeabilización

Finalmente se deberán ajustar los equipos al gálibo existente (el límite inferior suele estar en los 2,60 m. Cuanto menor sea la altura disponible mayor número de tramos de varillaje habrá que disponer, con lo que aumenta el riesgo de perdidas en sus uniones y se encarece el coste del tratamiento.

4.5 Inyecciones de fracturación

En la Norma Europea, UNE-EN 12715:2021 [97], se definen las inyecciones por fracturación hidráulica o "claquage" como un tipo de inyecciones con desplazamiento del terreno en el que inicialmente se produce su fracturación mediante inyección de agua o de una mezcla a una presión superior a la presión de confinamiento y resistencia a tracción de este.

Esta técnica puede aplicarse a cualquier tipo de suelo y roca blanda. Se realiza a través de tubos (plástico o acero) con manguitos de inyección, una fracturación hidráulica sistemática y controlada del terreno, empleando lechadas estables de cemento para mejorar las propiedades mecánicas del terreno.

La inyección mediante tubo-manguito junto con doble obturador ([26]), permite la multiplicación de las fases del tratamiento a las profundidades prefijadas y sin necesidad de reperforaciones (válvulas antirretornos).

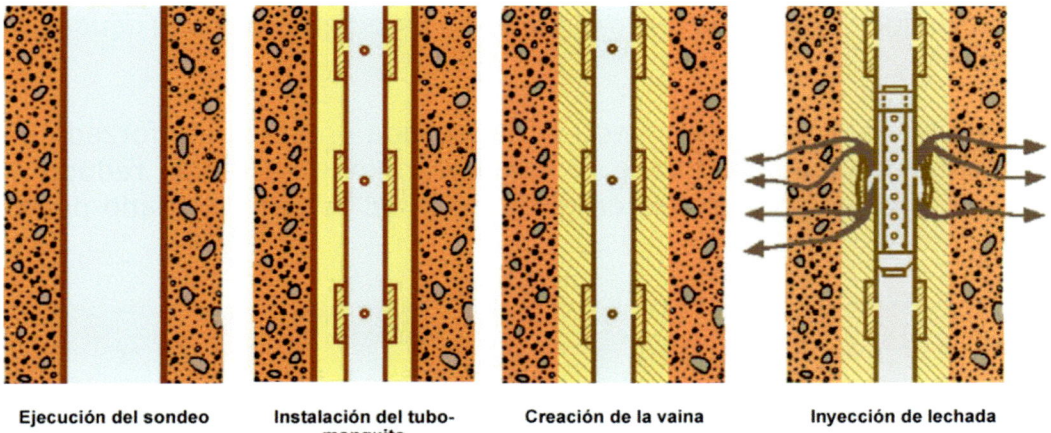

| Ejecución del sondeo | Instalación del tubo-manguito | Creación de la vaina | Inyección de lechada |

Figura 4-17. Fases de inyección mediante tubo manguito y doble obturador

Como puede verse en la figura anterior, se procede a la perforación del taladro de inyección (con estabilización de las paredes, si fuese necesario). Posteriormente, se realiza la instalación del tubo-manguito (metálico o de PVC) con agujeros cada 0,50m-1,00 m, en el taladro. Los agujeros están cubiertos por manguitos de goma y que ceden bajo presión, actuando como válvulas antirretornos. Luego se realiza la creación de la vaina, mediante el sellado del taladro mediante una lechada cuyo objetivo es impedir que la lechada estable de cemento, que después se inyectará, circule a lo largo del taladro entre el tubo de manguitos y el terreno. La composición de este "gaine" debe ser tal que se pueda romper radialmente bajo presión, una vez fraguada. Finalmente, elegido el manguito a sellar, se aísla el resto mediante obturadores dobles, inyectando selectivamente (IRS, Inyección Repetitiva Selectiva).

La Figura 4.18 (Santos et al.,[81]) muestra, esquemáticamente, el progreso, a lo largo de las diferentes fases de inyección de un manguito, por fracturación hidráulica, de la introducción de lenguas de lechada en el terreno.

En principio, si el medio que recibe la inyección se supone homogéneo e isótropo, la fracturación se producirá en cada caso perpendicularmente a la dirección de menor presión efectiva. De este modo, si inicialmente las presiones horizontales en el terreno son mínimas y las verticales máximas, comenzarían a formarse lenguas verticales que irían inclinándose y pasando a lenguas horizontales a medida que las presiones fueran creciendo hasta superar la presión vertical inicial.

Se ha de tener en cuenta que el desarrollo de estas inclusiones produce deformaciones en un entorno del área directamente afectada, pues estas últimas disminuyen rápidamente al alejarse de la inclusión forzada en el terreno. Esta circunstancia es la que permite adoptar presiones de tratamiento muy superiores a la presión geostática siempre que se controle tanto el volumen inyectado, como el caudal de inyección.

Entre fases sucesivas de inyección, la lechada previamente forzada en el terreno fragua y endurece, lo que determina una rápida reducción de las presiones generadas en el dominio del terreno afectado por la fracturación.

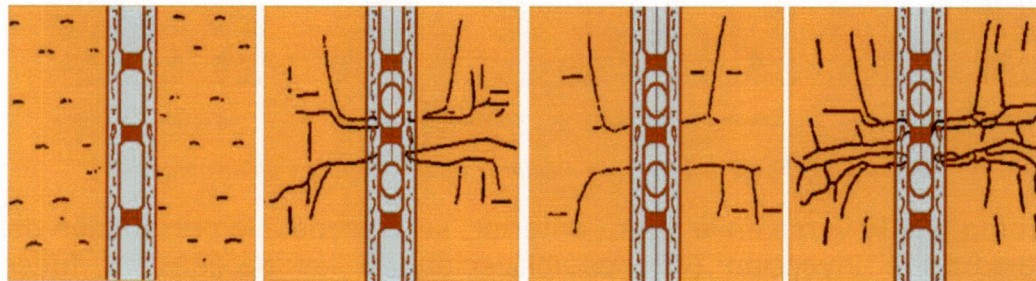

Figura 4-18. Esquema de las fases de inyección por fracturación hidráulica (Santos, [81])

A medida que progresa el número de fases de tratamiento van creciendo las ramificaciones de mezcla endurecida en el terreno, conduciendo, por interferencia entre los radios de acción de tubos adyacentes del tratamiento, a una vertebración del medio tratado, lo que asegura el "cierre" de las fracturas preexistentes o generadas en el entorno.

En cualquier caso, se requiere elaborar un auténtico proyecto de inyección basado en un meticuloso estudio del terreno, que defina sus condiciones previas de resistencia, deformabilidad y permeabilidad.

En primer lugar, el proyecto ha de establecer los volúmenes espaciales a tratar, así como la configuración más idónea de los tubos de tratamiento que acceden a estos volúmenes y que servirán después para su inyección.

En estas condiciones se comprende que, en general, no será necesaria, ni aconsejable, la verticalidad de los tubos, lo que facilita, en base a la técnica, el tratamiento del terreno bajo construcciones, sin acceder a ellas.

Asimismo, y en función de las condiciones mínimas finales de resistencia y deformabilidad a conseguir en el terreno tratado, se han de definir los parámetros de estabilidad, viscosidad (tiempo de paso por el cono Marsh), tiempo de fraguado, rigidez y resistencia de las mezclas, así como las presiones finales de tratamiento por manguito.

Dada la imposibilidad práctica de prever la configuración y el progreso de las inclusiones de lechada, se ha de establecer, continuamente y en paralelo con el tratamiento, la medición de movimientos verticales y horizontales, con precisión no inferior al medio milímetro, en puntos estratégicamente situadas en las construcciones adyacentes al área a tratar.

En este sentido, y con independencia de la instalación de dispositivos automáticos de adquisición de datos, el uso de regletas con divisiones en milímetros, adheridas a los paramentos de las estructuras y controladas topográficamente constituye un método auxiliar muy valioso.

4.6 Inyecciones de impregnación

En UNE-EN 12715:2021, [97], para la ejecución de inyecciones, se definen las inyecciones de impregnación como inyecciones de mezclas en las juntas y fracturas de roca o en los huecos de suelo, sin rotura, ni desplazamiento del terreno.

Tienen como misión fundamental reducir la permeabilidad del terreno. En este tipo de tratamiento los huecos susceptibles de impregnación van siendo cada vez de menor diámetro. El tratamiento de inyección por impregnación, sin rotura del terreno, exige, por tanto, el empleo de mezclas sucesivamente más penetrantes en taladros intermedios a los trata dos con mezclas menos penetrantes destinadas estas últimas a producir la obturación de las oquedades mayores.

En la Tabla 4-9 adjunta se recogen, según Caron, [20], los límites de impregnación del suelo con diferentes tipos de mezclas de inyección.

Tabla 4-9 Límites de impregnación del suelo según tipos de mezcla

TIPO DE SUELO	ARENA GRUESA Y GRAVA	ARENA MEDIA Y FINA	ARENA LIMOSA O ARCILLOSA. LIMO
Características del suelo	$D_{10} > 0.5$ mm	$0.5 > D_{10} > 0.02$ mm	$D_{10} < 0.02$ mm
Superficie específica	$S < 100$ cm^{-1}	$100 < S < 1000$ cm^{-1}	$S > 1000$ cm^{-1}
Permeabilidad	$k > 10^{-1}$ cm/seg	$10^{-1} > k > 10^{-3}$ cm/seg	$k < 10^{-3}$ cm/seg
Tipo de mezcla	Suspensión grosera	Disoluciones coloidales	Disoluciones verdaderas
Composición de la mezcla	Morteros cemento Cemento-bentonita	Bentonita Silicatos	Resinas (Acrilamida, Fenoplasto, Aminoplasto)

Las mezclas para inyectar, normalmente, son: suspensiones de lechada/mortero de cemento/bentonita, disoluciones coloidales de sílice (silicatos alcalinos) y mezclas con resinas (acrilamidas, fenoplastos).

Los parámetros principales que intervienen en un proceso de inyección son las características de las mezclas de inyección y la presión de inyección.

Para realizar una inyección en el terreno es necesario ejecutar antes un taladro para introducir a través de este el producto de inyección. En rocas se pueden utilizar técnicas por fases ascendentes o descendentes:

- **Inyección por fases ascendentes**: La inyección por fases ascendentes se realiza una vez perforado el taladro en toda su longitud. La inyección se realiza por tramos ascendentes, comenzando por el fondo del taladro. Para aplicar este tipo de tratamiento es necesario que la roca no esté demasiado rota o fisurada, pues la lechada puede circular libremente por las fisuras y remontar por encima del obturador dejándolo cementado en el taladro. Esta técnica permite independizar las operaciones de perforación e inyección.

- **Inyección por fases descendentes**: Se ejecuta, inyectando el tramo de roca que se acaba de perforar. La perforación y la inyección se realizan alternativamente, en un mismo taladro.

Después de cada tramo de inyección, se debe perforar la lechada fraguada del tramo anterior, que obtura el taladro. Se utiliza esta técnica cuando la roca está fuertemente fisurada, y es difícil conseguir tramos largos de taladro sin desprendimientos.

4.7 Inyecciones de silicatos

En este tipo de inyecciones sólo se utilizan silicatos alcalinos (silicato de sodio), que se comercializa en forma de disolución coloidal en agua. La sílice es un ácido débil y, en consecuencia, el silicato de sodio es básico.

La precipitación como gel de silicato se produce por neutralización con ácidos o sales ácidas, estando el tiempo de gelificación directamente relacionado con las concentraciones de los reactivos utilizados en las disoluciones de partida.

Se ha cuestionado largamente la aptitud de los geles de silicato, para asegurar permanentemente las propiedades del medio inyectado.

Estas mezclas, antes de precipitar, se comportan como sólidos de Newton sin rigidez, por lo que existe proporcionalidad entre el caudal y la presión de inyección.

Se diferencian de las disoluciones verdaderas no coloidales, en que su viscosidad aumenta con el tiempo, por lo que para mantener el mismo caudal durante todo el proceso de inyección hay que ir aumentando la presión de inyección.

Cabe mencionar el posible empleo de sustancias químicas (según tamaño de partículas) y propiedades obtenidas del terreno inyectado, así como definido por Mitchell, [63].

Con el fin de acelerar el proceso de impregnación se inyecta la mezcla con caudales cada vez más importantes y, a veces, se corre el riesgo, debido al aumento de presión de inyección que este proceso entraña, de fracturar el terreno con lo que la mezcla penetra los poros del suelo a través de un proceso mixto de impregnación y fracturación (véase el artículo de Cuéllar, [26].

Bajo el efecto de la presión de inyección se crean fracturas en forma de lentejones en el interior de la masa de suelo y la mezcla química impregna entonces los poros del suelo a través de estas fracturas.

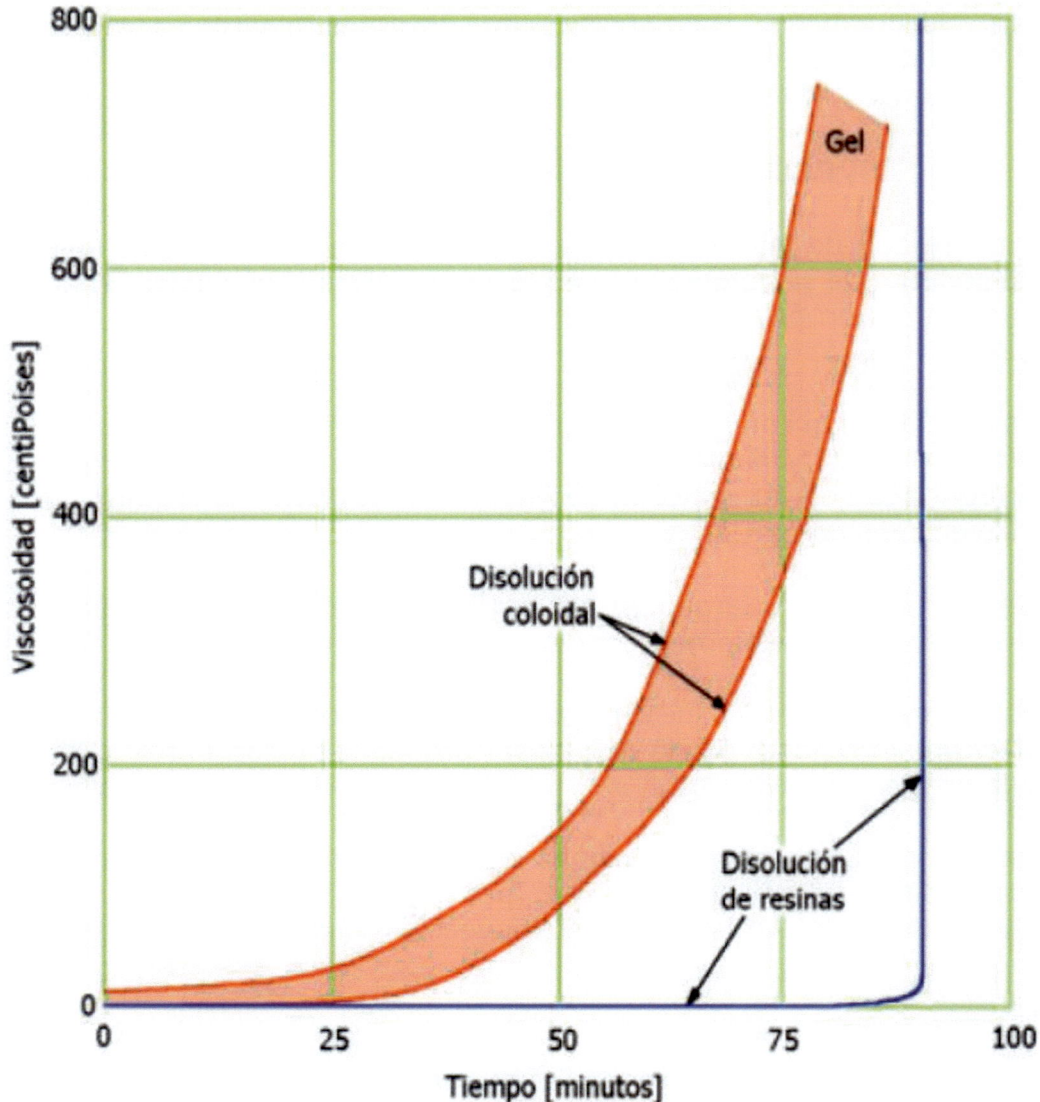

Figura 4-19. Variación de la viscosidad con el tiempo en sólidos de Newton (Winterkon et al, [93])

La fracturación hidráulica del terreno, cuando se están utilizando únicamente mezclas químicas de silicato y reactivo para impregnarlo, tiene el inconveniente de que las inclusiones creadas con la fracturación constituyen superficies de debilidad para el terreno, debido a la sinéresis.

Este efecto se observa en laboratorio que, después de la gelificación, el sistema en estado puro evoluciona con el tiempo agrietándose al mismo tiempo que se expulsa agua. A este fenómeno se debe el defectuoso comportamiento de los geles puros. Sin embargo, cuando el gel contiene un esqueleto de suelo fino, la exudación de agua es prácticamente nula y el sistema mantiene su impermeabilidad.

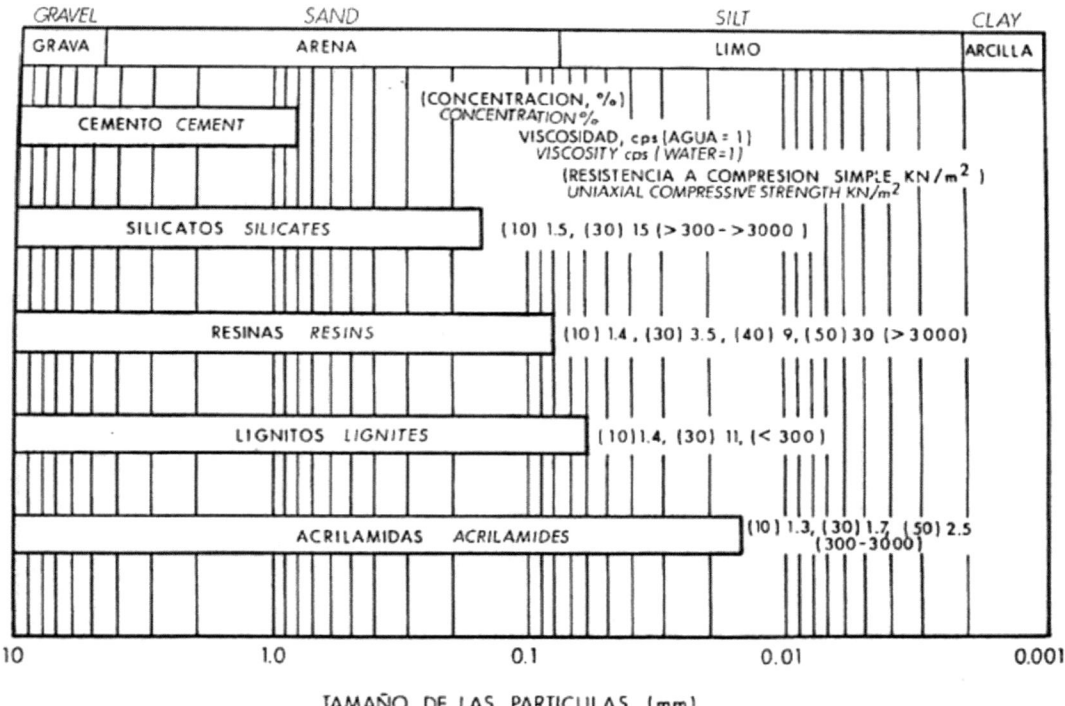

Figura 4-20 Posible empleo de sustancias químicas (véase Mitchell, [63])

Un suelo de textura fina impregnado con mezclas a base de silicato será prácticamente estable (en lo que se refiere a la mejora de sus propiedades). Las inclusiones de gel de silicato que pueden generarse en su seno, si durante el proceso de impregnación se le fractura hidráulicamente, son intrínsecamente inestables.

Por ello, no es recomendable tratar de acelerar el proceso de impregnación de un suelo aumentando la presión en boca de taladro si con ello se corre el riesgo de fracturarlo hidráulicamente. Además, hay que tener en cuenta que, en presencia de agua, el gel puro (una vez formado) puede diluirse parcialmente con lo que disminuye su resistencia.

En aplicaciones correctamente desarrolladas, este fenómeno se limita a la zona de contacto entre el suelo tratado y el agua, y su influencia en el volumen de suelo inyectado es pequeña (cosa que no ocurre en el caso de que se hayan formado lentejones de gel puro en la masa de suelo).

Lógicamente, el contraste de caudales inyectados con o sin fracturación del terreno es muy acusado. Caron, [20] señala que, en el tratamiento de una arena fina, con permeabilidad del orden de 10^{-4} cm/seg, mediante geles de sílice, la condición de impregnación sin fractura exige la adopción de caudales de inyección del orden de 1 litro/minuto. Si para el mismo tipo de terreno y mezcla se aceptase la fracturación del terreno se podría ir a caudales cinco veces superiores.

4.8 Deep soil mixing

Este tipo de tratamiento consiste en la desestructuración fina del terreno mediante la acción mecánica de una herramienta disgregadora, con la incorporación íntima de un ligante, cuya naturaleza, dosificación y grado de hidrataciones se adaptarán a las características del terreno. Además, se realiza la recompactación de la mezcla suelo–ligante, aplicando un empuje en la herramienta.

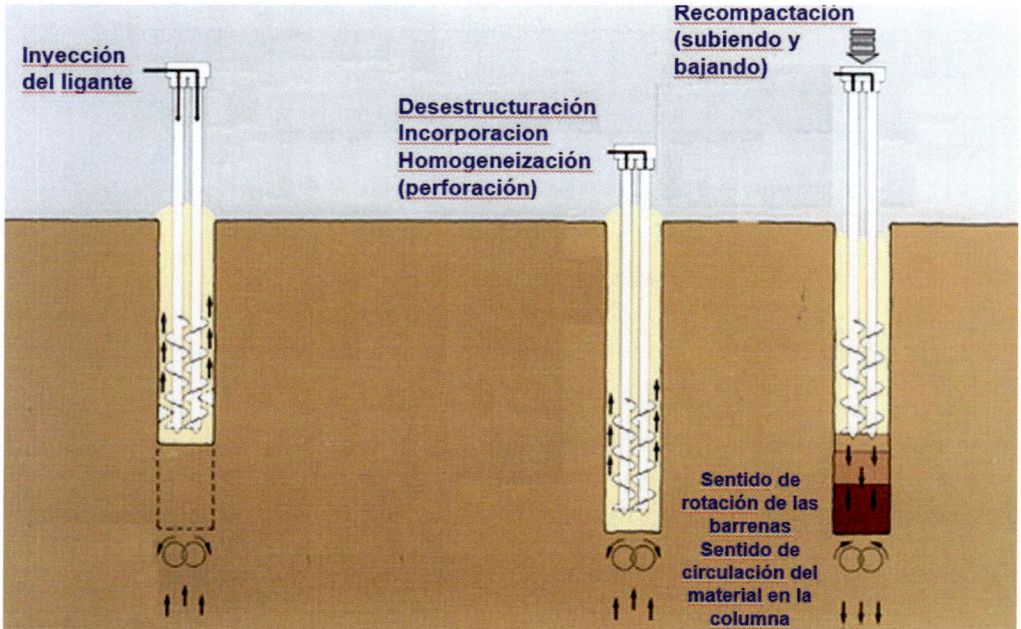

Figura 4-21 . Tratamiento mediante Deep soil mixing

Es habitual mezclar los suelos con cemento, cal o aglutinantes para estabilizarlos. En un relleno, la mezcla se puede hacer antes o después de su colocación, pudiéndose compactar en su caso. Es frecuente estabilizar los suelos "in situ" con cemento o cal utilizando máquinas específicas para ello. Son técnicas adecuadas que mejoran y refuerzan los suelos blandos como arcillas, limos, arenas sueltas, etc. La mezcla consigue mayor estabilidad, capacidad portante, resistencia al corte, menor compresibilidad y permeabilidad que el terreno original ([60]).

Dentro de estas técnicas destacan aquellas que consiguen la estabilización en profundidad, las llamadas mezclas profundas de suelos ("Deep Soil Mixing ", DSM"). Se obtienen así una serie de inclusiones en forma de columna, elementos lineales, pantallas o secciones rectangulares de un material mejorado del tipo suelo-cemento. Se trata de una técnica desarrollada en Japón y en países escandinavos en los años 70 del siglo pasado. Estos sistemas están evolucionando rápidamente en cuanto a su aplicabilidad, rentabilidad y ventajas medioambientales, tal y como menciona Yepes, [94].

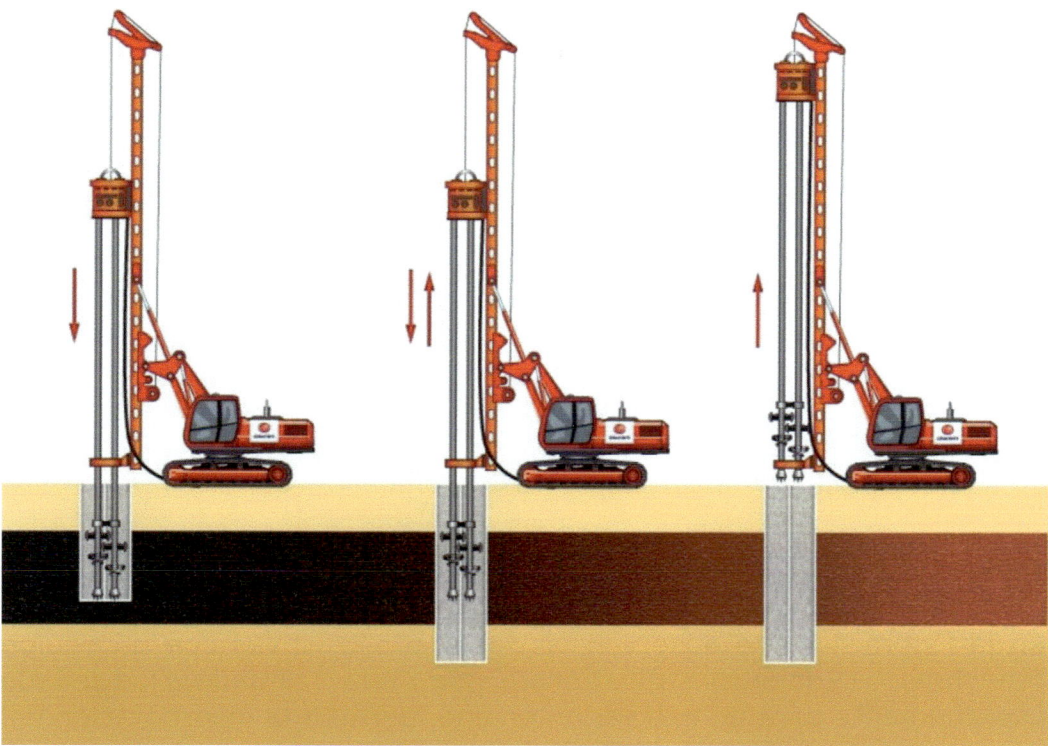

Figura 4-22. Fases de ejecución de la mezcla profunda de suelos (Menard, [61]).

En este caso, la deconstrucción es mecánica, con un ligante hidráulico que facilita la reacción química entre el suelo y el agua. Se emplea el cemento, la cal y la bentonita como ligantes habituales, aunque es posible usar yesos, cenizas y aditivos específicos para mejorar el terreno. Se utilizan diferentes medios mecánicos para romper, batir y mezclar el suelo con el ligante. Pueden ser cadenas y cangilones, tambores giratorios con elementos cortantes, ejes con aletas y otros mecanismos similares, que son más complicados a medida que aumenta la finura y la rigidez del terreno. El ligante se puede aportar por vía seca o por vía húmeda.

Se han desarrollado procedimientos registrados por las diferentes empresas como es el sistema Trenchmix, el sistema Cutter Soil Mixing (CSM-Geomix), o las columnas de suelo-cemento (CSC-Springsol). El método CSM emplea un cortador para formar paredes, proporcionando una solución rentable y rápida en la construcción de pantallas mediante la mezcla de suelo "in situ" con una lechada de cemento/lechada de bentonita. Trenchmix se vale de herramientas de corte para excavar zanjas en aplicaciones estructurales o pantallas impermeables.

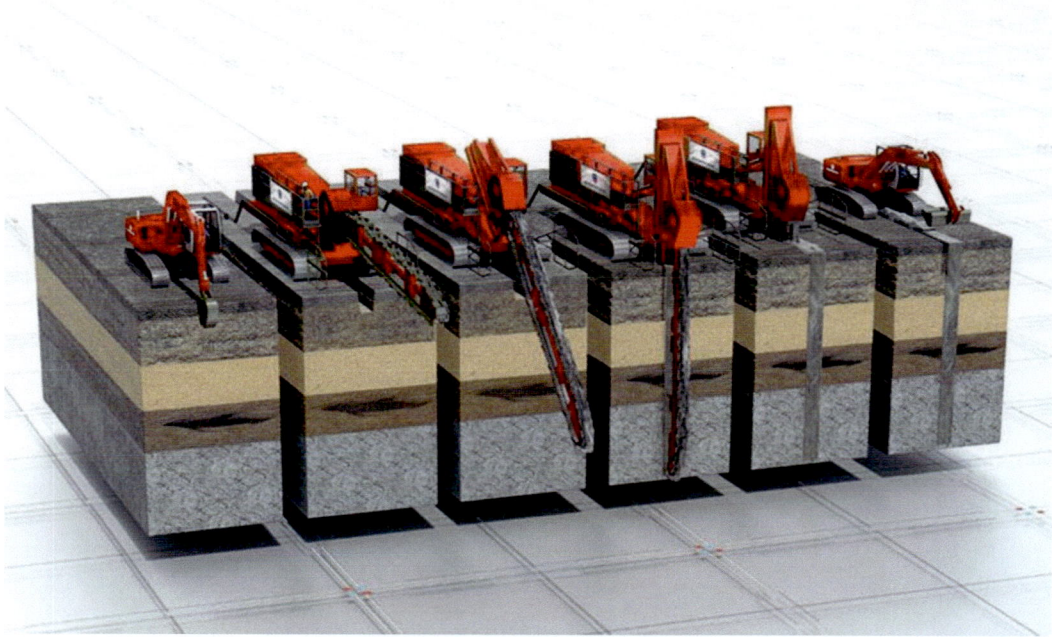

Figura 4-23. Fases de ejecución de una pantalla con sistema Trenchmix (RodioKronsa, [76])

En la Figura 4.23 se observan las fases constructivas con un equipo Trenchmix (RodioKronsa). Consta de una zanjadora diseñada especialmente para no extraer el terreno, permitir la incorporación del ligante y efectuar la mezcla in situ. Este ligante puede introducirse en polvo o mediante una lechada. La profundidad de la pantalla se limita a la longitud de la sierra, hasta unos 8,00 m. El espesor de la pantalla varía entre 400,00 y 600,00 mm.

4.9 Congelación del terreno

La congelación artificial de suelos es una técnica de consolidación generalmente utilizada en el contexto de obras de considerable importancia, como la ejecución de excavaciones superficiales, o aberturas subterráneas, en suelos granulares por debajo del nivel freático.

El enfriamiento del terreno, hasta conseguir la congelación del agua contenida en él, se consigue mediante la utilización de un fluido refrigerante que circula dentro de un circuito formado por sondas de congelación colocadas en perforaciones especiales, realizadas en el volumen a tratar.

El proceso consta de dos fases: fase de congelación, que finaliza cuando se alcanzan las temperaturas de diseño en el suelo y fase de mantenimiento, en la que la absorción de calor se dosifica adecuadamente para mantener las temperaturas constantes en el tiempo.

En función del tipo de fluido refrigerante utilizado, que es el parámetro de intervención fundamental, se definen los diferentes procedimientos de congelación.

o Método indirecto (Figura 4-24), que utiliza una solución saturada de agua y cloruro de calcio que fluye sin interrupción a través de un circuito cerrado, a través de las sondas de congelación y un intercambiador de calor que forma parte de un sistema de refrigeración. La temperatura de funcionamiento varía entre -25°C y -40°C.

o Método directo (Figura 4-25), que utiliza nitrógeno que se introduce en las sondas de congelación en fase líquida y se libera a la atmósfera después de la evaporación. El nitrógeno líquido se introduce a -197°C y se libera a temperaturas entre -60°C y -100°C.

o Método mixto, que utiliza una combinación de los dos procedimientos descritos o que alterna el uso de los dos procedimientos dentro de una misma congelación.

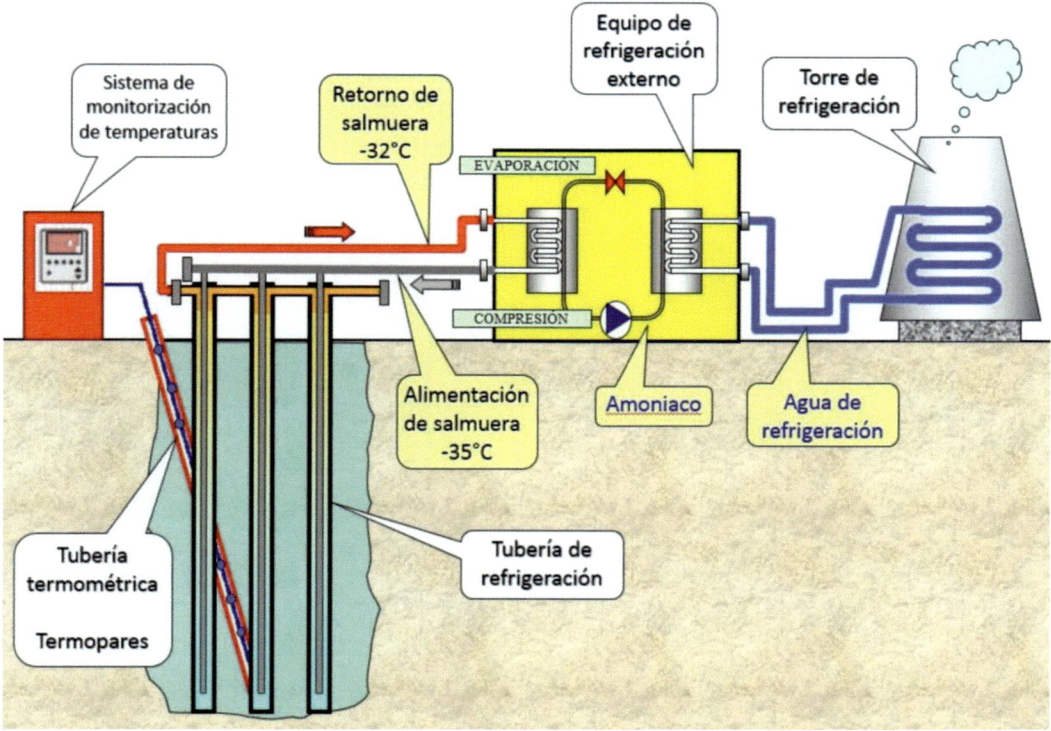

Figura 4-24. Congelación del terreno: método indirecto (Manzano, [98])

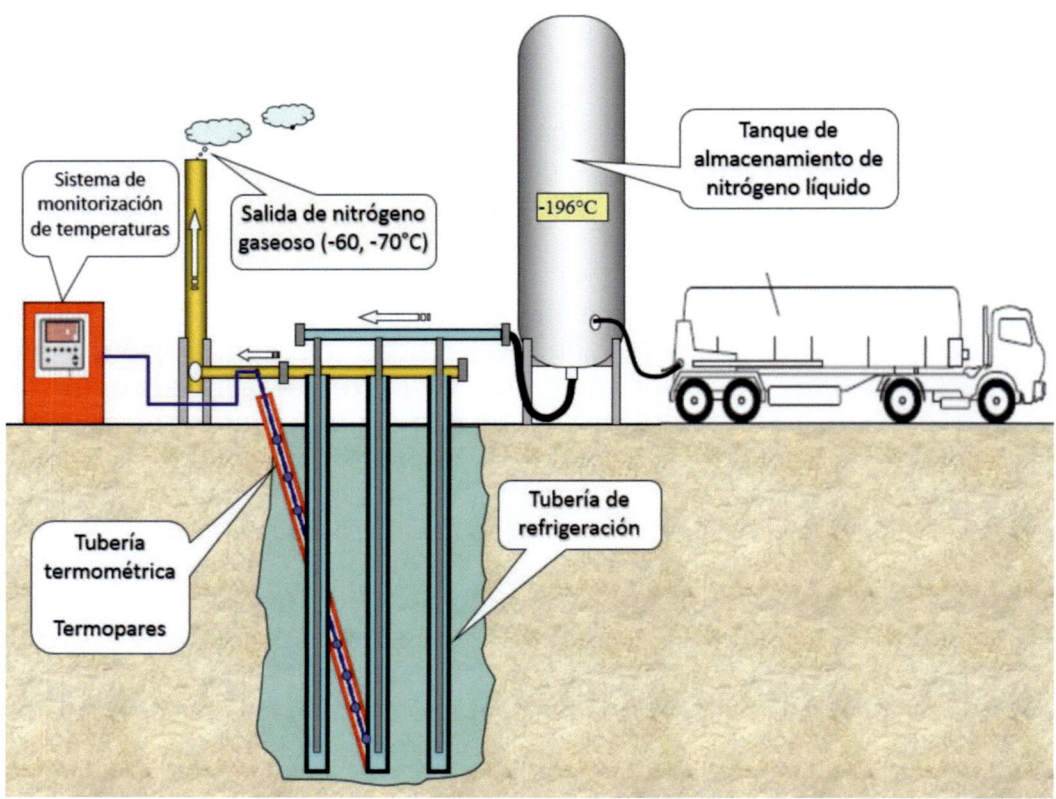

Figura 4-25. Congelación del terreno: método directo (Manzano, [98])

Desde un punto de vista tecnológico, el enfriamiento del terreno hasta la congelación del agua contenida en él se consigue mediante la circulación de un fluido refrigerante dentro de un circuito dispuesto en el volumen a tratar, así como representado en Figura 4-26.

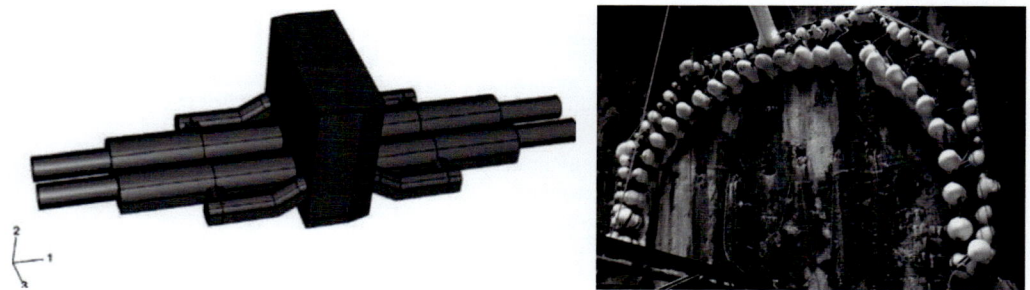

Figura 4-26. Esquema geométrico (izda.) y sondas de congelación para el metro de Nápoles (dcha.) (Colombo, [25])

Habitualmente, se define la "fase de congelación" como aquella que finaliza cuando se alcanzan las temperaturas de diseño en el suelo. La fase posterior, en la que la absorción de calor se dosifica adecuadamente para mantener temperaturas constantes en el tiempo, se denomina "mantenimiento".

Las sondas están compuestas por dos tubos concéntricos de los cuales el externo tiene el fondo cerrado y el interno tiene el fondo abierto. Generalmente, el fluido refrigerante fluye a lo largo de toda la longitud de la sonda en el tubo central, y regresa hacia el sistema de distribución a través del anillo circular entre el tubo externo y el tubo interno.

La transición de fase entre agua y hielo provoca una variación significativa en el coeficiente de difusión térmica y el calor específico del suelo saturado, además de la absorción del calor latente de fusión. Por lo tanto, el análisis riguroso del proceso de transferencia de calor en el suelo presenta un alto grado de no linealidad que efectivamente hace imposible la solución de forma cerrada.

Sin embargo, el problema puede resolverse introduciendo algunas simplificaciones que, si bien facilitan el cálculo, no alteran significativamente los resultados desde el punto de vista de la ingeniería.

La discusión que se presenta a continuación se debe a [80], quienes propusieron una solución analítica para el análisis térmico del suelo durante la fase de congelación, basada en las siguientes hipótesis:

✓ La evolución del proceso es lo suficientemente lenta como para asimilarse a una sucesión de estados estacionarios.

✓ El terreno alrededor de la sonda se puede esquematizar como si estuviera formado por dos coronas circulares concéntricas, una congelada y otra no congelada, fuera de las cuales la temperatura no ha cambiado con respecto a la inicial; se supone que la relación entre los radios externos de las dos coronas es constante.

✓ La suma del calor latente y sensible se puede representar como una energía específica por unidad de volumen.

✓ Durante el proceso de congelación con el tipo de sondas considerado, la difusión de calor se produce principalmente en dirección radial, mientras que, en la dirección longitudinal, paralela al eje de las sondas, es despreciable. Por tanto, el proceso de difusión puede considerarse plano.

Para el estudio de la congelación, con carácter general, se identifican tres etapas de propagación de la isoterma correspondiente al punto de congelación del agua:

1) Etapa I: en la que el espesor de las columnas de suelo congelado crece por separado alrededor de las sondas hasta su tangencia.

2) Etapa II: en la que las columnas de suelo helado, al volverse secantes, forman una pared helada que crece en espesor.

3) Etapa III (si hay múltiples filas paralelas de sondas): en la que dos paredes congeladas, a medida que crecen, se fusionan en un solo elemento de mayor espesor.

4.9.1 Congelación del terreno: Etapa I

En la etapa I, atendiendo a los estudios de Sanger y Sayles [80], se considera cada sonda de congelación de forma aislada y, además, despreciando la influencia de las vecinas. La ecuación de Fourier de transferencia de calor en condiciones de estado estacionario:

$$\frac{d^2T}{dr^2} + \frac{1}{r}\frac{dT}{dr} = 0$$	(4-11)

donde,

T, es la temperatura y
r, la distancia radial desde el eje de la sonda.

Se integra suponiendo que el terreno circundante se puede dividir instantáneamente en dos porciones concéntricas, una interna congelada delimitada por una circunferencia de radio r, y una externa no congelado, que se extiende hasta una distancia de la sonda igual a r.dr.

Por otra parte, si tenemos que Ts es la temperatura de la sonda (establecida en r=r0, radio externo de la sonda), Tf es la temperatura de congelación en la interfaz entre el volumen congelado y el volumen aún no congelado, y T0 es la temperatura inicial del suelo, resulta que la tendencia de la temperatura alrededor de la sonda se puede describir instantáneamente mediante las siguientes expresiones:

$$T_1 = T_f + \frac{T_s - T_f}{\ln\left(\frac{R}{r_0}\right)} \ln\left(\frac{R}{r_1}\right) \; per \; r0 \leq r1 \leq R$$	(4-12)

$$T_2 = T_0 + \frac{T_s - T_f}{\ln\left(\alpha_r\right)} \ln\left(\alpha\frac{R}{r_2}\right) \; per \; R \leq r2 \leq \alpha r \, R$$	(4-13)

En la Figura 4-27 se muestra esta tendencia de la temperatura alrededor de la sonda.

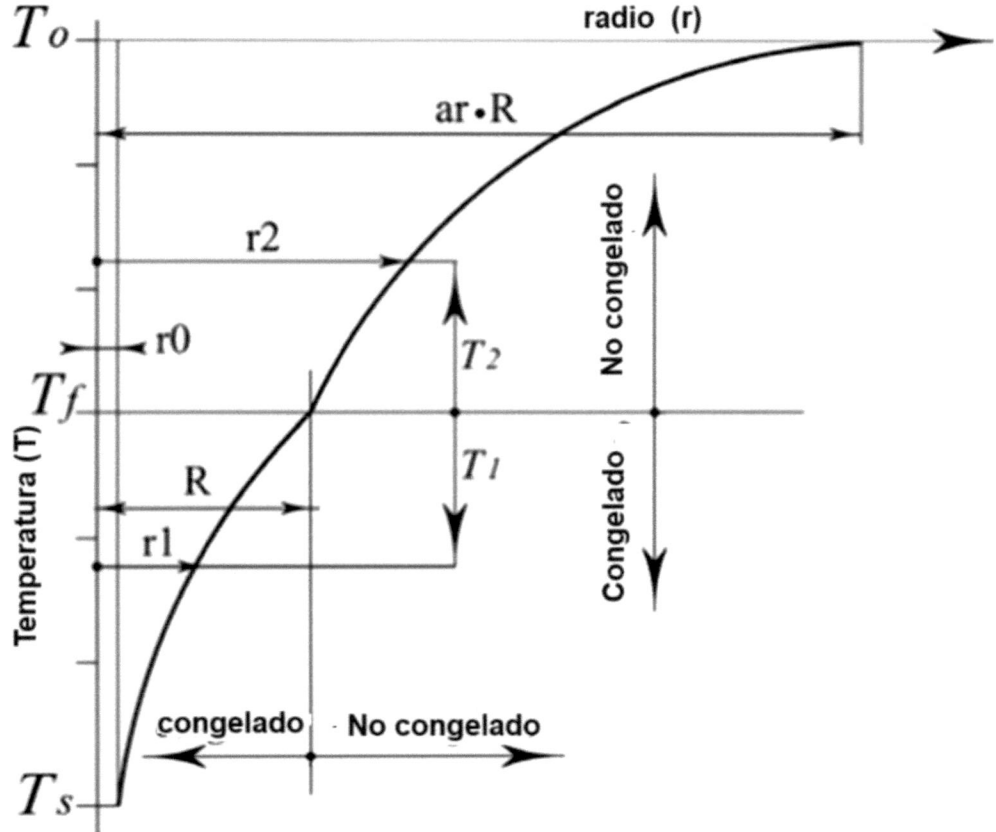

Figura 4-27. Distribución de la temperatura en función de la distancia de la sonda de congelación "r"

Sanger y Sayles, [80] sugieren asumir un radio de influencia externo igual a 3.

La energía total necesaria para congelar un cilindro de longitud unitaria y radio R se puede calcular como la suma de las contribuciones necesarias para alcanzar las temperaturas descritas por las ecuaciones 4.12 y 4.13 más el calor latente de fusión, L.

Si llamados C1 y C2 a los calores específicos por unidad de volumen de suelo congelado y no congelado, respectivamente, se obtiene la siguiente expresión:

$$Q_I = \pi R^2 \left\{ L + 3.65 C_2 (T_0 - T_f) + \frac{C_1 (T_f - T_0)}{2\ln\left(\frac{R}{r_0}\right)} \right\} \qquad (4\text{-}14)$$

Así, el tiempo t_I necesario para congelar el cilindro de radio R puede estimarse como el tiempo en el que una cantidad de calor igual a Q_I es absorbida a través de la pared de la sonda de congelación.

A este respecto, Sanger,[80] reporta la siguiente expresión analítica:

$$t_I = \frac{R^2\left[L + 3.65C_2(T_0 - T_f)\right]}{4K_1(T_f - T_s)}\left\{2\ln\left(\frac{R}{r_0}\right) + \frac{C_1(T_f - T_s}{L + 3.65C_2(T_0 - T_f)}\right\} \qquad (4\text{-}15)$$

donde, K_1 es la conductividad térmica del suelo congelado.

Finalmente, la potencia necesaria para congelar el cilindro de suelo por unidad de longitud, referida a la sonda única, es la siguiente:

$$P_I = \frac{2\pi K_1(T_f - T_0)}{\ln\left(\dfrac{R}{r_0}\right)} \qquad (4\text{-}16)$$

Los análisis térmicos presentados hasta el momento (Etapa I), se desarrollaron considerando la ausencia de interacciones térmicas entre las sondas adyacentes pertenecientes a una alineación. Esto es, se supone que los cilindros congelados que se forman alrededor de cada tubo aumentan su radio independientemente, unos de otros, hasta alcanzar la tangencia mutua.

En realidad, este enfoque sólo es correcto cuando sólo hay una sonda presente en el proceso de congelación.

De hecho, en el caso de varios elementos alineados, ya en la Etapa I se produce una interacción mutua de la acción de enfriamiento debido a sondas adyacentes.

Esta interferencia puede idealizarse como el logro de un contacto entre los límites de los cilindros del suelo en los que la temperatura es inferior a la inicial, permaneciendo por encima del punto de solidificación.

En las superficies de contacto entre los volúmenes a una temperatura $T_f < T2(t) < T0$, debido a la simetría, no se producen intercambios de calor. La distancia entre los centros de las sondas se denomina, por tanto, S. Al final de la Etapa I, es decir, cuando R=S/2, la geometría de las porciones de suelo a una temperatura inferior a la inicial se puede esquematizar como en la Figura 4-28.

Por lo tanto, en el caso de múltiples sondas alineadas, el calor total que se debe eliminar del suelo viene dado por una ecuación similar a 4.14 en la que, sin embargo, el último término difiere y representa la cantidad de calor que se debe eliminar para reducir la temperatura de ese T0 original a T2(r) en el volumen de suelo entre la superficie cilíndrica de radio ar.R y la superficie de radio R, y las dos superficies planas adiabáticas ubicadas en correspondencia con la distancia entre centros entre cada par de sondas adyacentes.

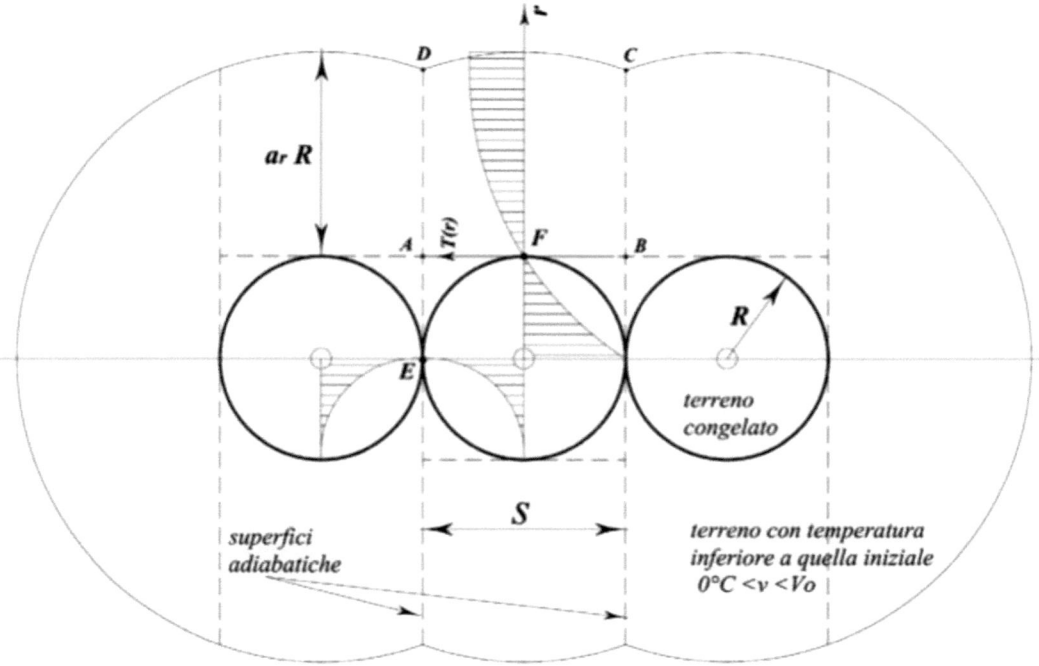

Figura 4-28. Temperaturas en terreno alrededor de una fila de sondas al finalizar la Etapa I

La expresión del calor global que debe extraerse del suelo para su congelación en presencia de múltiples sondas alineadas, considerando, con referencia al diagrama de la Figura 4-28, el volumen incluido entre las direcciones A, B, C y D. Al integrar la variación de temperatura sobre ella y asumir una vez más ar = 3, el calor total se puede escribir en una forma similar a la expresión (4.14):

$$Q_I = \pi R^2 \left\{ L + 2.05 C_2 (T_0 - T_f) + \frac{C_1 (T_f - T_s)}{2 \ln \left(\frac{R}{r_0} \right)} \right\} \qquad (4\text{-}17)$$

El tiempo necesario para llegar al final de la etapa I es igual a:

$$t_I = \frac{R^2 \left[L + 2.05 C_2 (T_0 - T_f) \right]}{4 K_1 (T_f - T_s)} \left\{ 2 \ln \frac{R}{r_0} + \frac{C_1 (T_f - T_s)}{L + 2.05 C_2 (T_0 - T_f)} \right\} \qquad (4\text{-}18)$$

Una estimación aproximada del tiempo t_E necesario para la congelación del suelo en el punto intermedio E entre dos sondas es igual a:

$$t_E = \frac{R^2\left[L + 2.05C_2(T_0 - T_f)\right]}{4K_1(T_f - T_s)}\left\{2ln\frac{R}{r_0} + \frac{C_1(T_f - T_s)}{L + C_2(T_0 - T_f)}\right\} \qquad (4\text{-}19)$$

4.9.2 Congelación del terreno: Etapa II

Al final de la Etapa I, como se mencionó anteriormente, los cilindros de hielo son tangentes. Esta situación equivale a una "pared congelada" cuyo espesor se puede calcular imponiendo igualdad entre su sección y las superficies de las secciones circulares congeladas.

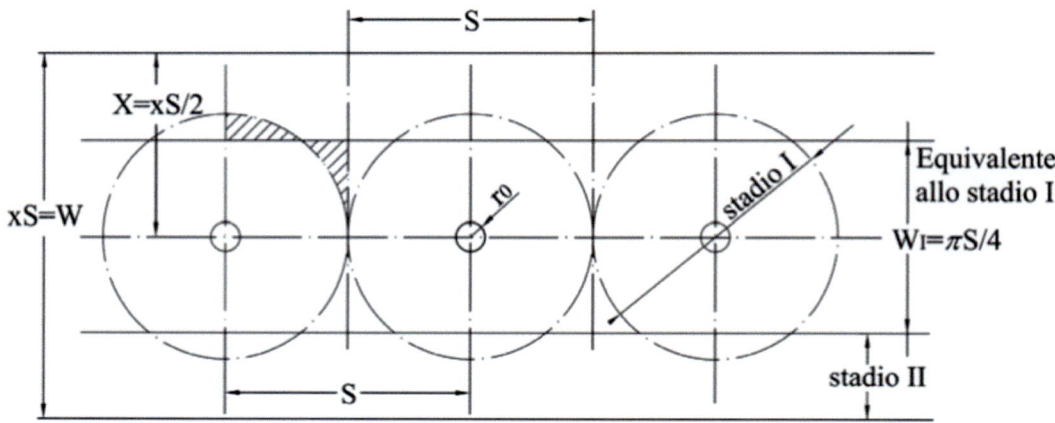

Figura 4-29. Muro congelado equivalente al final de la Etapa I

Con referencia a la simbología de la Figura 4-29 se obtiene que:

$$W_I S = \pi(S/2)^2 \implies W_I = \frac{\pi}{4}S \qquad (4\text{-}20)$$

Continuando con la extracción de calor, en la Etapa II, el espesor de la pared congelada aumenta en ambos lados. En este caso, se asume que la distribución de temperatura es lineal en la sección congelada y se mantiene una tendencia logarítmica en la sección de temperatura entre el límite de congelación y la temperatura inicial T0.

El calor liberado para aumentar el espesor de la pared congelada en Z en una de las caras, y con referencia a una porción unitaria de la superficie, viene dado por:

$$Q_I = ZL + \frac{1}{2}C_1(T_f - T_s)Z + C_2(T_0 - T_f)Z + C_2\int_Z^{\alpha Z}(T_0 - T_f - T_2)dz \qquad (4\text{-}21)$$

con el simbolismo introducido anteriormente.

La expresión anterior es una sobreestimación del calor a extraer para alcanzar una capa congelada de espesor 2 (δ + Z), ya que desprecia el descenso de la temperatura del suelo además del frente de congelación que se produce durante la Etapa I. Sustituyendo l' tendencia logarítmica asumida para la temperatura e integrando, el calor extraido se puede reescribir en la forma:

$$Q_I = Z\left[L + \frac{1}{2}C_1(T_f - T_s) + C_2(T_0 - T_f)(\frac{\alpha r - 1}{\ln \alpha r})\right] \qquad (4\text{-}22)$$

Sanger y Sayles [80] sugieren adoptar, en este caso, un valor de 5 para el parámetro ar. El término entre corchetes adquiere el carácter de un calor latente equivalente, Lf. Esta definición nos permite reescribir formalmente la ecuación anterior en la forma:

$$Q_I = 2\,Z\,L_f \qquad (4\text{-}23)$$

para tener en cuenta el aumento de espesor en ambas caras de la pared congelada. Siguiendo un procedimiento conceptual similar al resumido para la etapa I, es posible obtener la potencia por unidad de área PII y el tiempo t_{II} necesario para aumentar el espesor de la pared congelada en Z:

$$P_{II} = 2\,K_1(T_s - T_f)/Z \qquad (4\text{-}24)$$

$$t_{II} = \int_{W_1/2}^{W/2}\frac{L_f}{K_1(T_s - T_f)}Zdz = \frac{L_f}{2K_1(T_s - T_f)}(\frac{W^2}{4} - \frac{W_I^2}{4}) \qquad (4\text{-}25)$$

donde:

$W_I = (\pi/4).S$, es el espesor equivalente a los cilindros congelados al final de la Etapa I.

W, es el espesor total de la pared alcanzada al final de la Etapa II.

El suelo congelado es un sistema multifásico en el que están presentes al mismo tiempo el esqueleto sólido, el agua en fase líquida, el hielo y el agua en fase vapor. Los valores asumidos por las características térmicas de este conjunto dependen de factores tales como: la composición mineralógica y densidad del esqueleto sólido, la superficie específica de las partículas, la presencia o ausencia de solutos, la temperatura del conjunto.

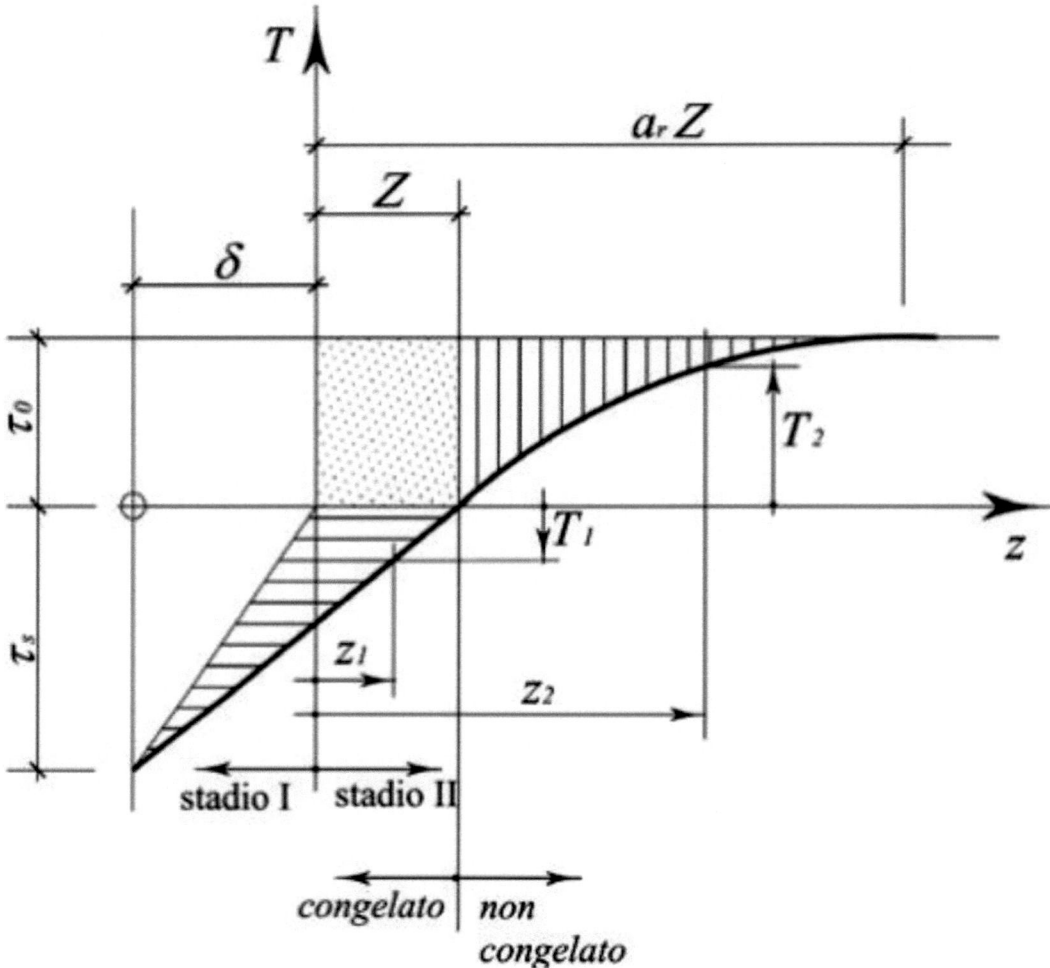

Figura 4-30. Distribución de las temperaturas en el terreno en la Etapa II

Teniendo en cuenta que "n" a la porosidad del suelo y que, por Mecánica de Suelos, puede expresarse en términos de la densidad ρ de las partículas sólidas y la densidad del suelo seco, ρ_d, se tiene que:

$$n = 1 - \frac{\rho_d}{\rho}$$	(4-26)

La conductividad térmica del suelo en estado seco se puede escribir en la forma:

$$K_{dry} = \frac{(0.135\rho_d + 0.0647)}{(\rho - 0.947\rho_d)}$$

(4-27)

con los valores de densidad expresados en Kg/m^3 y K expresados en W/m°C, la conductividad térmica de las partículas que constituyen el esqueleto sólido molido Ks deriva del contenido porcentual de sílice (SiO$_2$), indicado con q, mediante la fórmula:

$$K_s = 7.7^q \cdot 2.2^{(1-q)}$$

(4-28)

La conductividad térmica del suelo saturado no congelado, $K_{sat,u}$, se obtiene de la siguiente manera:

$$K_{sat,u} = K_s^{(1-n)} \cdot K_w^n$$

(4-29)

donde K_w =0,57÷0,63 W/m°C es la conductividad térmica del agua.

Finalmente, la conductividad térmica del suelo saturado congelado, $K_{sat,f}$, viene dada por la siguiente formulación:

$$K_{sat,f} = K_s^{(1-n)} \cdot K_i^{(n-W_u)} \cdot K_w^{W_u}$$

(4-30)

siendo:

K_i = 2,20÷2,50 W/m°C la conductividad térmica del hielo.

W_u, el contenido de agua en la fase líquida.

La capacidad calorífica volumétrica del suelo saturado viene dada, sin embargo, por la suma de los calores específicos de los componentes individuales multiplicada por las masas relativas presentes en el volumen de referencia. Es decir, con referencia a suelo saturado no congelado, y asumiendo como primera aproximación la ausencia de aire o agua en fase gaseosa, tenemos:

$$c_{vu} = \rho_d \left(c_{ms} + c_{mw} n \frac{\rho_w}{\rho_d} \right)$$

(4-31)

que es la capacidad calorífica volumétrica del suelo saturado no congelado, donde:

c_v, capacidad calorífica volumétrica [kJ/(m³°C)].
ρ_d, densidad de del terreno no saturada.
ρ_w, densidad del agua = 1000 kg/m³.
c_{ms}, calor específico del terreno.
c_{mw}, calor específico del agua = 4,187 kJ/(kg °C). Dicho valor se refiere a condiciones adiabáticas.

mientras que, para suelo congelado, considerando el caso general de presencia simultánea de agua en fase líquida y sólida, se obtiene la capacidad calorífica volumétrica del terreno saturado congelado, mediante la siguiente expresión analítica:

$$c_{vf} = \rho_d \left(c_{ms} + c_{mw} w_u \frac{\rho_w}{\rho_d} + c_{mi} (n - w_u) \frac{\rho_i}{\rho_d} \right) \qquad (4\text{-}32)$$

donde:

c_{mi}, calor específico del hielo = 2100 kJ/(kg °C)
ρ_i, densidad del hielo = 920 kg/m³
Porcentaje volumétrico de w_u ocupado por agua líquida.

4.9.3 Congelación del terreno: Etapa III

La Etapa III consiste en aplicarse el método a múltiples filas paralelas de sondas y, por lo tanto, cuando existen dos o más paredes de terreno congelado.

En este caso, los beneficios conseguidos con la congelación del terreno, siempre se puede evaluar con las fórmulas expuestas anteriormente, superponiendo los efectos, es decir, las distintas "paredes" crecen hasta fusionarse en un único elemento de mayor espesor.

5. DESMONTES

5.1 Introducción

Los métodos de estabilización de deslizamientos en excavaciones en desmonte que contemplen el control del agua, tanto superficial como subterránea, son muy efectivos y son, generalmente, más económicos que la construcción de grandes obras de contención, en cuanto tienden a desactivar la presión de poros, considerada como el principal elemento desestabilizante de los taludes.

El drenaje reduce el peso de la masa y al mismo tiempo aumenta la resistencia del talud al disminuir la presión de poros. Existen varias formas de drenaje, superficial y profundo. El objetivo principal de estos métodos es el de disminuir la presión de poros y en esa forma aumentar la resistencia al corte y eliminar las fuerzas hidrostáticas desestabilizantes. El factor de seguridad de cualquier superficie de falla que pasa por debajo del nivel de agua puede ser mejorado por medio de subdrenaje.

Los sistemas más comunes para el control del agua son:

1. Zanjas de coronación o canales colectores (Drenaje Superficial).
2. Cortinas subterráneas.
3. Drenes interceptores.
4. Subdrenes horizontales o de penetración.
5. Galerías y túneles de drenaje.
6. Drenes verticales.
7. Trincheras estabilizadoras.
8. Pantallas de drenaje.
9. Pozos de drenaje.

La efectividad de los sistemas varía de acuerdo con las condiciones hidrogeológicas y climáticas.

En cualquier sistema de subdrenaje, el monitoreo posterior a su construcción es muy importante. Deben instalarse piezómetros antes de la construcción de las obras de control que permitan observar el efecto del subdrenaje y a largo plazo dar información sobre la eficiencia del sistema, el cual puede ser deteriorado por taponamiento del sistema de drenaje o el desgaste de los elementos del sistema.

El volumen de agua recolectada no es necesariamente un indicativo de su efecto debido a que, en suelos poco permeables, se puede obtener una reducción muy importante en las presiones de poro y, por tanto, un aumento en el factor de seguridad, con muy poco flujo de agua hacia el sistema de subdrenaje.

En los macizos rocosos, el flujo de agua está determinado por las discontinuidades (juntas, diaclasas, etc.) y por ende, cualquier sistema de drenaje debe estar destinado a interceptarlas.

5.2 Drenaje superficial

El objetivo principal del drenaje superficial es mejorar la estabilidad del talud reduciendo la infiltración y evitando la erosión de este.

El sistema de captación de las aguas superficiales debe considerar la escorrentía tanto del talud como de la cuenca de drenaje aguas arriba del talud y llevar el agua a un lugar alejado de la zona afectada por el deslizamiento.

El agua de escorrentía debe, en lo posible, desviarse antes de que penetre el área del deslizamiento. Esto puede lograrse con la construcción de zanjas interceptoras en la parte alta del talud, llamadas zanjas de coronación. No es recomendable la utilización de conducciones en tubería debido a su alta susceptibilidad de agrietarse o a taponarse, generando problemas de infiltración masiva concentrada.

Por otro lado, el agua procedente de las precipitaciones en forma de lluvia que incide directamente sobre la superficie del talud debe ser evacuada lo más rápidamente posible, evitando al mismo tiempo que su paso cause daños considerables al talud, por erosión, almacenamientos e infiltraciones, perjuicios que pueden ser evitados, tratando el talud con una serie de medidas que favorezcan el drenaje.

A este respecto, citar que, las técnicas más utilizadas son: sellado de grietas con arcilla, tapizado de escolleras colocadas, imprimación del talud con asfalto, recubrimiento con plásticos, recubrimiento parcial o total con enrocado (tipo "rip-rap"), conformación y nivelación para evitar o eliminar depresiones y alcantarillas superficiales.

En ocasiones, es importante la construcción de medidas temporales de drenaje superficial después de acaecido el deslizamiento para evitar su evolución, ampliación y, en su caso, aceleración del proceso. Estas obras pueden consistir en diques o canales de bolsas de polipropileno o fibras vegetales rellenas de suelo.

La escorrentía recogida depende de varios factores, entre los que se incluyen los siguientes:

- Intensidad de la lluvia.
- Superficie del área de drenaje.
- pendiente y longitud de los taludes a drenar.
- naturaleza y extensión de la vegetación o cultivos.
- condiciones de la superficie y naturaleza de los suelos subsuperficiales.

Generalmente, se recomienda para diseño de obras de drenaje de taludes, la utilización del método racional para calcular las cantidades de agua recogida, debido a que los caudales calculados por la fórmula racional tienen intrínsecamente un factor de seguridad mayor que otros métodos.

$$Q = \frac{KiA}{3600} \qquad (5\text{-}1)$$

donde:

Q = Caudal recolectado (litros/seg.).
i = Intensidad de Lluvia de diseño (mm/hora, la cual depende del tiempo de
concentración.
A = Área a drenar (m^2).
K = Coeficiente de escorrentía.

Para taludes, algunos standards, como el de Hong Kong, [39], recomiendan utilizar un K=1,0, el cual representa una sobreestimación de la escorrentía, pero es muy efectiva para tener en cuenta los procesos de sedimentación de los sistemas, especialmente por la presencia de bloques o cantos.

El área de drenaje debe determinarse por medio de un plano topográfico con curvas de nivel, definiendo los bordes topográficos de las áreas que aportan agua al sistema de drenaje.

El tiempo de concentración se define como el tiempo máximo tomado por el agua desde el extremo superior del área de drenaje hasta el punto de colección y/o recogida.

Este tiempo de concentración puede calcularse utilizando la ecuación modificada de Bransby-Williams, [16]:

$$t = 0.14464 \left[\frac{L}{H^{0.2} A^{0.1}} \right] \qquad (5\text{-}2)$$

donde:

>t = Tiempo de concentración (min.)
>
>A = Área de drenaje (m^2).
>
>H = Caída promedio (metros por cada cien metros) desde la parte más alta del área a drenar hasta el punto de diseño.
>
>L = Distancia en metros medida sobre la línea natural de flujo entre el punto de diseño y el punto de drenaje que toma el tiempo más largo en llegar a la sección de diseño.

Debe darse especial atención a las corrientes que han sido canalizadas o modificadas y, por tanto, se ha disminuido el tiempo de concentración.

Como la intensidad media de la lluvia disminuye con la duración, la mayor captación de flujo ocurre cuando la duración de la tormenta es igual al tiempo de concentración. Para el diseño de obras en taludes, se recomienda diseñar con base en un periodo de retorno de 200 años.

Es muy importante para el correcto diseño de las obras de drenaje superficial, que se realice un estudio muy completo de la información hidrológica existente para determinar lo más exactamente posible el aguacero máximo esperado. La mayoría de los diseños de obras de drenaje superficial en taludes, que se realizan con procedimientos totalmente empíricos dan como resultado obras insuficientes con secciones que no son capaces de manejar los caudales de agua que se concentran en la coronación de los taludes.

5.3 Canales o zanjas de coronación

Las zanjas en la coronación o parte alta de un talud son utilizadas para interceptar y conducir adecuadamente las aguas lluvias, evitando así su paso a través del talud.

La zanja de coronación no debe construirse muy cerca al borde superior del talud, para evitar que se conviertan en el comienzo y guía de un deslizamiento de piel (círculos someros) o de una nueva superficie de falla (movimiento regresivo) en deslizamientos ya producidos, o se produzca la falla de la corona del talud o escarpe (Figura 5-1).

Se recomienda que las zanjas de coronación se impermeabilicen en su totalidad, así como debe proveerse una suficiente con una determinada pendiente para garantizar un rápido drenaje del   agua captada.

Sin embargo, hay que citar que, a pesar de lograrse una cierta impermeabilización en origen, con el paso del tiempo se producen movimientos en el terreno que causan grietas en las láminas impermeables y, en consecuencia, infiltraciones que conllevan a una disminución de la resistencia del suelo y por ende a su falla.

La recomendación de impermeabilizar debe ir acompañada con un correcto mantenimiento, rehabilitación y, en su caso, reparación. A título orientativo, debería proponerse que, al menos, cada dos años se reparen las zanjas de coronación para impermeabilizar las fisuras y grietas que se presenten.

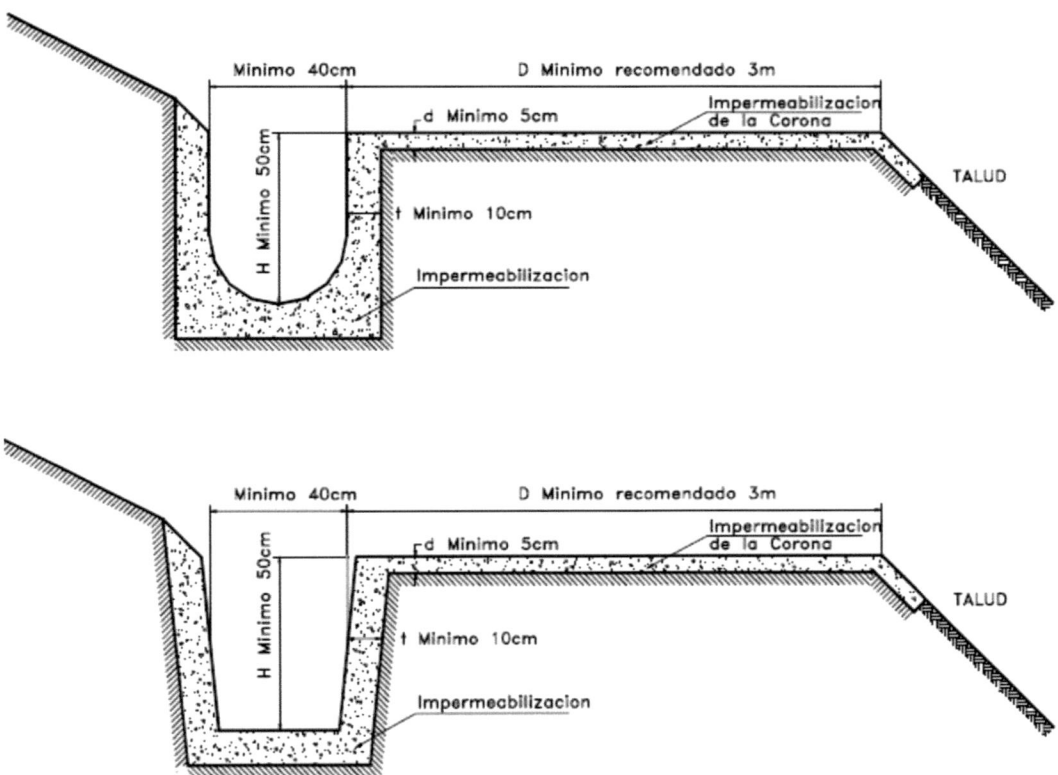

Figura 5-1 Detalle de zanjas de coronación para el control de aguas superficiales en un talud

Las dimensiones y situación de la zanja pueden variar de acuerdo con la topografía de la zona y al cálculo previo de caudales colectados. Generalmente, se recomienda una zanja rectangular de mínimo 40 centímetros, de ancho y 50 centímetros de profundidad. Se procura que queden localizadas a lo largo de una curva de nivel para un correcto drenaje y que estén suficientemente alejadas de las grietas de tensión en la coronación. La separación mínima recomendada es de tres metros del borde de la coronación del desmonte.

Para disminuir la infiltración de agua en las áreas aguas arriba del talud, resulta recomendable la construcción de canales colectores en forma de espina de pez que conducen las aguas captadas, por la vía más directa hacia afuera de las áreas vulnerables del talud, entregándolas generalmente a canales en gradería (Figura 5-2).

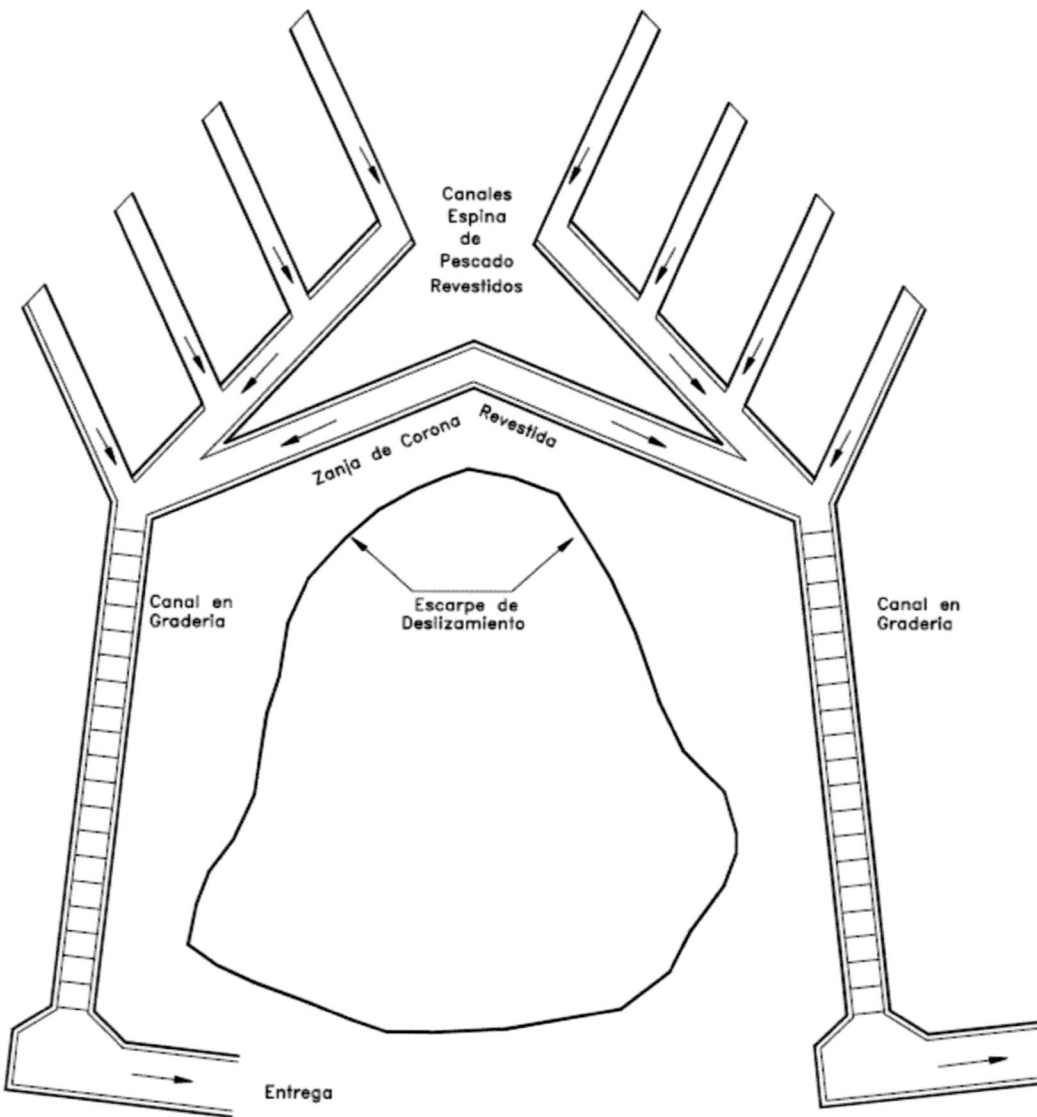

Figura 5-2 Esquema en planta de canales colectores espina de pez

Estos canales deben impermeabilizarse adecuadamente para evitar la reinfiltración de las aguas al cuerpo del desmonte, evitando así su saturación y el posible inicio de nuevas inestabilidades no deseadas.

En suelos susceptibles a la erosión se recomienda construir canales de drenaje transversales a mitad de talud. Además, se recomienda disponer canales interceptores en todas y cada una de las bermas intermedias del talud (Figura 5-3). Estos canales deben revestirse adecuadamente conduciendo las aguas a graderías de disipación de energía.

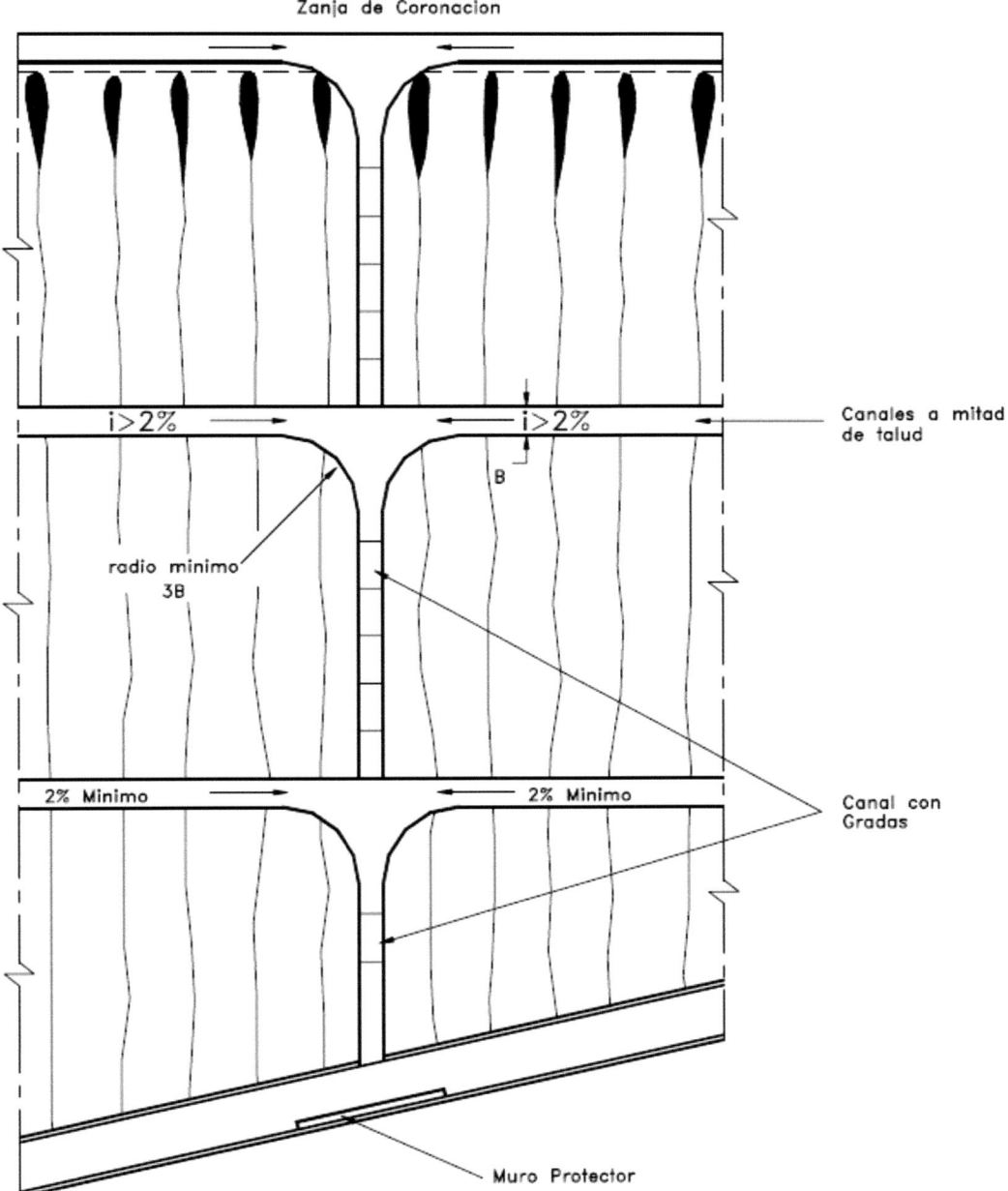

Figura 5-3 Esquema de entrega de canales interceptores a mitad de talud

Los canales a mitad de talud deben tener una pendiente suficiente tal que impida la sedimentación de materiales. Es muy habitual que estos canales se construyan con pendientes muy bajas y al taponarse produzcan cárcavas de erosión localizadas.

Las bermas deben ser lo suficientemente anchas para que exista un sobreancho de protección para los canales, en el caso de producirse derrumbes en las coronaciones de los taludes resultantes.

El gradiente mínimo de los canales se determina por la velocidad de flujo necesaria para evitar la sedimentación. La velocidad no debe ser menor de 1,3 m/segundo para el flujo pico, con una frecuencia de uno en dos años.

El dimensionamiento del canal puede hacerse por medio de tablas, como las indicadas en la Figura 5-4, o utilizando la fórmula de Manning, asumiendo una velocidad máxima permisible de 4 m/seg. y una rugosidad de 0,013.

La pendiente mínima permitida es del 2% para impedir la sedimentación. Para calcular la velocidad de flujo se puede utilizar la siguiente expresión:

$$V = \frac{1}{\eta}[R^{0.67} S^{0.5}] \qquad (5\text{-}3)$$

donde:

V = Velocidad en m/seg.
η = Factor de rugosidad.
R = Profundidad hidráulica media = p/A, en metros.
S = Pendiente promedio del canal.

Cualquier cambio de dirección incide el sistema de flujo, por lo tanto, las curvas en los cambios de dirección para una velocidad de aproximadamente 2 m/seg., deben tener un radio no menor de tres veces el ancho del canal. Este radio debe incrementarse cuando la velocidad es mayor de 2 m/seg.

Las uniones de los canales representan el problema más delicado en un sistema de drenaje. Estas uniones causan, inevitablemente, turbulencias a las que hay que añadir la vulnerabilidad a ser bloqueado por cantos de material.

Se recomienda en las uniones ampliar la sección de los canales para darles una mayor capacidad y contener la turbulencia. Los canales deben conducirse a entregas en gradería u otro disipador de energía que conduzca el agua recolectada hasta un sitio seguro.

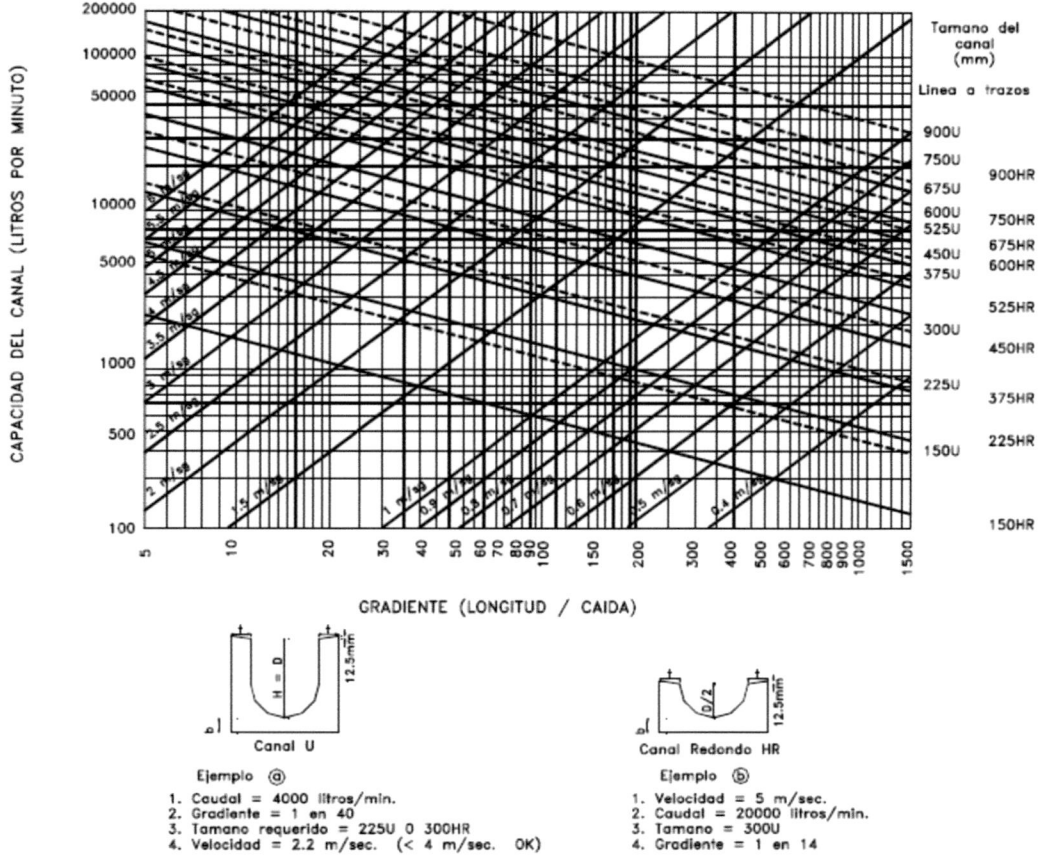

Figura 5-4 Abaco para el diseño rápido de canales de drenaje en taludes (Manual de desmontes de Hong Kong, [39])

Cabe destacar dos tipos diferentes de canales: El canal rápido y el canal en gradería.

- El canal rápido se construye a una pendiente igual a la del talud y en ocasiones se le colocan elementos sobresalientes en su fondo para disipar energía. Este sistema es muy utilizado por ser más económico, pero presenta el problema de la poca energía disipada.

- El sistema de graderías es más eficiente para disipar energía. El flujo en este tipo de canal es turbulento y debe construirse un muro lateral de borde libre suficiente para permitir la salpicadura del flujo.

En la ausencia de datos experimentales, los canales en gradería pueden diseñarse utilizando la Figura 5-4, asumiendo una velocidad de 5.0 m/seg., a través de la sección mínima en la cabeza de cada grada.

En la Figura 5-5, Figura 5-6 y Figura 5-7 se muestran algunos detalles constructivos para los canales rápidos y las graderías.

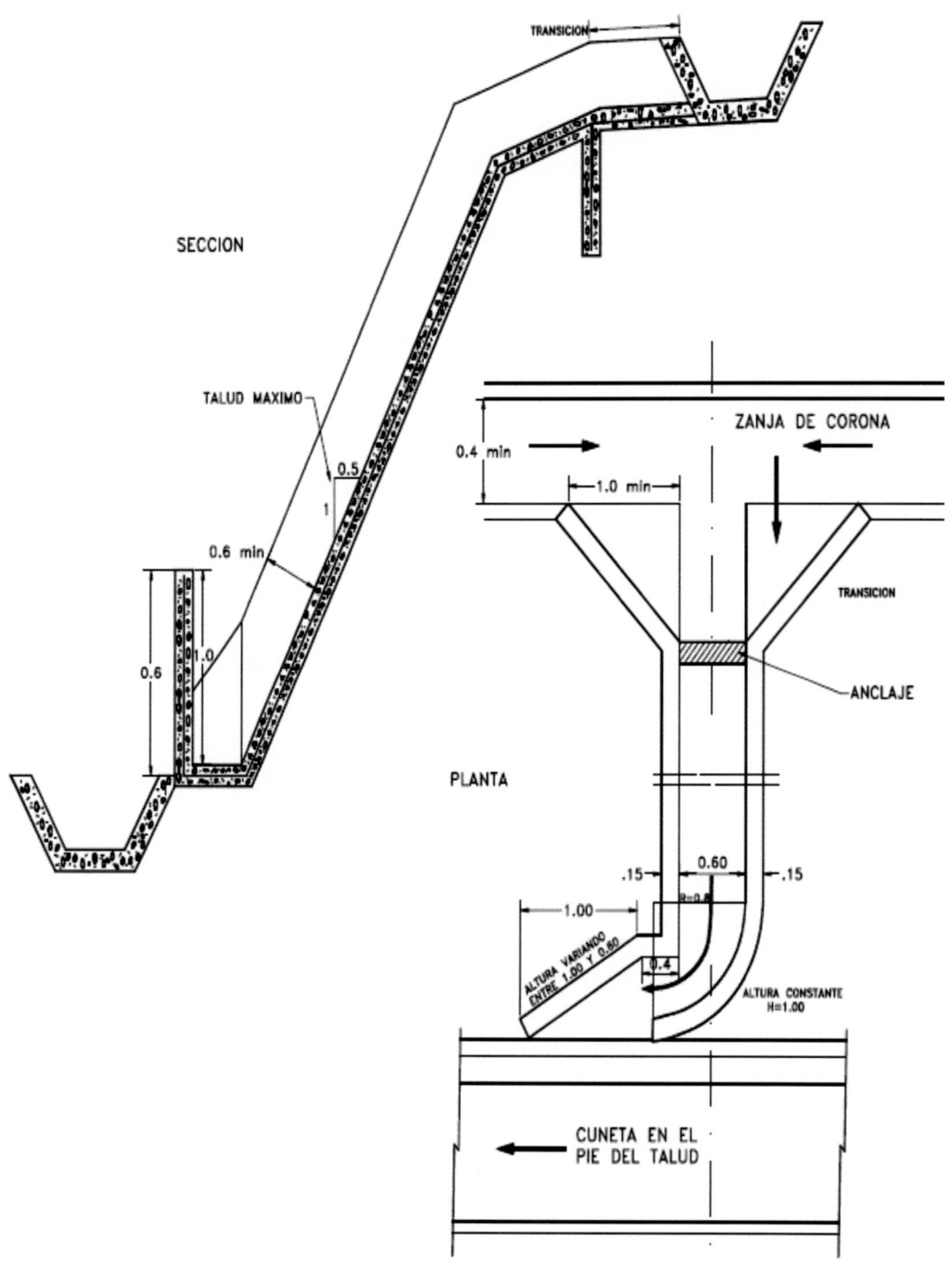

Figura 5-5 Detalle de un canal rápido de entrega

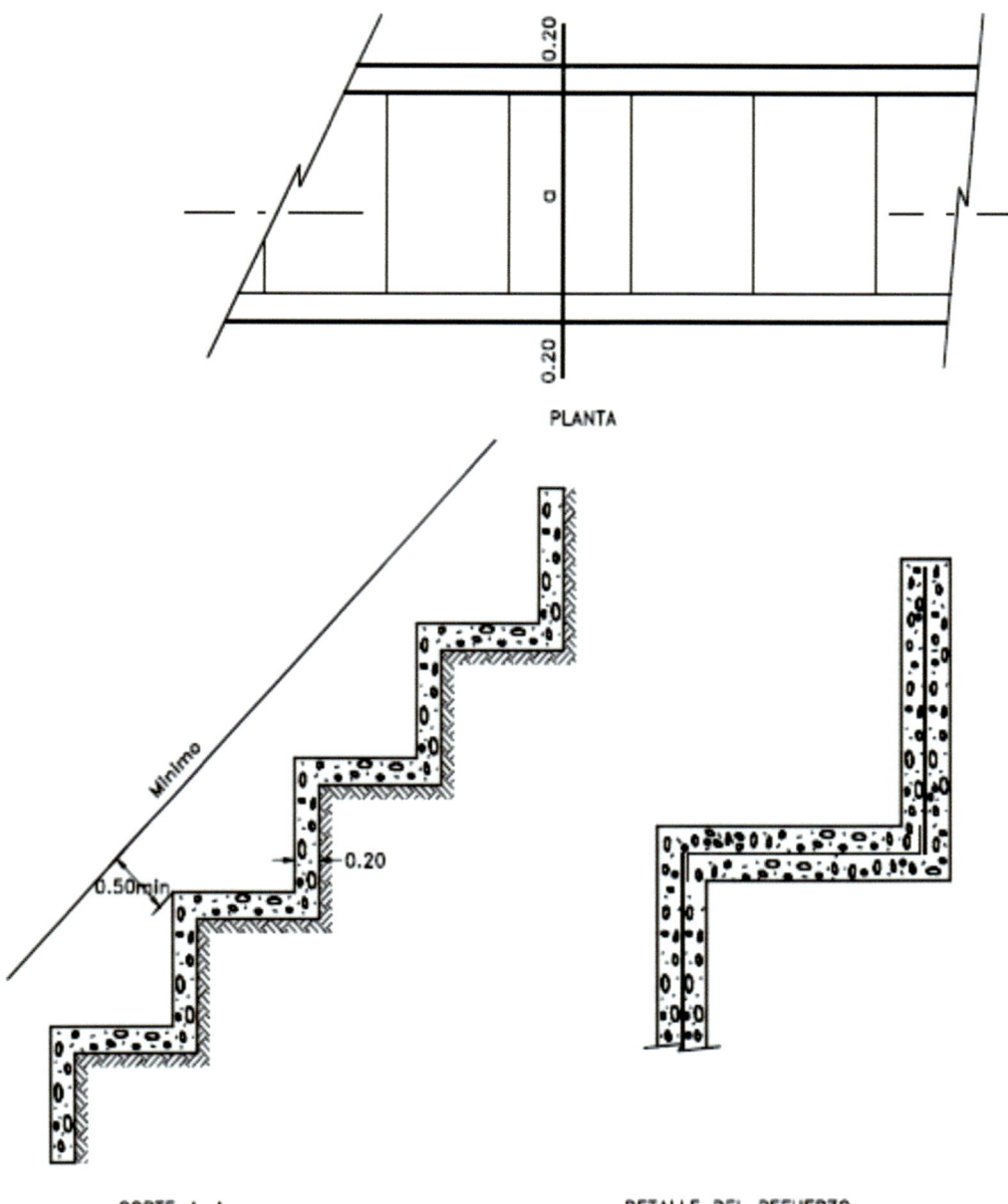

DIMENSIONES Y CANTIDADES DE OBRA

Talud	h	m	Volumen de concreto por ml. en proyección horizontal m³/ml.
½ : 1	2.00	1.00	0.6 a + 1.09
¾ : 1	1.50	1.125	0.47 a + 0.83
1 : 1	1.00	1.00	0.40 a + 0.64
1 ½ : 1	1.00	1.50	0.33 a + 0.57

Figura 5-6 Detalle de la estructura de las gradas de un canal de entrega

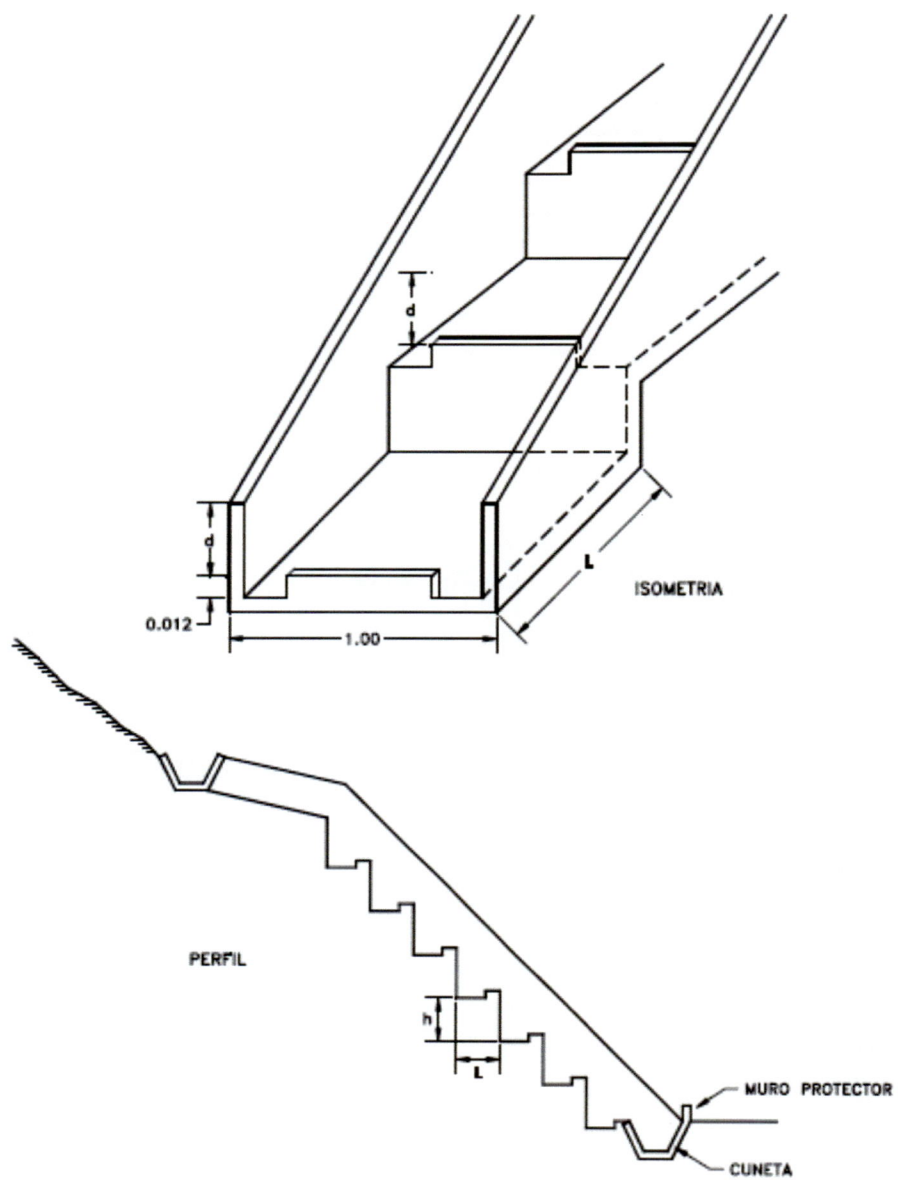

Figura 5-7 Canal de entrega con gradas de disipación

5.4 Drenaje Subterráneo

El drenaje subterráneo tiene por objeto disminuir las presiones de poro o impedir que estas aumenten en el interior del terreno.

La cantidad de agua recolectada por un sistema de subdrenaje depende de la permeabilidad de los suelos o rocas y de los gradientes hidráulicos.

Generalmente, cuando se instala un dren, el nivel piezométrico disminuye al igual que el gradiente hidráulico, lo cual disminuye el caudal inicial recolectado por los drenes.

Puede impedirse que el agua subterránea alcance la zona de inestabilidad potencial mediante la construcción de pantallas impermeables profundas. Las pantallas subterráneas pueden consistir en zanjas profundas rellenas de hormigón y bentonita, tablestacados, cortinas de inyecciones, o líneas de bombeo de agua consistentes en hileras de pozos verticales.

El diseño de estas cortinas impermeables debe tener en cuenta los efectos que sobre las áreas adyacentes tiene el cambio del régimen de aguas subterráneas. Este sistema produce un aumento del nivel freático y represamiento del agua subterránea arriba del deslizamiento y su utilización debe complementarse con la construcción de subdrenes para controlar los efectos negativos.

Los subdrenes interceptores son zanjas excavadas con medios mecánicos convencionales (retroexcavadoras, zanjadoras), que se rellenan con material filtrante y elementos de captación y transporte del agua al exterior del talud. La profundidad máxima de estas zanjas es de, aproximadamente, 6.00 m.

Los subdrenes pueden clasificarse en función del sistema de drenaje empleado (Figura 5-8), entre los que caben citar los siguientes:

1. Con material de filtro y tubo colector.
2. Con material grueso permeable sin tubo (filtro francés).
3. Con geotextil como filtro, material grueso y tubo colector.
4. Con geotextil, material grueso y sin tubo.
5. Tubo colector con capa gruesa de geotextil a su alrededor.
6. Dren sintético con geomalla, geotextil y tubo colector.

El tipo de dren interceptor a emplear dependerá de:

1. Disponibilidad de materiales en la zona y coste.
2. Necesidad de captación y caudal del dren.

Es conveniente tener en cuenta que los drenes tratan de taponarse por transporte y deposición de las partículas más finas del suelo. Para evitar este fenómeno se debe colocar un filtro que debe cumplir los siguientes objetivos:

a. Impedir el paso de las partículas finas del suelo a proteger.
b. Permitir la filtración rápida del agua.

Existen dos tipos generales de filtro:

1. Material granular natural filtrante.
2. Filtro de mantos sintéticos o geotextiles.

Se requiere escoger muy cuidadosamente el material de filtro y/o el tipo y calidad del geotextil a emplear. Para material de filtro se deben cumplir ciertos requisitos de granulometría los cuales son universalmente conocidos.

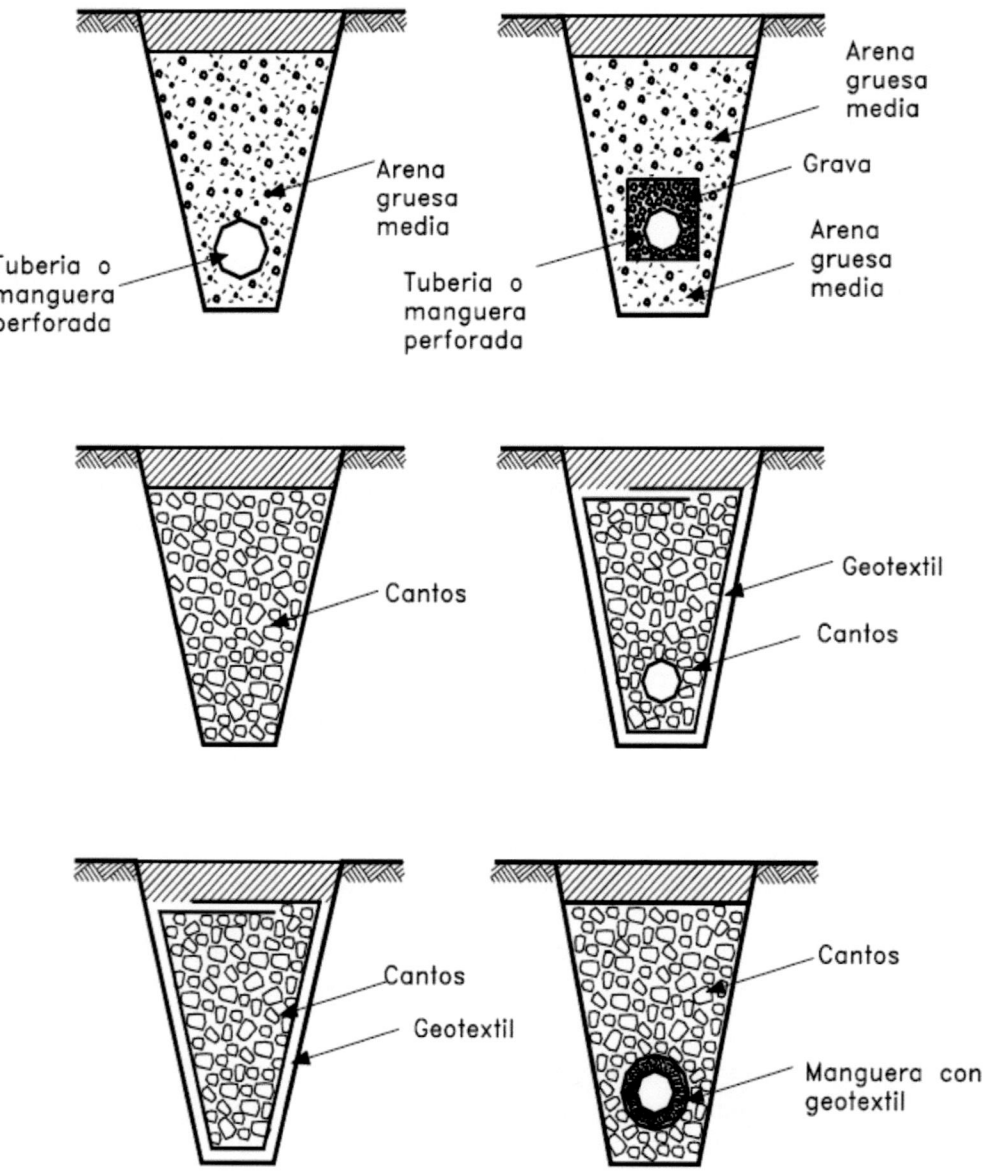

Figura 5-8 Sistemas de dren de zanja

El propósito de un filtro es proteger el suelo contra la erosión interna y al mismo tiempo permitir el paso del agua a través del sistema de drenaje.

En la literatura técnica especializada pueden encontrase decenas de relaciones entre los diversos parámetros granulométricos del suelo y del filtro que se deben cumplir para garantizar su funcionamiento óptimo.

Así, en suelos granulares y limosos, se establecen las siguientes relaciones, en las cuales el subíndice F representa el filtro, y la S representa el suelo natural o suelo alrededor del filtro:

- D15 es el diámetro de partícula para el 15% de pasantes en la curva granulométrica.

- D85 es el diámetro de partícula para el 85% de pasantes en la curva granulométrica.

La primera relación de granulometría de un material de filtro fue la propuesta por el Manual de Hong Kong, [39] y es D15F/D85S ≤ 6 a 11. Según siempre la misma publicación, se deben cumplir adicionalmente las siguientes condiciones:

$$D15F/D15S < 40$$

$$D50F/D50S < 25$$

Es también recomendable que el material de filtro no posea más de un 5% de finos que pasen por el tamiz n° 200 ASTM (0,08 mm UNE), para evitar la migración de finos del filtro hacia las tuberías de drenaje. Adicionalmente, se deben evitar los filtros cuya gradación tenga vacíos de algunos tamaños de granos, o sea, los materiales con curvas granulométricas que presenten gravas.

Cuando el suelo que se desea drenar presenta algunos tamaños de partículas escasos o inexistentes, lo cual se manifiesta en un quiebre pronunciado de su curva granulométrica, algunos textos recomiendan que el material de filtro debe ser diseñado sobre la base de las partículas del suelo más finas (menores que el punto de quiebre). Similar recomendación se hace cuando se trata de suelos estratificados por tamaños variables.

Algunos autores han propuesto relaciones con el coeficiente de uniformidad del filtro y con el D50 del suelo y del filtro o el D95 y el D75 del suelo e incluso se han presentado propuestas con ecuaciones logarítmicas relativamente complicadas.

El criterio más utilizado para garantizar un drenaje fácil del agua a través del filtro es el propuesto por Terzaghi y es D15F/D15S ≥ 4.

En literatura técnica se recomienda un límite de 5 para la desigualdad anterior, lo cual equivale a que la permeabilidad del filtro sea 10 a 100 veces mayor que la del promedio del suelo a su alrededor mientras que en otros casos se recomienda lo siguiente:

4 < D60F/D10F < 20 (coeficiente de uniformidad)

y el tamaño máximo de partícula no debe ser mayor de 75 milímetros.

En ocasiones, es difícil encontrar un material natural que cumpla las condiciones de material de filtro para un determinado suelo y se requiere fabricarlo mediante tamizado y/o mezcla de materiales.

En la tabla 5.1 (cita [82]) se recomienda el empleo de un filtro general básico para todo tipo de suelos para subdrenes de carreteras. Este tipo de filtro, aunque cumple especificaciones para una gran gama de suelos, en algunos casos podría presentar problemas de erosión interna o taponamiento.

Tabla 5-1 Granulometría de materiales para filtro de acuerdo a la experiencia en recogida en la normativa de México, [82]

Malla tamiz ASTM	Porcentaje que pasa (en peso)
1 ½"	100
1"	80 a 100
¾"	85 a 100
3/8"	40 a 80
Nº 4	20 a 55
Nº 10	0 a 35
Nº 20	0 a 20
Nº 40	0 a 12
Nº 100	0 a 7
Nº 200	0 a 5

En la mayoría de los subdrenes con material de filtro se utiliza un tubo colector perforado que se coloca en la parte baja de la zanja embebido en el material filtrante.

En cuanto al tamaño de los orificios del tubo recolector, el USACE utiliza la siguiente relación, entre el tamaño del filtro y el ancho del orificio:

- Para huecos circulares:

$\dfrac{D85_F}{Diametro} > 1$	(5-4)

- Para ranuras:

$\dfrac{D85_F}{ancho} > 1.2$	(5-5)

Los orificios deben estar en la mitad inferior del tubo para lograr una mayor interceptación del agua, reducir el lavado del material, y disminuir la cantidad de agua atrapada en la base de la zanja.

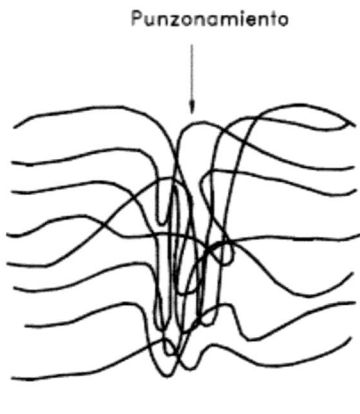

a) Punzonado

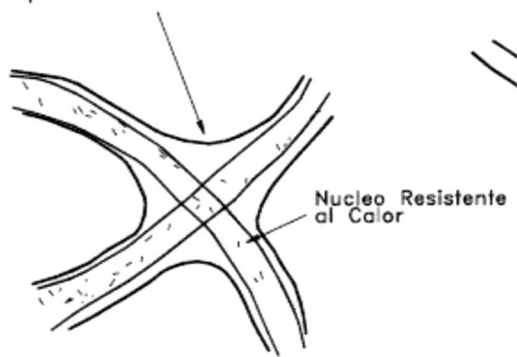

b) Fundido al Calor

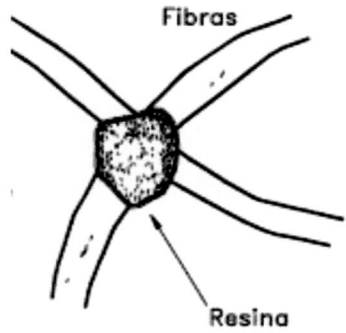

c) Pesado con resina

Figura 5-9 Diagramas esquemáticos de varios tipos de unión de fibras en geotextiles no tejidos

6. EXCAVACIONES

6.1 Introducción

Las excavaciones bajo el nivel freático resultan muy habituales, por ejemplo, en obras de edificación al excavar sótanos bajo rasante que se encuentran con la cota de agua subterránea muy somera y, en cualquier caso, por encima del fondo de máximo vaciado previsto en proyecto.

Esta excavación suele realizarse, normalmente, al abrigo de un recinto de muros o pantallas y se hace necesario drenar el agua que queda al fondo de la excavación.

Respecto a la tipología de la contención, citar que, normalmente, la elección de muros-pantalla continuos convencionales de hormigón armado, tablestacado o pantallas de pilotes secantes (como se verá en los siguientes apartados de este Capítulo) tienen como finalidad crear un recinto semiestanco que permita trabajar en su interior, durante la fase constructiva de ejecución del vaciado, utilizando, en todo caso, medidas de bombeo para agotar el agua freática contenida en el recinto. Esto es debido a que su continuidad corta el flujo de agua, dada su actuación como "barrera" a la circulación freática.

Para un estudio en detalle del flujo hidráulico en un medio poroso deberíamos acudir a la ecuación de Laplace (ver Capítulo 2) y realizar la integración de este tipo de ecuación en derivadas parciales atendiendo a las condiciones de contorno. Sin embargo, vamos a dar aquí una solución aproximada que puede servir en obra para realizar una previsión de las bombas de achique necesarias o tomar decisiones tales como prolongar las pantallas lo suficiente como para empotrarlas en un sustrato impermeable. Como siempre, cada caso es particular y requiere de un estudio económico para ver la mejor opción (Yepes, [95]).

6.2 Valoración cuantitativa. Cálculo del flujo en excavaciones

Vamos a suponer que se va a excavar un solar, de dimensiones "a·b" en presencia de nivel freático en un terreno poroso con un coeficiente de permeabilidad "k". Las pantallas se encuentran empotradas una longitud "L", el fondo de excavación se encuentra a una profundidad "H" respecto al nivel freático y existe un estrato impermeable a una distancia "h'" respecto a la pantalla (ver Figura 6-1).

Se pretende calcular el caudal de achique de forma que el agua no se encharque en el fondo de la excavación. Se supone que se ha realizado una evaluación previa para evitar el sifonamiento, el levantamiento de la excavación y el cálculo mecánico de las pantallas, entre otros aspectos.

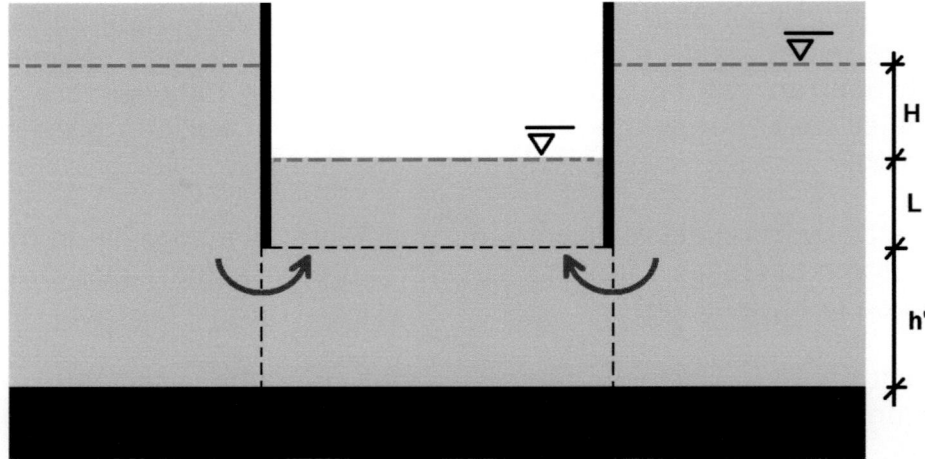

Figura 6-1 Flujo de agua subterránea bajo un recinto apantallado (Yepes, [94])

Para resolver el problema emplearemos la Ley de Darcy, que establece que la velocidad de un fluido en medio poroso es proporcional al gradiente hidráulico. Multiplicando esa velocidad por la sección que atraviesa el flujo, tendremos la evaluación del caudal según la siguiente expresión, donde "Q" es el caudal, "k" es el coeficiente de permeabilidad", "i" es el gradiente hidráulico y "S" es la sección atravesada por el flujo.

$$Q = k\, i\, S$$

(6-1)

En el problema que nos ocupa, el caudal puede atravesar dos secciones, una lateral determinada por el estrato impermeable y el fondo de la pantalla "S1", y la formada por el fondo de la excavación del solar "S2". Calculemos en ambos casos el caudal. Es posible realizar una estimación aproximada considerando el flujo del agua próximo a la pantalla, puesto que es la línea de flujo más corta y la que supone un mayor gradiente crítico. En este caso, $i=H/(H+2L)$.

Para la sección "S1", el caudal "Q1" tendrá el siguiente valor:

$$Q_1 = \frac{2kHh'(a+b)}{H+2L}$$

(6-2)

Análogamente, para la sección "S2", el caudal "Q2" tendrá el iguiente valor:

$$Q_2 = \frac{kHab}{H + 2L} \qquad (6\text{-}3)$$

El caudal estimado será el menor ambas dos estimaciones, esto es: $Q=$min $(Q1, Q2)$.

Igualando ambos caudales se puede determinar la distancia del sustrato impermeable al fondo de la pantalla a partir de la cual dicho sustrato no influye en la estimación del caudal:

$$h'_{min} = \frac{ab}{2(a + b)} \qquad (6\text{-}4)$$

En el caso de un solar cuadrado, si el sustrato impermeable se encuentra a una distancia superior a la cuarta parte del lado del solar, todo el flujo pasa por el fondo de la excavación.

En todo caso, de las expresiones anteriores se deduce que el caudal máximo que puede entrar en la excavación se da cuando el sustrato impermeable se encuentra a una distancia del fondo de la pantalla superior al cociente entre el área y el perímetro del recinto. Si la capa impermeable se encuentra más cerca, el caudal baja proporcionalmente hasta anularse teóricamente cuando llega a tocar a la pantalla.

6.3 Lanzas de drenaje o "Well-point"

El sistema "Well-point" se utiliza para rebajar el nivel de la capa freática del terreno mediante la aspiración e impulsión de las aguas subterráneas. Para ello, se hincan en el terreno una serie de tubos, llamados "lanzas de drenaje" que tienen la misión de absorber el agua cuando se conectan a un equipo de bombeo.

Se trata de un equipo auto aspirante para el bombeo por vacío del agua, en terrenos donde el nivel freático está en una cota más alta que la cota de trabajo.

Es un equipo eficaz y económico que, mediante lanzas de drenaje hincadas en el terreno, aspira e impulsa las aguas del nivel freático mediante una bomba de vacío, a través de conducciones, y las conduce al punto de desagüe deseado.

El agotamiento se produce en muchos puntos a la vez por lo que se reduce el posible efecto del arrastre de finos que se produce al utilizar por ejemplo bombas de fondo para el agotamiento del nivel freático.

El sistema es válido en todo tipo de terrenos con permeabilidades comprendidas entre 1 y 10^{-4} cm/s. Permite agotar hasta 7,00 m de columna de agua de forma efectiva en terrenos con permeabilidades comprendidas entre 10^{-3} y 10^{-5} m/s.

Su funcionamiento óptimo se produce cuando se instala en arenas de grano medio sin presencia de finos. En otro tipo de terrenos pueden ser necesarias operaciones adicionales de montaje (perforación previa y ejecución de filtro granular).

Es especialmente útil en terrenos de baja permeabilidad (arenas finas y limos), donde el agua no puede drenar por gravedad a un sumidero. Además, el efecto de succión hace que la arena fina se mantenga con taludes empinados en excavaciones de altura inferior a 2,00 m.

En terrenos poco permeables la depresión del nivel freático sería muy lenta, con caudales muy pequeños y un tiempo para alcanzar el nivel definitivo que podría durar meses, por lo que en estos terrenos no es viable el sistema, no solo por bajo rendimiento, sino porque lo finos taponarían el filtro de la lanza, impidiendo el paso del agua.

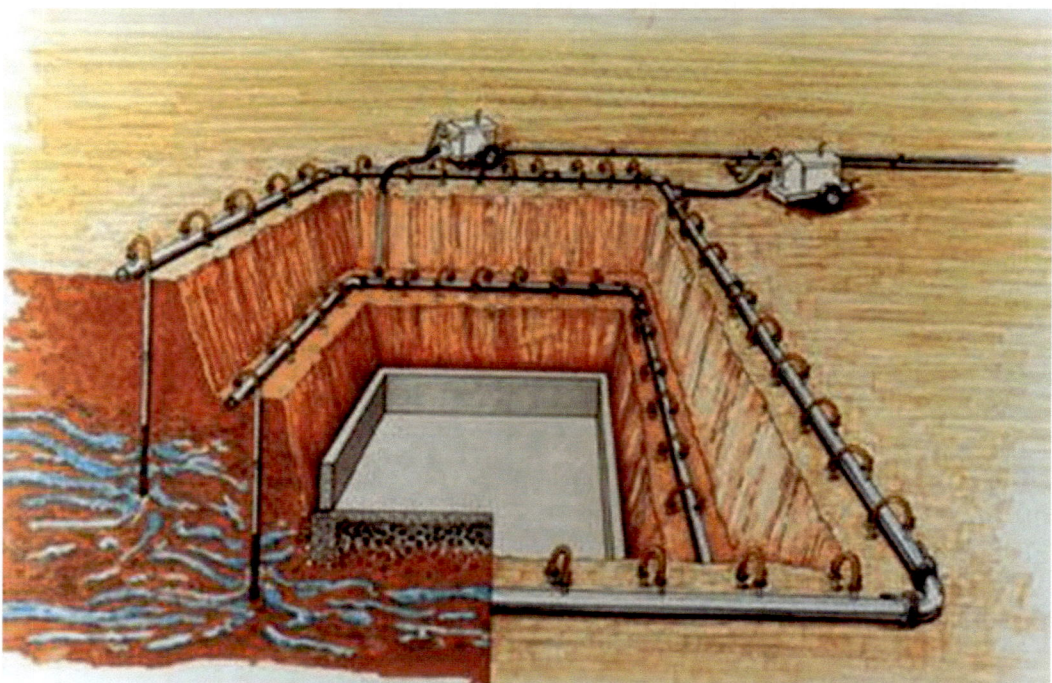

Figura 6-2 El sistema "Well-point" se utiliza para rebajar el nivel freático

El gradiente hidráulico creado entra la capa freática (normalmente a presión atmosférica), y los Well-points, produce un flujo de agua hacia estos, a una velocidad que depende de las características de permeabilidad del suelo.

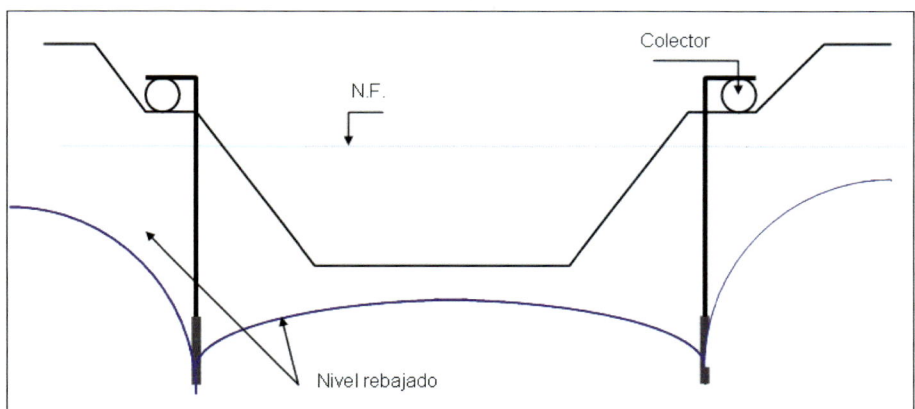

Figura 6-3 Esquema de rebaje del nivel freático mediante lanza de drenaje

El Well-point está constituido por un doble tubo de un metro de longitud, que por el exterior es filtrante y por el interior permite la succión del agua que entra por su extremo inferior. En el extremo superior del Well-point, se acopla una tubería vertical que se conecta a un colector horizontal por medio de una unión giratoria, que puede ser metálica o flexible.

El colector está constituido por tramos de tubería que se enlazan entre ellos por medio de juntas estancas al aire. Cada tramo del colector lleva dispuestas unas tomas para la conexión de las uniones giratorias.

El sistema funciona como un equipo compacto, que puede ser móvil o estar situado en un punto fijo de la obra, pues no precisa moverse para realizar el trabajo; en efecto, el bombeo se realiza a través de los conductos de aspiración al que concurren las diversas lanzas de drenaje.

Los componentes del sistema son:

- **lanzas de drenaje:** Son tubos de acero galvanizado de longitudes variables según la profundidad de la excavación y 50,00 mm de diámetro, que tienen dispuesto un filtro de 1,00 m de longitud en el extremo más profundo. Las lanzas se hincan en el terreno y absorben el agua una vez conectadas a la bomba de vacío.

- **manguitos de unión:** Son tubos flexibles que tienen piezas de empalme en los extremos para conectar las lanzas con la conducción de aspiración.

- **conducción de aspiración o colector:** Es un tubo flexible o de acero, a cuyos orificios se conectan los manguitos de cada lanza. Los orificios que no son necesarios, se hacen estancos mediante tapones. Conduce las aguas impulsadas hasta la bomba de absorción o bomba de vacío y desde allí al punto deseado de desagüe.

- **bomba de vacío:** Se trata de una combinación de bomba de vacío, tanque separador de la mezcla aire-agua y bomba de agua, junto con una unidad de control eléctrico. Es la encargada de crear una subpresión que absorba el agua del nivel freático y la haga circular hasta el punto deseado.

- **bomba de hinca:** Son bombas especiales de agua a presión previstas para el hincado de las lanzas. Estas bombas, se conectan a las cabezas de las lanzas una vez situadas verticales en el terreno de modo que el agua inyectada sale libremente por la punta de la lanza desplazando y arrastrando el terreno que bordea la punta. El propio vaciado del terreno de las cercanías de la punta de la lanza hace que descienda toda la lanza.

- **accesorios:** codos, tes, tapones tubos bifurcados, uniones, mangueras flexibles, alargadores, Cuadro eléctrico: 380 V, 36 A.

Figura 6-4 Componentes del sistema (Ischebeck, [51])

El equipo autoaspirante para el bombeo por vacío se compone de una bomba de impulsión de agua, una bomba de vacío, y una cámara o tanque de separación de aire.

Figura 6-5 Equipo autoaspirante de vacío

La bomba de impulsión de agua es una bomba centrífuga accionada por un motor diésel. Debe operar con una gran altura de aspiración, siendo importante conocer de su gráfico de características el valor del NPSH exigible en función del caudal, que debe ser bajo.

La bomba de vacío es un depresor rotativo de vacío, refrigerado por aire y lubricado por aceite, que es accionado por el motor diésel mediante una correa trapezoidal. Debe asegurar, de forma continua, a evacuación del aire que entra en la instalación.

El tanque de separación de aire es una cámara con válvulas mecánicas de seguridad y de regulación que, montada en el frente de la bomba de agua, sirve para separar el aire del agua. El agua fluye directamente a través de la bomba de agua y el aire es evacuado por la bomba de vacío. La combinación de estos tres elementos debe efectuar un cebado rápido y seguro, y proporcionar un continuo vacío que es esencial para el funcionamiento óptimo del sistema de bombeo.

También, está el equipo de chorro de agua a alta presión que se utiliza para la colocación de los Well-points. Este equipo, que va montado sobre un chasis de un eje, con tanque de combustible para servicio de 24 horas, está equipado por: un motor diésel, de larga vida, enfriado por aire, una bomba centrífuga multigradual de succión normal, y una bomba de membrana, con mando manual, para el cebado de aspiración.

Además, deben disponerse válvulas de bola para regular el caudal de agua, reglaje de las revoluciones del motor para variar el caudal y manómetro de lectura de presión.

Figura 6-6 Equipo de chorro de agua a presión

Utilizando este equipo de chorro de agua a alta presión, se hincan en el terreno las lanzas, perimetralmente al área de agotamiento. Según la permeabilidad del terreno y la altura de la columna de agua a rebajar, las lanzas se espaciarán más o menos entre ellas, tomando como valor aproximado una lanza cada metro.

Un equipo completo de Well-point incluye una bomba por cada 100 lanzas, es decir, situaremos una bomba de agotamiento Well-point cada 100 m perimetrales o fracción, de la zona a agotar.

Se recomienda que el filtro este cubierto por al menos un metro de tierra, para impedir que el sistema tome aire por la parte superior del barreno, en caso de no poder cumplir con esto se puede optar por poner sobre cada lanza un poco de tierra presionada para que haga las veces de tapón.

En los casos de permeabilidades distintas a las indicadas o en terrenos con alto contenido en partículas finas como limos y arcillas, se recomienda la instalación de las lanzas en el interior de pozos drenantes.

Para ello, mediante un tornillo sinfín helicoidal de 20/30 cm de diámetro accionado por perforadora acoplada al brazo de la retroexcavadora, se realizan micropozos en los que posteriormente se colocarán las lanzas de Well-point. Posteriormente se rellena el pozo con gravas excepto los 1,50 m superiores, que se rellenan con limos arenosos para impedir la entrada de aire en el sistema de aspiración Wellpoint. El resto de proceso de instalación es el mismo.

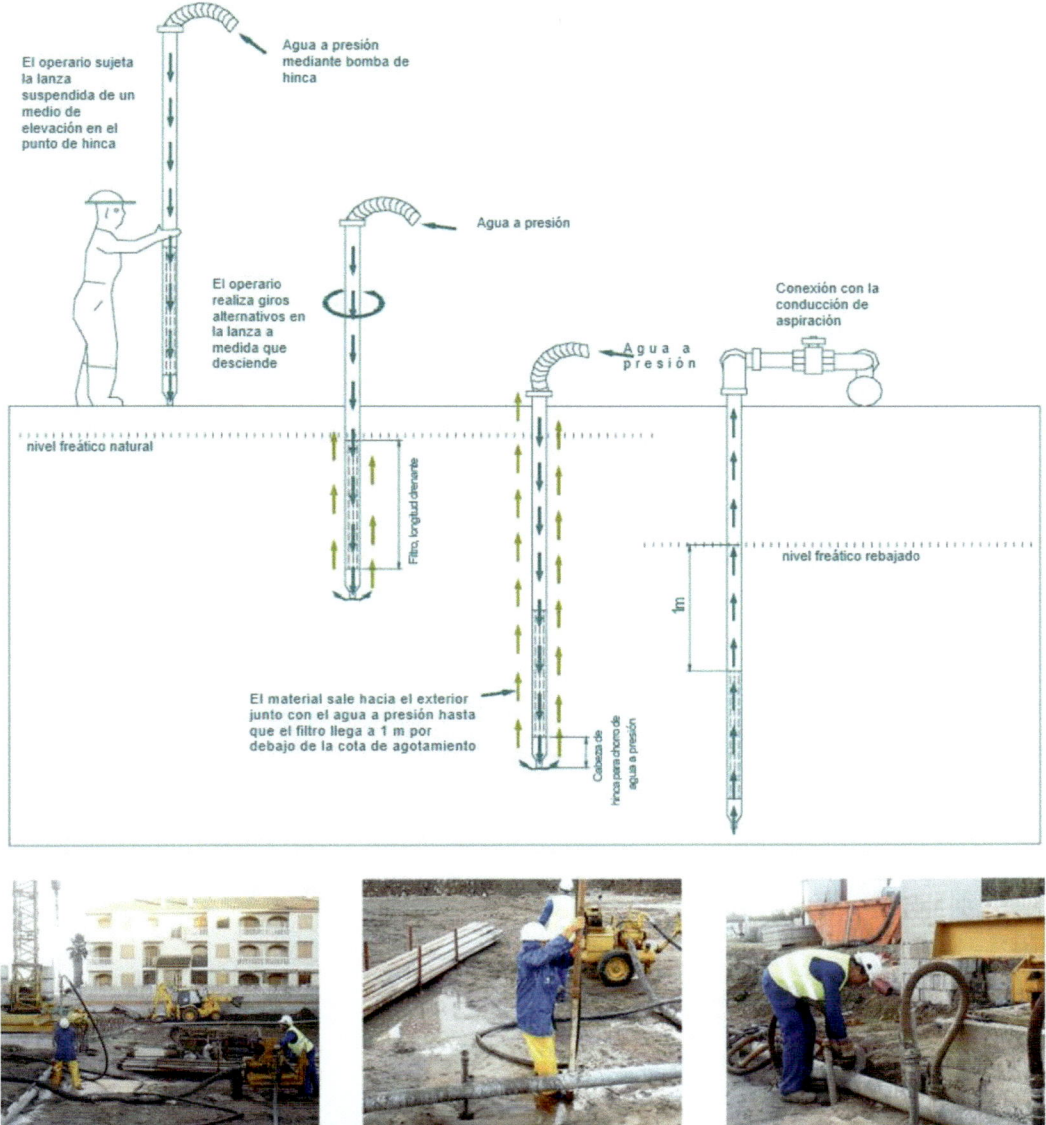

Figura 6-7 Hincado de lanzas con presión de agua y bomba jetting (Ischebeck, [51])

La bomba Wellpoint puede moverse a lo largo de la ejecución de la obra o estar situada en un punto fijo durante toda la duración de esta, ya que no necesita del traslado para la realización del trabajo. La elección del punto idóneo donde situar la bomba es fundamental para evitar traslados innecesarios, y alejarlo de los edificios existentes en zonas urbanas para evitar molestias por ruido.

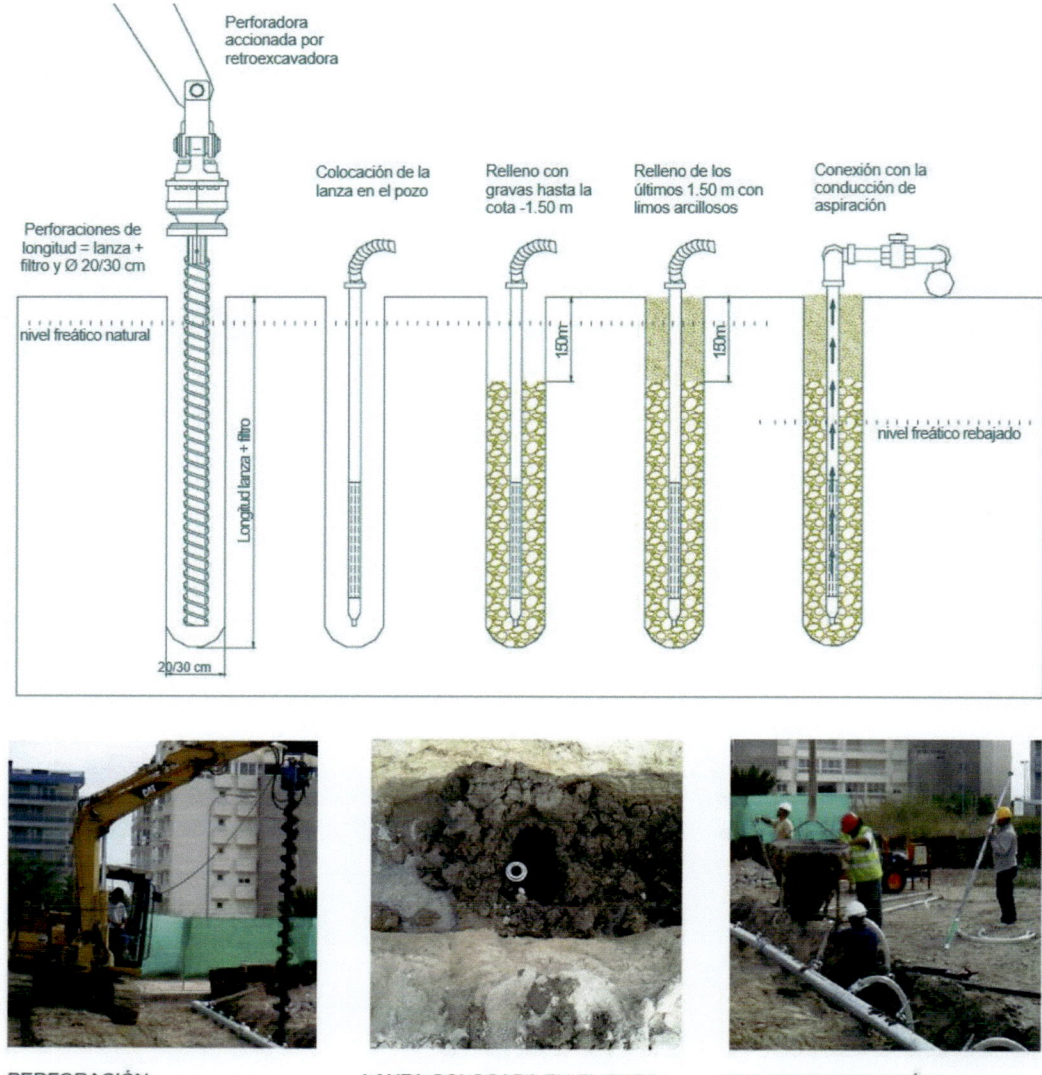

Figura 6-8 Instalación de lanzas en el interior de pozos drenantes (Ischebeck, [51])

El colector formado por tramos de tubo con orificios debe formar un circuito cerrado conectado a la bomba de vacío Wellpoint. Las lanzas se conectan al colector mediante manguitos flexibles, y los orificios que no se utilicen se tapan con tapones para que la bomba de vacío pueda realizar la operación de succión correctamente. Además, existen accesorios como codos y derivaciones para adaptarse a las necesidades de la forma del perímetro y elementos de control como caudalímetros.

Si la zona donde están las lanzas va a ser hormigonada, se ha de tener la precaución de proteger las lanzas contra el hormigón para posteriormente poderlas extraer, para ello es necesario que la lanza se enfunde en tubos plásticos de un diámetro mayor que esta para facilitar la extracción. En caso de terrenos estratificados con alternancia de capas duras puede ser necesario realizar perforaciones previas en las que se hinquen posteriormente las lanzas.

Además, en cuanto al funcionamiento del sistema, es posible el planteamiento de dos posibilidades de rebaje del nivel freático:

Rebaje completo del nivel freático

En los casos en los que el terreno sea de tipo granular, pero sin partículas finas, como en arenas limpias, con unas permeabilidades entre 10^{-3} y 10^{-5} m/s, las lanzas pueden colocarse directamente en el terreno.

La altura de agotamiento puede alcanzar más de 7,00 m, aunque depende de la permeabilidad y tipo de terreno y de la superficie de agotamiento, para casos de mayor altura, puede colocarse un sistema escalonado de varias líneas de Well-point, si el espacio disponible y el coste lo permiten.

Figura 6-9 Rebaje completo del Nivel Freático

En esta solución se plantea la ejecución de un único recinto perimetral de lanzas. La disposición de las lanzas de Well-point se realiza en una sola alineación homotética exterior a la sección en planta del recinto del pozo a ejecutar.

La excavación se realiza con un talud constante de excavación desde la superficie natural del terreno hasta el fondo de máximo vaciado.

Lógicamente, la longitud de las lanzas resulta muy importante para que el rebaje completo del nivel freático se mantenga siempre a cota inferior que la máxima profundidad de vaciado prevista.

Igualmente, como es de suponer, en esta situación, la capacidad de bombeo ha de ser también muy importante para asegurar un rebajamiento eficaz del nivel freático, lo que supone, obviamente, un mayor incremento de costes de ejecución.

Ahora bien, sucede que los sistemas Well-point suelen ser los más indicados para rebajamientos de niveles freáticos hasta profundidades no superiores a 10 m. En teoría, se podría llegar a un descenso máximo del N.F. de 10 metros, equivalente a la presión atmosférica, aunque, con todas las pérdidas de carga que se producen, resulta muy difícil deprimir más de 5 ó 6 metros.

Rebaje paulatino del nivel freático

En el caso de permeabilidades menores o de la presencia de finos susceptibles de obturar las lanzas, es recomendable la instalación mediante pozos drenantes, que albergarán las lanzas de Well-point, impidiendo que las partículas finas alcancen las lanzas.

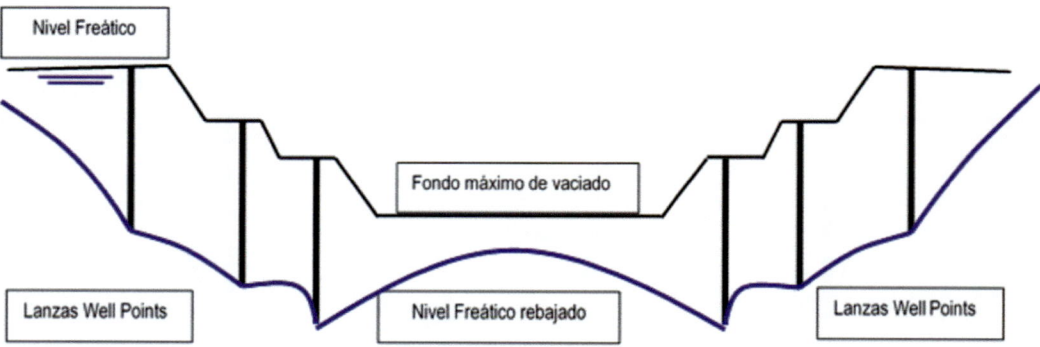

Figura 6-10 Rebaje paulatino del Nivel Freático

En obra deberá aportarse por parte del cliente un punto de suministro de agua, suministro eléctrico y un medio de elevación de cargas, así como señalar el punto sitio de decantación y el punto de vertido final de las aguas.

Esta solución, similar a la antes descrita y basada en el mismo sistema de evacuación del agua, plantea el rebajamiento paulatino del nivel freático, excavando sucesivas bancadas o bermas, y colocando recintos de lanzas de Well-point en cada bancada realizada. Esta solución obliga a la realización de una gran excavación y a la disposición de numerosas lanzas.

Como inconvenientes al método, es preciso puntualizar que, resulta difícil definir el número y la distancia entre lanzas para que sean eficaces, siendo precisa una capacidad de bombeo elevada para poder evacuar toda el agua que entra al recinto, lo que supone un elevado coste de bombeo y, por tanto, un incremento de coste de la ejecución de las obras.

6.4 Electroósmosis como técnica de drenaje del terreno

La electroósmosis es un fenómeno basado en la precipitación eléctrica de sustancias coloidales en suspensión, observado por el físico Reuss (1808) quien introdujo dos tubos verticales abiertos en sus extremos dentro de un bloque de arcilla húmeda llenándolos de agua hasta la mitad de su altura. Después de situar un par de electrodos en su interior, hizo pasar por ellos una corriente eléctrica comprobando que el nivel de agua subía en uno de los tubos mientras descendía en el otro. Esto demostraba la existencia de un flujo de agua de un tubo al otro a través de la arcilla.

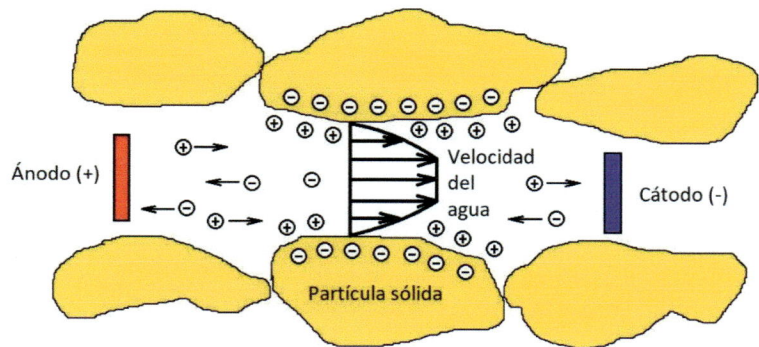

Figura 6-11 Proceso de electroósmosis (Yepes, [95])

En 1952 Casagrande llevó a la práctica este sistema para consolidar un suelo arcilloso en la excavación de un talud. Para ello, colocó como cátodos, dos series de tubos porosos de 10.00 cm de diámetro y 7,00 m de profundidad en torno a los cuales situó un relleno de gravilla para facilitar la entrada del agua. Entre cada dos cátodos separados 9 m se intercalaron como ánodos, tubos de 12,00 mm de diámetro. El paso de una corriente de 90,00 voltios y una potencia de 1,50 kw provocó la acumulación del agua en los tubos porosos (cátodos) de los cuales se pudo extraer fácilmente por bombeo.

La electroósmosis es un método de drenaje eléctrico empleado para estabilizar arcillas blandas y limos al incrementar su resistencia por la reducción de humedad. Téngase en cuenta que son terrenos que presentan problemas para aplicar las técnicas de pozos con sistema de vacío convencional. El sistema deja de ser efectivo en arenas finas con permeabilidades inferiores a $3 \cdot 10^{-5}$ m/s. La diferencia con otros procedimientos es que el movimiento del agua no se produce por gravedad sino por efecto de un campo eléctrico. Con la electroósmosis se desatura el suelo, aumenta su resistencia y se consolida, como un efecto principal y, en consecuencia, se mejoran las condiciones del terreno con su estabilización.

El agua fluye de los ánodos (+) a los cátodos (-) en un medio poroso saturado, tal y como muestra la figura adjunta:

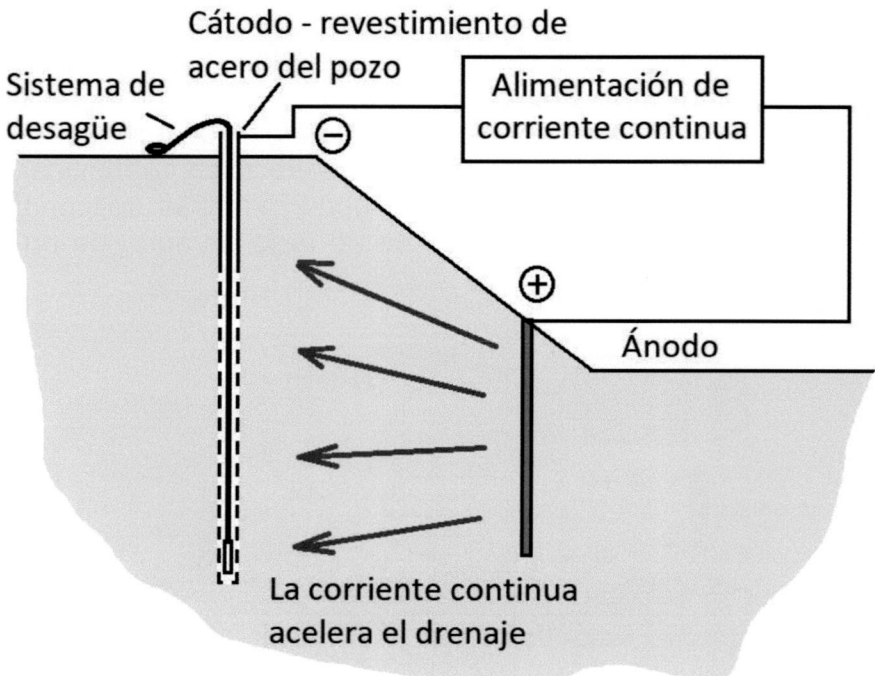

Figura 6-12 Disposición del equipo para el drenaje (Yepes, [95])

Dan buenos resultados cátodos de un diámetro de 120,00 mm colocados cada 3,00-5,00 m y barras de acero o aluminio como ánodos intercalados de 100 mm de diámetro. En el cátodo se sitúa un well-point o un pozo drenante, que es un tubo abierto por el fondo. Los ánodos y cátodos son tubos abiertos por el fondo. Los gradientes de potencial varían entre 30,00 y 180,00 V. A mayor voltaje, más volumen de agua drenada, aunque pueden producirse fenómenos de hidrólisis, por lo que deben hacerse ensayos para establecer los parámetros energéticos más convenientes. Se necesitan de 0,50 a 1,40 kW/m^3 de suelo drenado en excavaciones grandes, y hasta un máximo de unos 14,00 kW/m^3 en las pequeñas. Este movimiento del agua genera consolidación, con un aumento temporal de las tensiones efectivas.

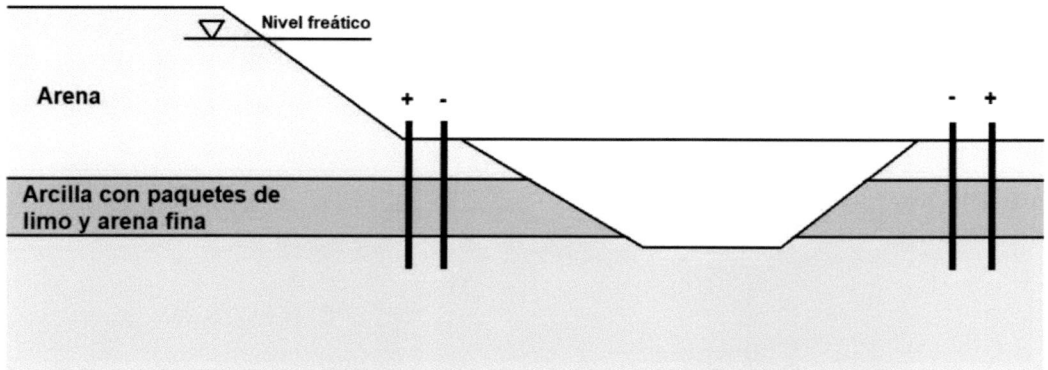

Figura 6-13 Disposición del equipo para el drenaje (Bell, [12])

La conductividad eléctrica del agua depende de su salinidad y ello influye en la eficiencia de la corriente y el voltaje aplicado. En un suelo con mayor salinidad, el volumen de agua drenada con la electroósmosis es mayor y la consolidación es más eficiente y rápida.

Las desventajas de este método radican en el alto costo de la energía necesaria y en los problemas relacionados con la seguridad de los operarios al trabajar con un circuito de corriente continua. Los elevados costes de ejecución y a la poca práctica en su uso, limitan la aplicación de la electroósmosis a casos especial en los que el caudal a evacuar sea escaso.

Su uso más frecuente es la mejora permanente de las propiedades de los cimientos o en la estabilidad de los taludes. En la Figura 6.14 se muestra el principio de la electroósmosis empleado en el drenaje previo a la excavación de un túnel.

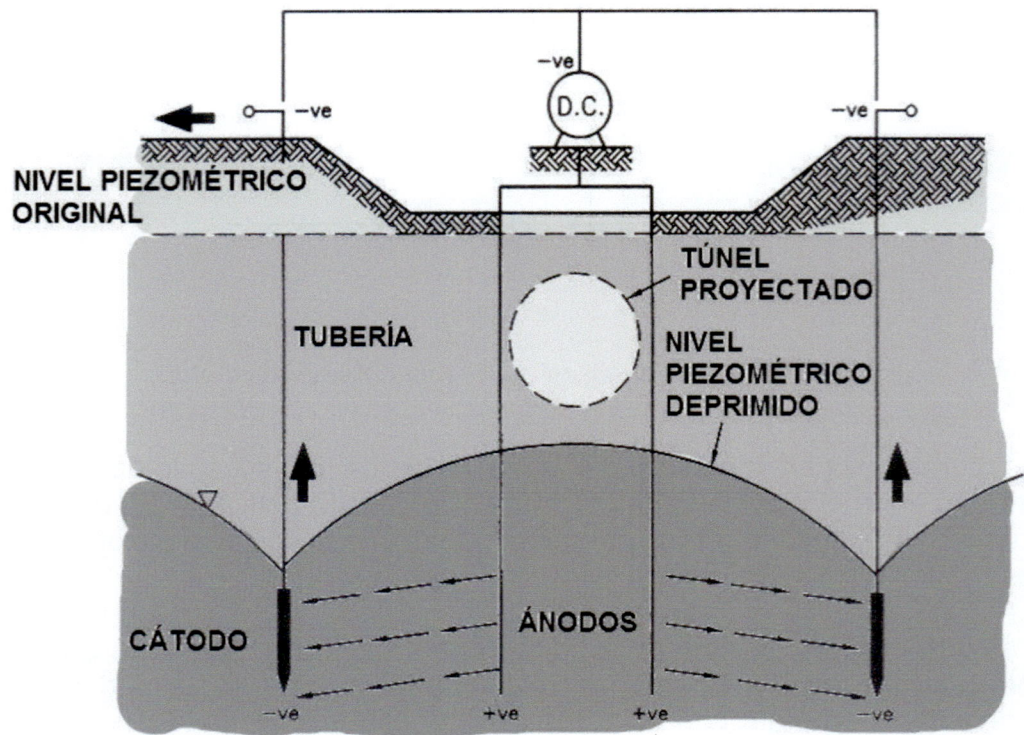

Figura 6-14 Tratamiento por electroósmosis previo a la excavación de un túnel (Bielza, [14])

6.5 Pantallas de tablestacas

Las tablestacas son elementos prefabricados hincados en el terreno que forman una estructura de contención flexible de tipo pantalla empleada habitualmente en ingeniería civil, y que forma una pared hermética destinada a la protección de muelles, muros de contención en general o para ejecutar entibaciones provisionales o definitivas. Aunque en su origen fueron de madera, en su mayor parte hoy día se realizan en acero, aunque también se fabrican tablestacas de hormigón, aluminio y vinilo o compuestos.

Las soluciones de tablestacas de hormigón armado presentan una alta durabilidad, pero como inconveniente presentan un gran peso que hace más dificultosa la maniobra de movilización e hincado. Por otra parte, por la naturaleza misma del material, suelen ser de dimensiones mayores, con espesores que fluctúan entre los 15 a 30 cm.

Las tablestacas de acero presentan una gran resistencia por lo que pueden hacerse en espesores muy pequeños (en general menores a 15 mm) lo que facilita enormemente su proceso de puesta en obra mediante hincado. Por otra parte, por su geometría, permiten diseños que reducen efectivamente la deformación de pandeo se ajustándose a las necesidades del proyecto con lo que se logran pantallas de anchos totales muy reducidos.

Figura 6-15 Tablestacas de acero. Acopio a pie de obra

Efectivamente, las tablestacas de acero permiten construir una estructura de contención del suelo en forma eficiente, con gran economía de espacio a partir de elementos prefabricados de distinta geometría. Los perfiles metálicos que permiten contener los empujes de la tierra en un corte, excavación u obra civil que se usan, mayoritariamente, son en forma de "U" o de "Z", como se muestran en la siguiente Figura 6.16:

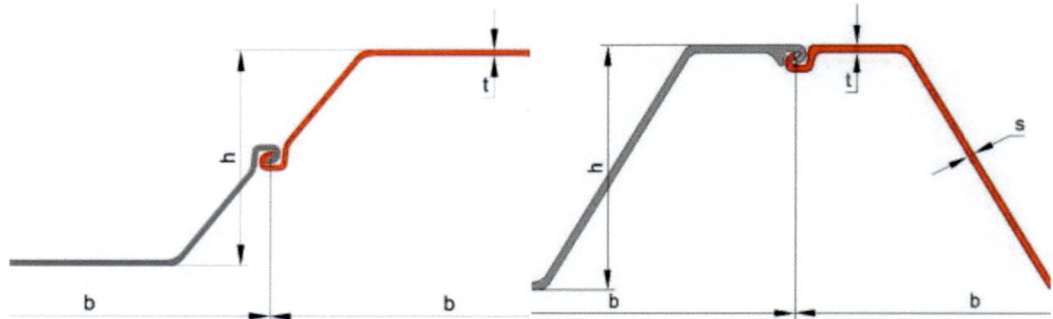

Figura 6-16 Tablestacas de acero en forma de "Z" y de "U"

La elección de una forma u otra dependerá del tipo de fuerzas a la cual estará sometida la estructura, bien sea a esfuerzos por tracción o por flexión.

Uno de los aspectos interesantes que los productores de tablestacados de acero han desarrollado es el sistema de conexión entre las placas que se desarrolla bajo dos principios: conexión de rótula y conexión machihembrada.

Ambas permiten facilitar el hincado, asegurando la estanquidad de la conexión y permitiendo ajustes geométricos en la alineación de la pantalla. Además, se caracterizan por tener juntas entre sí con la finalidad de impermeabilizar, evitar filtraciones y guiar el proceso de hinca de las tablestacas adyacentes.

Cuando las pantallas de tablestacas soporten el empuje geostático del terreno y el empuje hidrostático del agua freática, los tablestacados se clasifican principalmente en cuatro grandes tipos, a saber:

- **en voladizo o en ménsulas**, que consisten en que la pantalla hincada soporta la presión lateral que ejerce el terreno y el agua sobre ella básicamente por la profundidad y efectividad de su parte hincada y por la capacidad portante del material que la compone.

- **arriostrados**, que son buenas soluciones en casos de excavaciones de zanjas. La disposición de dos pantallas paralelas permite colgar unos perfiles de arriostramientos entre las pantallas en uno o más niveles que colaboran con su estabilización soportando los esfuerzos de compresión.

- **estabilizados mediante tensores**, en vez de puntales, los elementos trabajan a tracción. Estos tensores se pueden fijar a otra pantalla paralela a la principal dispuesta "detrás" de ella (hacia el lado del terreno que es contenido) o fijar a elementos puntuales denominados "muertos".

- **anclados** que, a su vez, se pueden separar según el tipo de anclaje que los soporta. Así, existen los anclajes sencillos, los anclajes en voladizo, los anclajes con bulbo, los anclajes con marco y los anclajes con pilotes.

El proceso de hinca de las tablestacas metálicas se realiza con máquinas que están desarrolladas específicamente para la realización de estos trabajos, y por su alta especialización, esta operación debe ser subcontratada, existiendo casas de reconocida solvencia y disponibilidad de equipos para garantizar la producción prevista.

Una vez preparada la plataforma de trabajo, y los accesos para la maquinaria y camiones, se procede a la hinca de las tablestacas.

Figura 6-17   Hinca de tablestacas

Para esta operación, se utiliza un dispositivo hincador acoplado a una estructura de grúa o retroexcavadora. Este dispositivo puede ser un martillo de hinca, o un vibrador de alta frecuencia, eligiéndose entre ambos en función del tipo de terreno.

Figura 6-18   Dispositivo hincador acoplado a una estructura de grúa o retroexcavadora

Se disponen guías para la alineación de las tablestacas, consistentes en una doble fila de perfiles colocados a poca altura del suelo, de forma que el eje del hueco intermedio coincida con el de la pantalla de tablestacas a ejecutar. Esta doble fila de perfiles estará sólidamente sujeta y apuntalada al terreno y la distancia entre sus caras interiores no excederá del espesor de la pared de las tablestacas en más de 2,00 cm. Las tablestacas se enfilan por parejas de dos colocadas de forma contrapuesta, de tal manera que se crea un perfil ondulado. Esta operación se realiza para tres o cuatro parejas. Se coloca la primera pareja de tablestacas en posición vertical, aplomándola con un tráctel.

Se van golpeando y aplomando alternativamente dos o tres parejas, hasta tenerlas hincadas. Una vez se ha conseguido el inicio de la alineación, el proceso continúa siendo más sencillo para las siguientes. Unos puntos singulares son los ángulos, que pueden resolverse con tablestacas soldadas en ángulo o con perfiles omega o delta. En la hinca, las tablestacas metálicas se protegen del alabeo mediante un sombrerete de fundición. Este se adapta por su cara inferior a la sección de las tablestacas y lleva en su cara superior cuñas de madera dura.

Los martillos de maza que se emplean para la hinca son de tipo ligero, de unas tres toneladas. El proceso se realiza golpeando sucesivamente con la maza en el sombrerete.

Cuando se emplea el martillo vibrohincador, la hinca se realiza por la combinación del peso de este (unas cinco toneladas) con la vibración introducida. La hinca se deberá continuar hasta alcanzar la profundidad del techo del sustrato rocoso indicada en el Proyecto.

El principal inconveniente más destacable de este sistema constructivo reside en las propias condiciones geológico-geotécnicas de los materiales que subyacen en el emplazamiento de las obras. Así, la presencia de gravas y bolos en el terreno, unido a la presencia de roca hace, cuanto menos, se dude en el éxito de la operación de hinca hasta la profundidad necesaria.

Su viabilidad es también dudosa por condicionantes inherentes al propio sistema de hinca. Normalmente, se utilizan en contenciones hasta un máximo de 13,00 a 16,00 m de profundidad, en función del tipo de terreno. De hecho, las tablestacas comerciales tienen una longitud variable de 4,00 a 16,00 m.

Como ventaja al método, puede decirse que las tablestacas serían recuperables y como inconveniente, la longitud de hinca, mantener el agotamiento durante la ejecución y, sobre todo, y debido a la presencia de gravas y bolos en el terreno, dudamos en el éxito de la operación de hinca hasta la profundidad necesaria.

Figura 6-19   Recinto de tablestacado con agotamiento mediante lanzas de well-point
(Ferrer, S.L.[43])

Las pantallas de tablestacados de acero representan una solución interesante, eficiente y económica para enfrentar los desafíos de obras civiles y de construcción de subterráneos en obras de edificación. Tienen ventajas sobre pantallas ejecutadas con otros materiales y frente a soluciones de muros de contención y ofrecen soluciones estructurales eficientes que llevan a labores y proceso constructivos más sencillos de ejecutar, más sencillas de impermeabilizar, que reducen los plazos y facilitan el control de calidad y la inspección y pueden representar, en definitiva, un menor costo total en la obra. Como siempre, habrá que tomar las precauciones de protección y de mantenimiento que corresponda, pero los distintos fabricantes, proveedores y empresas de montaje ofrecen el asesoramiento basado en una larga experiencia que ya sobrepasa el siglo de operaciones.

6.6 Pantallas convencionales de hormigón armado

Las pantallas excavadas con cucharas bivalvas son apropiadas cuando el terreno son suelos, pero no roca; como mucho, es admisible un empotramiento en roca limitado, que se ejecuta con trépano rompedor. Cuando hay roca, lo idóneo es excavar con hidrofresa, que para eso están diseñadas (tal y como se comenta en siguientes apartados).

Así mismo, este tipo de pantallas tienen una limitación de profundidad, que ronda entre 35,00 m y 40,00 m, pues hay que tener en cuenta que hay que introducir juntas de hormigonado, y luego extraerlas. El gran enemigo de las juntas son los desvíos de la vertical, pues pueden, incluso, impedir su introducción. Aunque las cucharas han tenido una gran evolución en cuanto a mantenimiento de la verticalidad, en función del tipo de terreno serán inevitables los desvíos.

En los últimos años se han desarrollado un tipo de cucharas bivalvas con control y corrección de verticalidad; son cucharas hidráulicas de última generación. En las cucharas «al cable» y en nuestras cucharas hidráulicas, se puede instalar control de verticalidad, pero no corrección de esta. Con las cucharas hidráulicas descritas se puede incrementar la profundidad de excavación, pudiendo llegar a los 50,00 m, pero no es recomendable sobrepasar esta profundidad debido a la problemática de la extracción de las juntas. En ejecución de elementos portantes, sí que es factible aumentar esta profundidad, debido a la ausencia de juntas.

La excavación de pantallas se realiza, normalmente, con lodos de perforación, que pueden ser bentoníticos o poliméricos. Sólo en casos excepcionales se realizan en seco, donde la ausencia de nivel freático unida a un terreno de alta cohesión lo permitan.

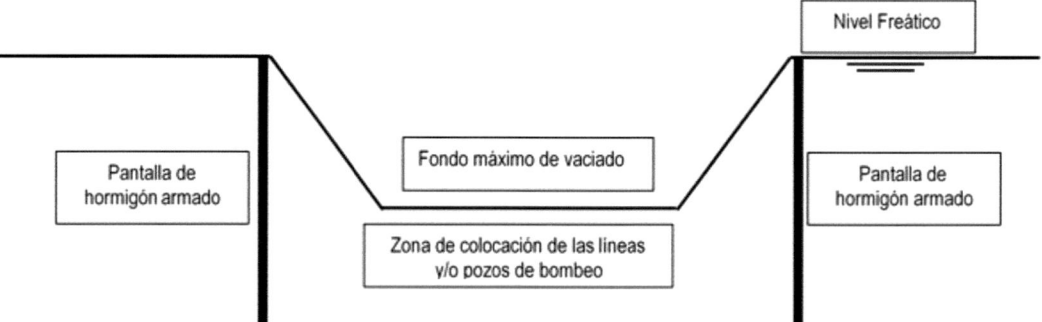

Figura 6-20   Recinto estanco de Pantallas continuas de hormigón armado

Aunque se denominen «convencionales», es una forma de describir un proceso de ejecución, pero no significa que los equipos que intervienen en la ejecución no hayan evolucionado, ya que en los últimos 20 años la evolución de los equipos ha sido muy considerable.

Estos equipos son:

- Grúa excavadora para el manejo de la cuchara de excavación.
- Cuchara de excavación ("al cable" o hidráulica).
- Grúa auxiliar para montajes y hormigonado.
- Juntas de hormigonado.
- Gatos extractores de juntas de hormigonado.
- Tubería tremie y jaula porta tubos.
- Planta de lodos. Bombas de impulsión.
- Tuberías para trasiego de lodos.
- Elementos de izado de armaduras.
- Trépanos rompedores, y rectificadores de anillos de hormigón en juntas.

Básicamente, el procedimiento de ejecución de los muros-pantalla convencionales ejecutados "in situ", consta básicamente de las siguientes fases:

- Replanteo y ejecución de muretes guía.
- Excavación con cuchara bivalva por paneles alternos y simultáneo relleno de la zanja con lodos tixotrópicos.
- Colocación de la jaula de armaduras, dejándola suspendida de pasadores que descansan sobre los muretes guía.
- Hormigonado ascendente con tubo-tremie y simultáneo desplazamiento y recuperación del lodo.
- Descabezado de la parte superior de la pantalla.

- Conexión superior de los distintos paneles mediante una viga de encepado o de atado en cabeza de paneles de pantalla, hormigonada "in situ".

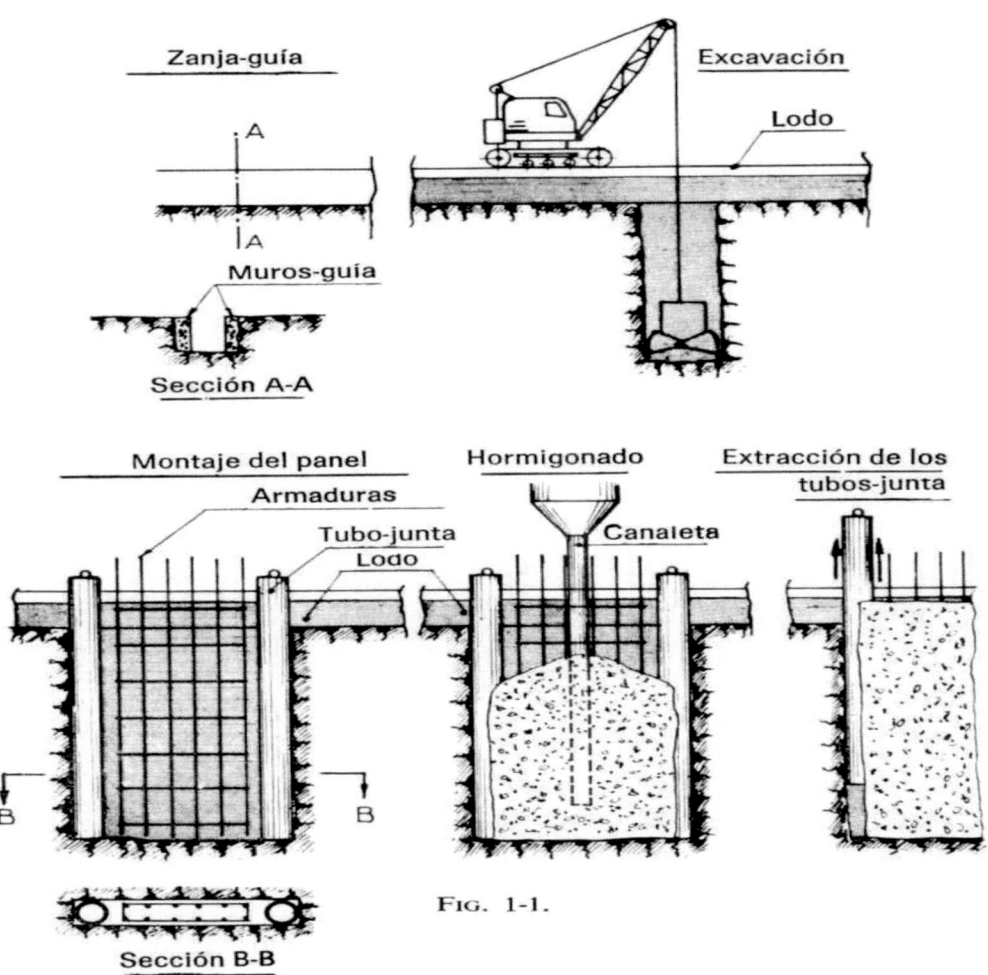

Figura 6-21 Proceso constructivo de las pantallas continuas de hormigón armado
(Schneebeli, [83])

En lo que respecta a las grúas excavadores, no cabe duda de que la gran evolución en la ejecución de pantallas convencionales ha venido de la mano del desarrollo de las excavadoras para el manejo de cucharas.

Cuando se trabaja con cucharas «al cable», se necesitan dos cabrestantes en la grúa excavadora. Cada uno maneja unos de los dos cables necesarios para su manejo. Un cable sirve para suspender la cuchara; el otro es el que se utiliza para abrir y cerrar las valvas. Ambos cables trabajan a tiro directo, es decir, sin reenvíos. Esto quiere decir que dicho valor del tiro directo condicionará el peso máximo de la cuchara con la que podrá trabajar la excavadora. A su vez, cuanto mayor sea el tiro directo de los cabrestantes, mayor tendrá que ser el diámetro de los cables que se montan en ellos.

La evolución de los cabrestantes es lo que ha permitido ir aumentando el peso de las cucharas de excavación. Grúas de gran tonelaje han existido siempre, pero debido a la poca capacidad de sus cabrestantes, no son capaces de trabajar con grandes cargas a tiro directo.

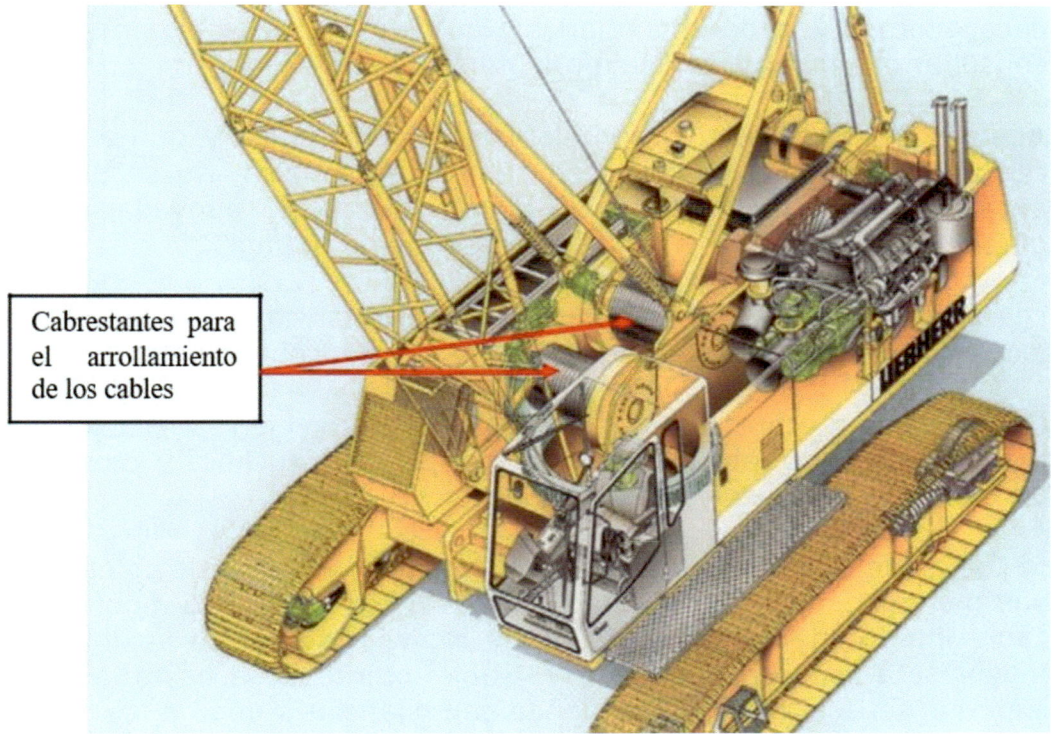

Cabrestantes para el arrollamiento de los cables

Figura 6-22   Grúas excavadoras. Detalle de cabrestantes (Asencio,[4])

Una grúa está diseñada para levantar y mover cargas, mientras que una excavadora está diseñada para hacer otro tipo de trabajos como dragados con cuchara o dragalina, excavaciones con cuchara, etc.

Aparentemente son iguales, pues constan de los mismos elementos, pero el funcionamiento de estos tiene diferencias importantes. Por ejemplo, una grúa de elevación ("lifting") monta cabrestantes que nunca superan los 150,00 kN ($\approx$ 15,00 t).

La forma de elevar cargas pesadas es a base de reenvíos del cable de elevación; esto evita tener que utilizar cables de mucho diámetro. Para grúas de gran tonelaje, los diámetros habituales de cable están comprendidos entre los 20,00 mm y los 25,00 mm.

La excavadora que vayamos a utilizar, aparte del tiro directo necesario, debe de tener la suficiente estabilidad para que no vuelque durante los trabajos. En función del peso de la cuchara y de la longitud de pluma con la que trabajemos, será necesario elegir una u otra excavadora. Para ello será necesario consultar las tablas de carga que nos suministre el fabricante. No será lo mismo trabajar con una cuchara de 12,00 ton que con otra de 22,00 ton.

En el primer caso, puede que sea suficiente trabajar con una grúa de 60,00 ton y, en el segundo, con una de 100,00 toneladas. Para poder hacer la elección, deberemos tener las tablas de carga de las distintas excavadoras, y saber manejarlas. En caso de duda, lo mejor es consultar con quien nos pueda orientar.

Además, las excavadoras son siempre sobre orugas, y nunca sobre ruedas y gatos. Las plumas son siempre de celosía. No se pueden excavar pantallas con grúas de pluma telescópica apoyadas sobre gatos. Este tipo de grúas son siempre grúas de "lifting".

Las cucharas de excavación pueden ser mecánicas («al cable»), o hidráulicas. Cada una tiene sus ventajas y sus inconvenientes.

Las cucharas mecánicas al cable son cucharas con cierre mecánico. Se manejan con dos cables, uno para suspender la cuchara y otro para abrir y cerrar los cazos de excavación.

La fuerza de cierre de los cazos la proporciona una serie de poleas que van montadas en el interior de la cuchara, por las que va montado el cable interior de esta; cuantos más reenvíos tenga en su interior, mayor será la fuerza de cierre. El cable interior llega hasta la parte superior de la cuchara, lugar donde se engancha a uno de los cables de la grúa. El cable de suspensión se amarra a una cogida que hay, también, en la parte superior de la cuchara.

La excavadora que maneja la cuchara debe montar siempre cables con arrollamiento cruzado. En un tambor se monta cable cruzado a derechas (torsión derecha) y, en el otro, cable cruzado a izquierdas (torsión izquierda).

Los cables con torsión, al contrario que los cables anti giratorios, hacen que la carga suspendida gire. Como cada cable tiene una torsión contraria al otro, en función del cable del que tire el operador de la grúa hará girar la cuchara en un sentido o en otro. Esta es la forma que tiene el operador de controlar el giro de la cuchara.

El manejo de cucharas al cable requiere de la pericia del operador, pues controlar el giro de los cables no es fácil.

Figura 6-23   Cuchara "al cable" con cierre mecánico

Las cucharas al cable han ido aumentando de peso en los últimos años, al ir aumentando el tiro directo de los cabrestantes que montan las excavadoras, alcanzándose, en la actualidad, pesos que superan las 25,00 ton. Esto permite excavar terrenos muy compactos que antes era imposible, pudiendo excavar estas cucharas terrenos con resistencias a compresión simple de 7,00 MPa.

Ninguna cuchara es capaz de excavar en roca. Para excavar en roca están las hidrofresas. Para poder extraer terreno con una cuchara es necesario que los dientes que tienen las valvas se claven en él. Como es imposible que se claven en roca, al cerrar la cuchara los dientes resbalarán sobre esta; será imposible excavar.

Con las cucharas pesadas hay que evitar la tentación de usarlas como trépano en roca, pues para eso está el trépano rompedor. Si hacemos esto, en poco tiempo tendremos la cuchara destrozada.

Las cucharas al cable pueden montar sistema de control de verticalidad.

Por otra parte, también se cuenta con las cucharas hidráulicas, que tienen la particularidad de que la fuerza en el cierre de las valvas se ejerce mediante un cilindro hidráulico que abre y cierra éstas. El cilindro hidráulico sustituye al sistema de poleas y reenvíos de las cucharas mecánicas.

Al tener un cilindro hidráulico la cuchara, es necesario que lleguen a ésta los latiguillos hidráulicos necesarios para accionar dicho cilindro. Normalmente, estos latiguillos van enrollados es unos enrolladores, de accionamiento hidráulico, que se sitúan los lugares diferentes, en función del fabricante del equipo. En estos equipos, los enrolladores se sitúan en una pieza que se coloca en el extremo superior de la pluma de la grúa excavadora, que se denomina "kelly".

Figura 6-24   Cuchara mediante cierre hidráulico

Este «kelly» gira según un eje vertical, permitiendo que la cuchara gire, para poder excavar en cualquier posición y girar 180º la cuchara para excavar correctamente. El giro se acciona mediante un motor hidráulico situado en la parte superior.

Resultan muy interesantes las cucharas hidráulicas con control y corrección de verticalidad. Para la corrección de verticalidad, Bauer utiliza un sistema de "flaps" hidráulicos que van situados en la parte superior de la cuchara.

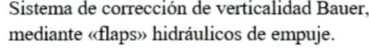
Sistema de corrección de verticalidad Bauer, mediante «flaps» hidráulicos de empuje.

Figura 6-25   Cucharas hidráulicas Bauer con corrección de verticalidad

Leffer es otro fabricante que utiliza otro sistema distinto de corrección de verticalidad. En lugar de "flaps" hidráulicos utiliza un sistema de giro relativo de los patines de la cuchara, accionado por cilindros hidráulicos que producen dicho giro.

Las cucharas hidráulicas Leffer se montan en una grúa Liebherr 855, a la que se le instala el software de control y corrección de verticalidad de la cuchara.

El sistema de montaje del equipo es similar al sistema Bauer, con los enrolladores en la pluma de la grúa y, por lo tanto, muy diferente al sistema Soilmec.

Con este sistema, las especificaciones Leffer son de una precisión de verticalidad de 1:800, es decir, 0,125 %.

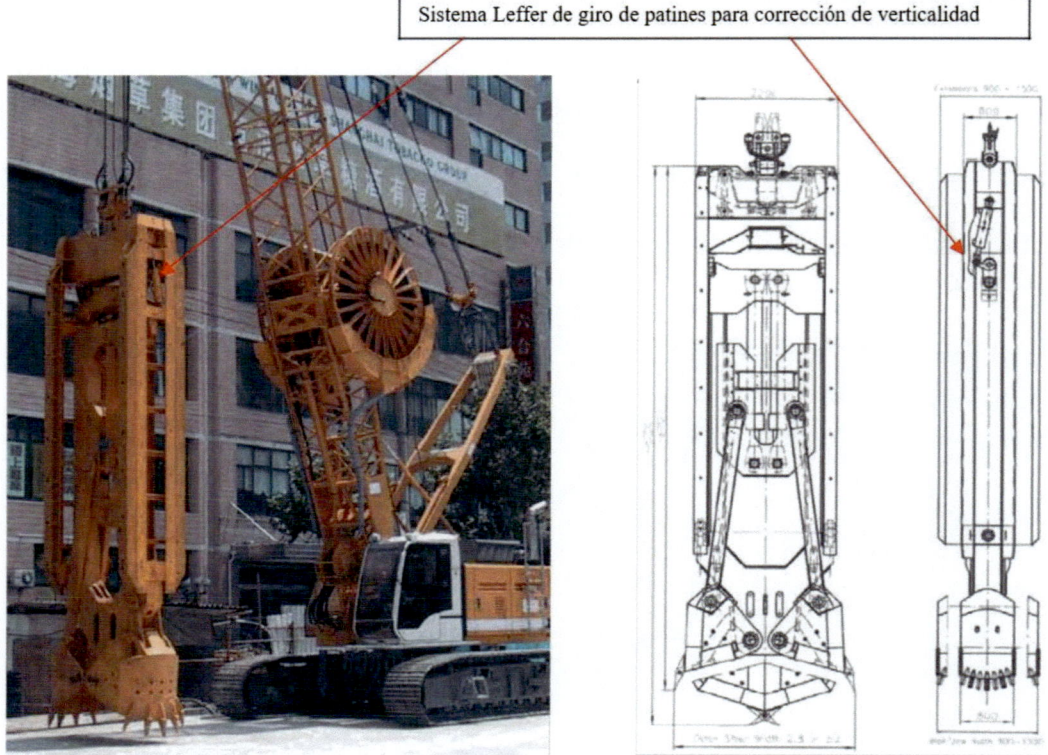

Sistema Leffer de giro de patines para corrección de verticalidad

Figura 6-26   Cucharas hidráulicas con sistema Leffer

Para que una pantalla continua sea estanca, será necesario que no queden huecos entre los módulos sucesivos de la pantalla. Esto sólo se consigue colocando unos encofrados laterales llamados juntas. La misión de estas juntas es dejar una superficie perfectamente vertical y lisa que permita limpiarla al excavar el panel adyacente, permitiendo un contacto perfecto del hormigón, sin dejar huecos para la entrada del agua. Estas juntas siempre se extraen, variando el momento de hacerlo en función del tipo de junta.

Las juntas deben tener una garantía de funcionamiento en cualquier tipo de terreno. Deben permitir una fácil extracción de los anillos de hormigón que se puedan formar, por lo que el abanico de posibilidades queda reducido a dos tipos de juntas:

- Juntas que se extraen mediante gatos, durante el proceso de fraguado del hormigón, dejando un hueco en el que la cuchara de excavación puede introducir los dientes y arrancar los anillos.

- Juntas tipo CWS (junta trapezoidal), con utilización de sistema de guiado de la cuchara.

Las juntas tipo CWS son una patente de la empresa francesa Soletanche-Bachy, que permiten colocar junta de goma tipo "water-stop", tal y como muestra la siguiente figura:

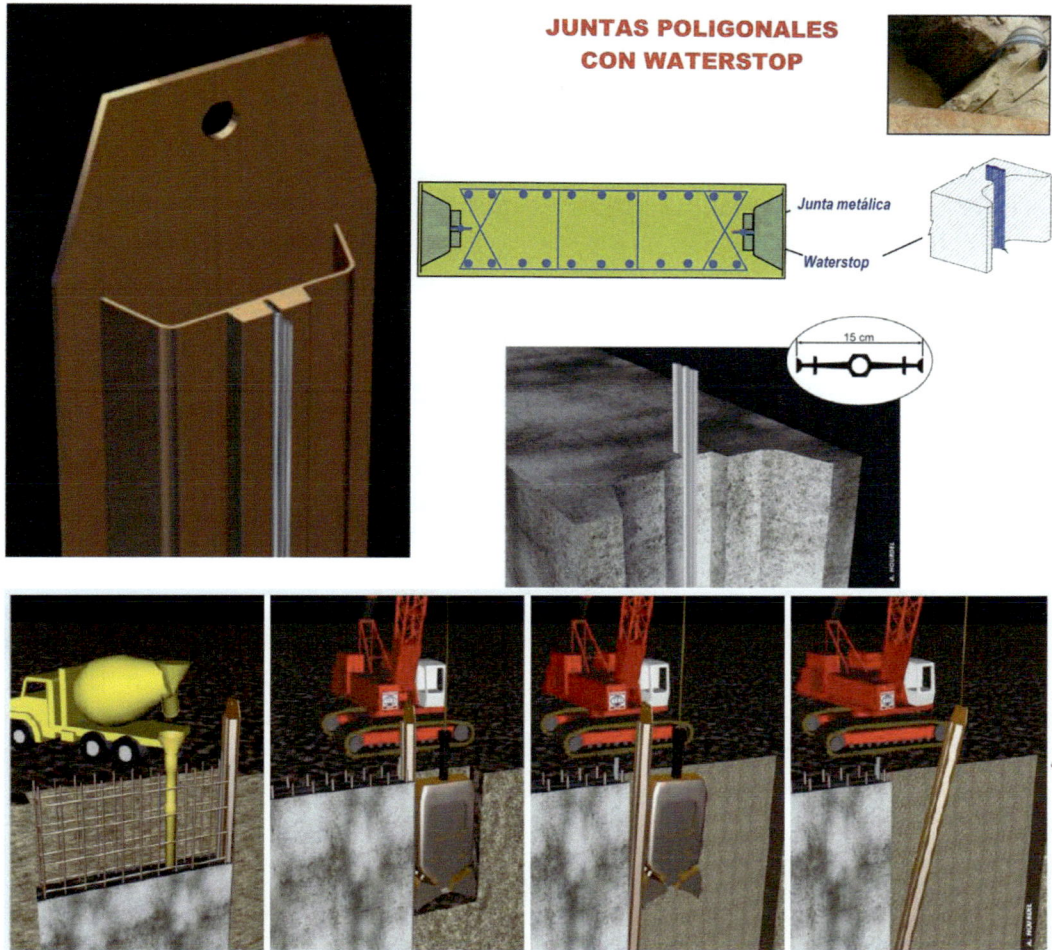

Figura 6-27 *Juntas trapezoidal tipo CWS (Soletanche-Bachy, [84]) con junta "water-stop"*

La principal ventaja que presentan estos muros-pantalla convencionales así ejecutados, es poder ejecutar "barreras" de contención estancas, resistentes, y con un mínimo de descompresión del terreno.

El principal inconveniente de la ejecución de pantallas convencionales es idéntico que el correspondiente a la hinca de tablestacas, antes citado y reside, fundamentalmente, en la posible presencia de grandes bolos cuaternarios, potentes zonas compactas y de roca.

En estos casos en que existen en el terreno costras carbonatadas, capas duras, bloques y bolos de importante tamaño o el sustrato es rocoso, no es posible ejecutar las pantallas con cucharas bivalvas convencionales.

No obstante, algunas de estas cucharas bivalvas son capaces de ripar suelos compactos y rocas blandas, casi siempre es necesario acudir a otros elementos que permitan la ejecución de la pantalla en la longitud necesaria calculada.

Así, es rutina que el trépano sea un útil empleado a tal efecto, cuya finalidad es la rotura del material competente por impacto de este dejado caer a una cierta altura. En presencia de infraestructuras próximas, el empleo del trépano en pantallas con lodos tixotrópicos es generalmente desaconsejado, por las vibraciones que induce y, fundamentalmente, por evidentes razones de tiempo y coste de ejecución de las pantallas.

6.7 Pantallas de bentonita cemento

El método consiste en realizar una pantalla de bentonita–cemento, sensiblemente separada del área de excavación, con el fin de cortar el flujo de agua y evitar el levantamiento del fondo de la excavación, excavando posteriormente un talud que permita la excavación del recinto a cielo abierto y al abrigo de las pantallas impermeables perimetrales antes ejecutadas. Normalmente, y con el fin de lograr un rebajamiento eficaz del nivel freático en el recinto a excavar bajo la cota de máximo vaciado, el método se combina con un agotamiento por medio de pozos convencionales o hileras de well-point, en su caso (tal y como se ha descrito en anteriores apartados).

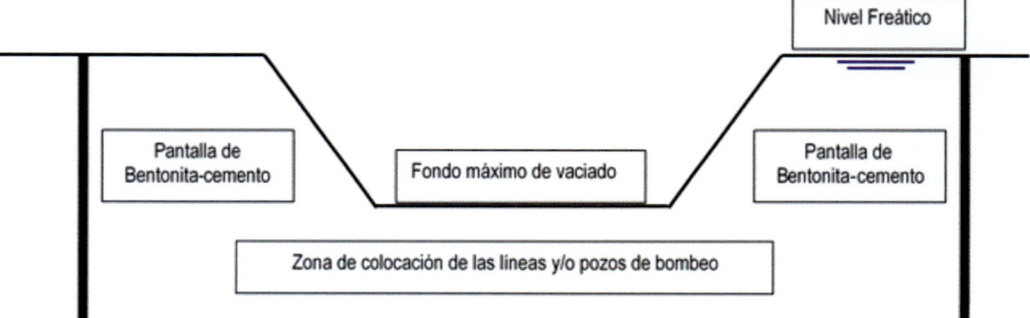

Figura 6-28   Recinto estanco de Pantallas continuas de bentonita-cemento

Este procedimiento tiene la ventaja de que la pantalla no es estructural y sólo necesita un espesor suficiente como para que resulte impermeable (en el caso de las pantallas de hormigón armado, como se ha dicho, éstas deben tener espesor resistente al empuje del terreno).

Esta alternativa constructiva resulta, en principio, más económica que la solución de pantallas convencionales de hormigón, sin embargo, presenta la gran desventaja de ocupar una franja de anchura importante (entre 40,00 y 50,00 m, homotética alrededor de la superficie a excavar en el pozo). Este aumento da lugar, a su vez, a dos desventajas fundamentales:

- No es aplicable en zonas de espacio reducido.
- Afecta a una cantidad de servicios muy superior (canal de derivación, canal de descarga, entre otros).

6.8 Pantallas continuas con Hidrofresa

La denominación "hidrofresa" se ha impuesto a otras denominaciones, (al igual que sucede con otros productos del mercado), aunque este nombre "hydrofraise" es una patente de la empresa Soletanche-Bachy.

Cada fabricante tiene su propia denominación: "trench cutter" (Bauer), "hidromill" (Casagrande y Soilmec), entre otras. No obstante, dado que se ha impuesto el nombre "hidrofresa", seguiremos nombrándola así, a pesar de la patente.

Las hidrofresas pueden sustituir a los equipos de pantallas convencionales prácticamente en la totalidad de los casos, pero no siempre son competitivas, económicamente hablando, con aquellas.

Los factores que, normalmente, influyen en la elección de un equipo hidrofresa (en medios urbanos) son:

- La dureza del terreno a excavar.
- La profundidad por alcanzar (verticalidad y estanqueidad).
- La afección del entorno (ruido, vibraciones, movimientos, etc).
- Limitaciones de espacio disponible en la obra.

Es por ello que los casos en los que es necesario utilizarlas son, principalmente, los siguientes:

- **Excavaciones en roca**. Aparte de su rentabilidad económica, su rendimiento es muy superior a la utilización de trépano, no produce vibraciones y la calidad del acabado de la pantalla es muy superior a los equipos convencionales.

- **Excavaciones a gran profundidad**. A partir de los 35,00 m de profundidad empiezan a ser muy problemáticas las excavaciones con equipos convencionales. Al tener que utilizar juntas entre módulos, la ejecución es muy delicada. Las hidrofresas no utilizan juntas. Fresan los paneles adyacentes, formando una junta rugosa. Al ir equipadas con control y corrección de verticalidad se puede conseguir casi una perfecta verticalidad. En España se han construido pantallas con hidrofresa hasta los 71,00 m de profundidad (metro de Barcelona), pero hay equipos que son capaces de alcanzar los 150,00 m.

- **Excavaciones estancas**. La hidrofresa es especialmente útil para los casos en que se debe alcanzar una alta estanqueidad (sótanos en presencia de agua, impermeabilización de presas, etc.), principalmente a partir de los 30,00-40,00 m de profundidad (donde el "tecleo" entre paneles, por las inevitables desviaciones de los sistemas convencionales pueden producir importantes vías de agua). También redunda en una considerable mejora de la estanqueidad dada la práctica ausencia de juntas en la ejecución de pantallas mediante equipos hidrofresa (los bataches secundarios se realizan incluso mordiendo unos 10,00 cm en el hormigón de los bataches primarios).

El principio de funcionamiento son dos ruedas dentadas que cortan el terreno, lo mezclan con el lodo bentonítico y, mediante una bomba situada en la propia hidrofresa, se impulsa a la planta desarenadora. El lodo de perforación es, por tanto, el soporte para la extracción del detritus de la perforación.

Figura 6-29 Pantalla con hidrofresa. Principio de funcionamiento (Asencio,[4])

La caja de succión es el lugar por donde entra el lodo mezclado con el detritus. Sirve, también, de soporte de las chapas limpiadoras. Dispone de unos taladros para la aspiración que evitan que entren sólidos de mayor tamaño de lo que es capaz de impulsar la bomba. Hay que vigilar el diámetro de estos orificios (normalmente son de 90,00 mm). Con el paso de sólidos a través de éstos, va aumentando el diámetro por desgaste. Hay que recrecerlos con electrodos adecuados para evitar daños en la bomba, por exceso de tamaño de los sólidos.

La caja de succión está situada entre las ruedas de corte, y muy próxima a los dientes de corte, de forma que se facilite la extracción del detritus. Cada espesor de pantalla requiere de su caja de succión. La caja de succión debe abarcar todo el espesor de corte.

Figura 6-30 Caja de succión entre las ruedas de corte de la hidrofresa (Asencio, [4])

La bomba de lodos va montada por encima de la caja de succión, con la aspiración conectada a ella. Su misión es impulsar el lodo de perforación mezclado con los detritus a la planta desarenadora. Lleva un motor hidráulico en su parte superior, que es el que la hace girar. No es una bomba auto aspirante, por lo que tiene que estar siempre sumergida en el lodo.

La impulsión va conectada a una tubería rígida, situada en el interior del chasis de la fresa. En la parte superior del chasis, en el extremo superior de la tubería, va situada una brida de conexión a la manguera flexible que conduce el lodo a la planta de desarenado. El diámetro de ambas, tubería y manguera, es de 6 pulgadas (150,00 mm).

El caudal de la bomba se regula variando las revoluciones del motor hidráulico que la acciona, lo que permita excavar con al caudal adecuado al terreno que se está atravesando.

Manguera flexible

Tubería rígida

Figura 6-31 Impulsión conectada a tubería rígida en el interior de chasis de la hidrofresa (Asencio, [4])

Todas las hidrofresas llevan incorporado un sistema de control de verticalidad, que mide los ángulos de desvío respecto a los dos ejes en planta, así como los giros de la fresa.

El sistema consiste en un inclinómetro que mide en dos direcciones, y un giróscopo. Como, además, incorporan un profundímetro, el sofware que incorpora el equipo sitúa en todo momento la posición de la fresa. En una pantalla situada en la cabina del operador se puede observar en todo momento los desvíos y giros.

La mayoría de las hidrofresas permiten, además, corregir las desviaciones (Asencio, [4]). En el caso de las fresas Bauer, esto se consigue mediante aletas de dirección o "flaps" de empuje. Montan doce "flaps" que se accionan hidráulicamente, seis en la parte superior y seis en la parte inferior, que se pueden accionar individualmente. Cuatro empujan en el sentido longitudinal de la pantalla y otros ocho en el sentido transversal, permitiendo corregir desvíos y giros. Estas correcciones se pueden realizar tanto de forma manual como automática. En forma automática, basta con indicarle al ordenador los desvíos y giros admisibles. Automáticamente se accionarán los "flaps" que sean necesarios para corregir, dentro de las tolerancias admisibles.

Excavación de paneles primarios y secundarios, con fresado de juntas

No hay una única forma de trabajar con las hidrofresas. Se puede utilizar el sistema de fresado de los paneles primarios, al excavar los secundarios, o se pueden introducir juntas planas (junta trapezoidal CWS) en los paneles primarios, que se extraen al terminar de excavar los paneles secundarios. Este es el sistema que utiliza Soletanche-Bachy habitualmente.

Normalmente, se utiliza el sistema de fresado de los paneles primarios, por lo que no se necesita introducir ningún tipo de junta (que redunda en la mejora de la estanqueidad). Además, este sistema permite que las modulaciones sean más flexibles que con el sistema de juntas, pudiendo adaptarse casi a cualquier geometría. Permite, incluso, la ejecución de pozos mediante una poligonal de módulos simples de pantalla, sin tener que condicionar el murete guía a una geometría especial, como sería en el caso de la utilización de juntas.

El sistema de fresado de juntas tiene un único inconveniente. Al "morder" el hormigón de los paneles primarios, el cemento de dicho hormigón, incorporado al lodo de perforación, hace que suba el pH de dicho lodo. Hay que controlar que no llegue a 12, pues se produciría la floculación del lodo por falta de hidratación de éste y, casi con toda seguridad, el colapso del panel. Para ello hay que añadir bicarbonato sódico ($NaHCO_3$) al lodo, durante la excavación. El bicarbonato sódico se puede añadir en la excavación, en el depósito agitador inferior de la planta de desarenado, o en ambos sitios a la vez.

Durante el proceso de excavación, se irá comprobando que no se producen desvíos. Para ello, la fresa cuenta con un sistema de control y corrección de verticalidad.

En circunstancias normales, el lodo que se emplea para la excavación proviene del depósito inferior del desarenador. Como es más el lodo que entra en el desarenador que el que sale, en dicho depósito se vierte lodo procedente del depósito de bentonita reciclada, para compensar.

Cuando el lodo de la excavación entra en el desarenador, un cierto volumen de sólidos es separado por este, vertiéndose al suelo para su carga. Es por esto por lo que sale menos lodo del que entra, y hay que reponer un volumen de lodo equivalente al volumen de los sólidos que se han separado.

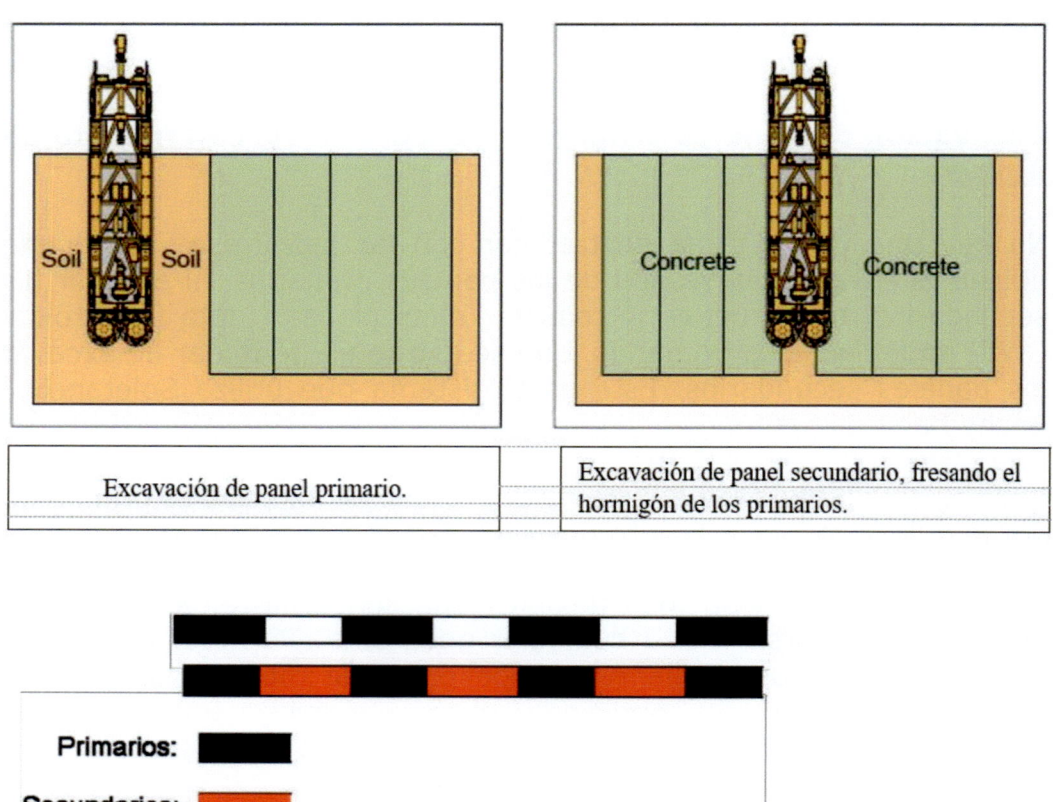

Figura 6-32   *Sistema de fresado de paneles primarios (Soletanche-Bachy, [84])*

Una vez terminada la excavación del panel, se debe proceder al desarenado de este. La fresa se levanta ligeramente del fondo y se bombea el lodo a la planta desarenadora. El lodo desarenado, que cae al depósito inferior de este, se bombea al depósito de bentonita reciclada, o al de bentonita desechada, en función de las características del lodo que hayamos medido.

Desde la planta se bombea bentonita nueva al panel excavado, que se vierte por la parte superior del panel. Se debe cuidar siempre de que el nivel del lodo en el panel sea constante, es decir, que el volumen que entre sea el mismo que el que salga.

Cuando por el desarenador se vea aparecer bentonita nueva, esto quiere decir que ya se ha cambiado por completo el lodo del panel. Finalmente se extraerá la fresa. El panel ya está listo para el montaje de armaduras y su hormigonado.

Excavación de paneles primarios triples

Como alternativa a la excavación de paneles primarios que se ha descrito en el apartado anterior, es posible excavar paneles primarios de mayor avance a la apertura de fresa. Se pueden excavar paneles primarios triples, tal como se representa en la siguiente figura:

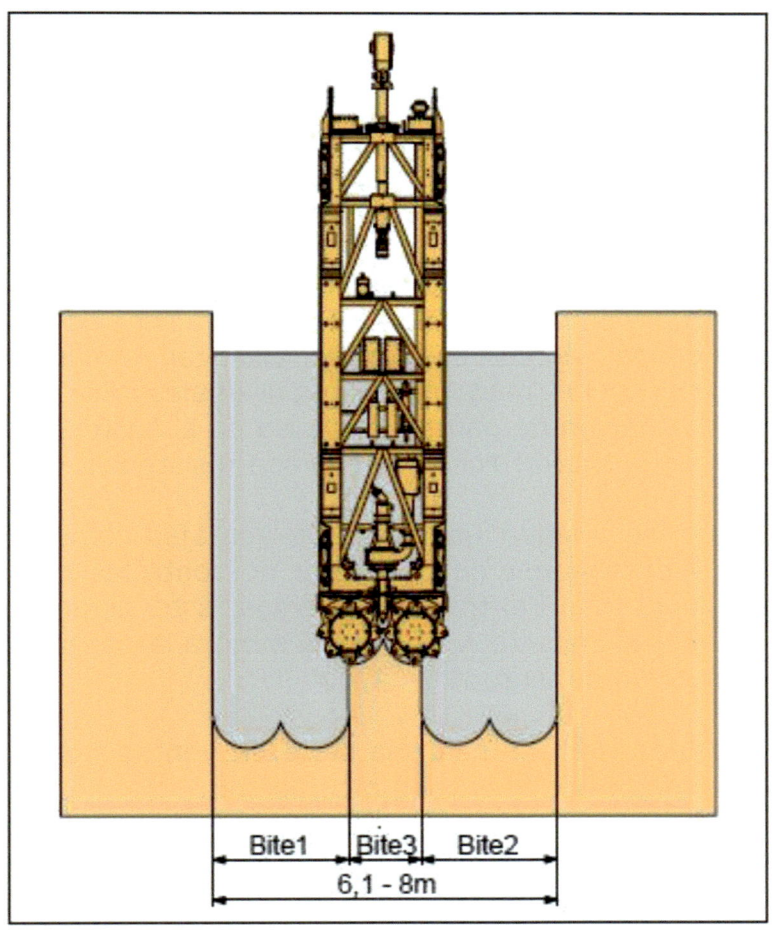

Figura 6-33   Excavación de paneles primarios triples con hidrofresa (Bauer, [9])

Teniendo en cuenta que la apertura de la fresa son 2,80 m, las medidas de un panel triple pueden oscilar entre 6,00 m y 8,00 m.

El proceso es similar a la excavación de paneles sencillos, en cuanto a los esquemas de circulación del lodo bentonítico. Lógicamente, al excavar el taco central, caerá material a los módulos extremos, por lo que se procederá de la siguiente forma (Asencio, [4]):

- Se volverá a colocar la fresa en el primer módulo excavado, hasta bajarla hasta el fondo, procediéndose a limpiar el fondo de ese módulo, girando las ruedas y bombeando lodos y detritus.

- Se colocará la fresa en el segundo módulo excavado, procediendo igual que en el primero.

- Finalmente, se colocará la fresa en el taco central, procediéndose igual que en los casos anteriores.

Terminado el proceso de limpieza del fondo, se procederá al desarenado del panel. Al haber terminado la limpieza del fondo en el panel central, se levanta ligeramente la fresa y se procede como en los paneles sencillos, sustituyendo el lodo usado por lodo del depósito de bentonita nueva.

En conclusión, el sistema de ejecución de pantallas por medio de hidrofresa surge como alternativa de excavación en terrenos de resistencia elevada, donde es posible alcanzar rendimientos muy superiores a los de las máquinas convencionales. Así, es capaz de acometer la excavación de pantallas incluso en el sustrato rocoso. Las hidrofresas pueden triturar rocas de elevada resistencia.

A esta cualidad se añaden una serie de ventajas como son su alto rendimiento, y el disponer de una serie de controles que ayudan a mejorar la calidad final del trabajo. Además, este sistema reduce de forma importante el impacto ambiental, y mejora la seguridad tanto de la propia obra como del entorno.

La hidrofresa presenta además una serie de ventajas adicionales en determinadas condiciones de trabajo como son:

- El equipo permite trabajos en zonas de espacio limitado y tiene las facilidades de poder trabajar con la superestructura en diferente orientación a las orugas de la máquina base, y de poder girar la hidrofresa alrededor de su eje vertical para la ejecución de esquinas o elementos especiales.

- Para posibilitar la ejecución de pantallas en zonas con problemas de gálibo o lugares de difícil acceso, se han desarrollado equipos compactos de reducido tamaño, gran maniobrabilidad y facilidad de transporte. Se dispone de equipos con una dimensión en planta de 8,60 x 3,50, que pueden transportarse en un solo camión. La altura es de 4,00 m durante el transporte y de 5,00 a 6,20 m en trabajo.

- Para trabajos en zonas con edificaciones y/o infraestructuras próximas, la hidrofresa tiene la ventaja de que no produce vibraciones, el ruido es mucho menor, y no requiere uso de trépano.

- Este sistema de ejecución no requiere de la colocación de los tubos para formación de la junta vertical, eliminando de la obra la manipulación de estos elementos pesados y de gran longitud que siempre suponen un riesgo potencial para personas o edificios cercanos.

- Se puede garantizar la verticalidad de la pantalla con desviaciones menores del 0,2% mediante un control continuo, que se consigue con la instalación de inclinómetros y la posibilidad de accionar unos escudos hidráulicos de corrección, durante la excavación.

- La combinación del sistema de hidrofresa con la instalación de plantas de tratamiento de lodos, permite que el material de desecho sea expulsado bastante seco, no precisando de ningún tratamiento especial para su transporte a vertedero.

El problema fundamental, y casi único inconveniente y/o desventaja, de estos equipos de hidrofresa es su elevado coste de implantación, y que el metro cuadrado de pantalla ejecutada con este equipo resulta bastante más caras que las convencionales.

6.9 Pantallas de pilotes secantes

La pantalla de pilotes secantes tiene dos tipos de pilote:

- **Pilotes primarios**: Pueden ser de mortero, hormigón, o de cemento bentonita. Su misión es impermeabilizante, no resistente. En algunos casos se pueden realizar con misión resistente, mediante la introducción de un perfil metálico, de forma que no interfiera en la zona que se va a perforar con el pilote secundario. Se perforan antes que los pilotes secundarios.

- **Pilotes secundarios**: Son siempre de hormigón armado, pues tienen una misión resistente. Se perforan después de los pilotes primarios, cuando éstos han alcanzado una cierta resistencia. Se pueden armar, también, con perfil metálico (aunque con las debidas precauciones y correcto replanteo).

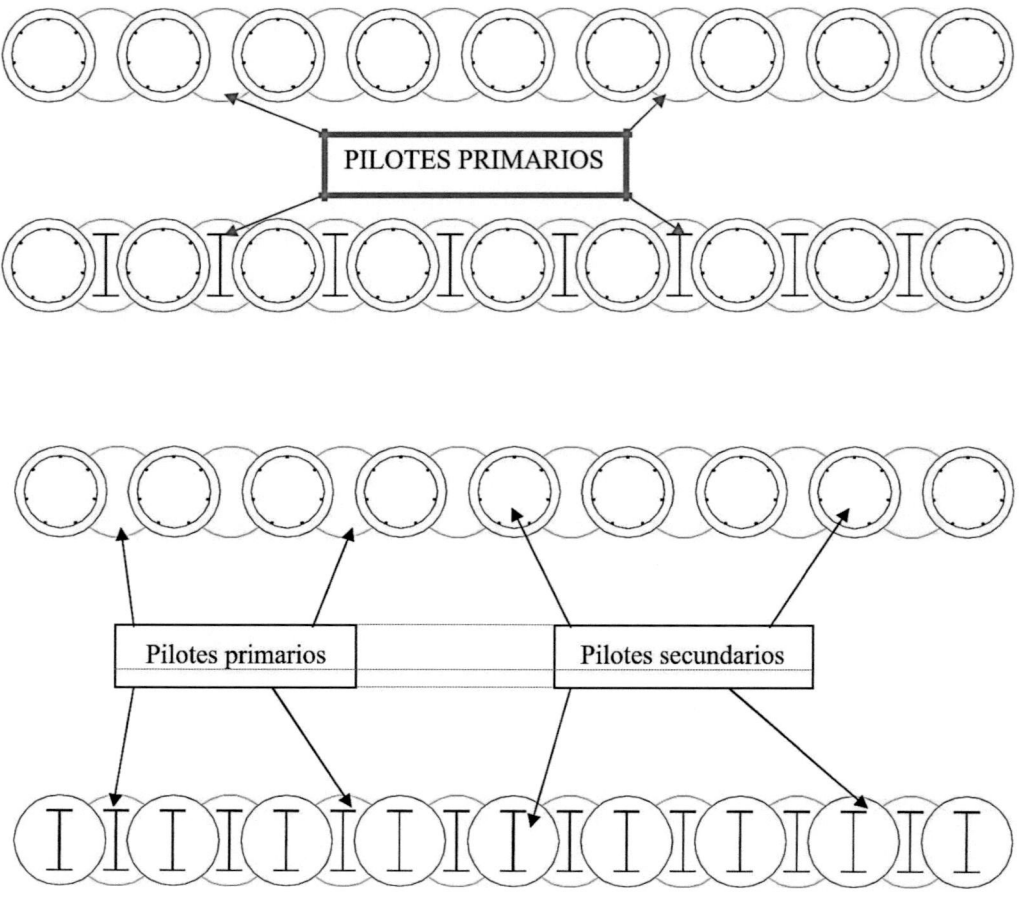

Figura 6-34   *Pilotes primarios en la pantalla de pilotes secantes (Asencio, [4])*

Una pantalla de pilotes secantes es aquella en la que existe una intersección de cada pilote con sus adyacentes, dando lugar a un paramento continuo. Está formada por pilotes primarios (uno de cada dos), separados entre caras una distancia inferior al diámetro de los pilotes secundarios (el resto). Estos últimos se construyen mordiendo parcialmente los primarios (huella). Los pilotes secundarios son de hormigón armado, y en ellos reside la función resistente de la pantalla, mientras que los primarios tienen la finalidad de impermeabilizar el hueco entre dos pilotes secundarios.

En principio, un elemento lineal como es un pilote, en el que una dimensión predomina sobre las otras dos, no parece muy adecuado para formar elementos bidimensionales, tales como muros pantalla. El número de juntas que lleva implícito esta tipología constructiva es elevado y las juntas constituyen factores de riesgo. No está de más mencionar aquí que la entrada de agua por las juntas entre módulos es quizá la patología más frecuente que aparece en los muros pantalla.

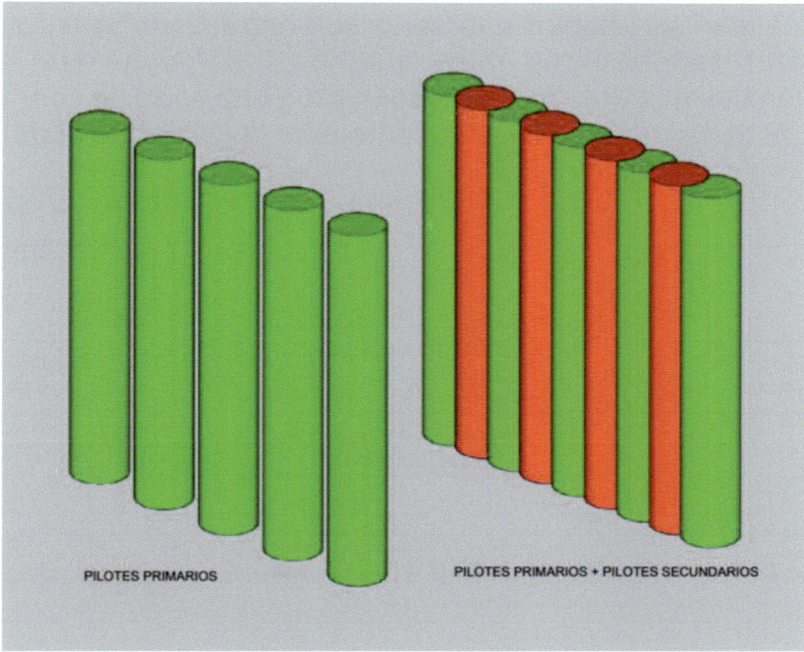

Figura 6-35 Esquema de una pantalla de pilotes secantes

Como en las pantallas de pilotes secantes los pilotes secundarios muerden parcialmente el material de los pilotes primarios adyacentes, resulta que, el propio proceso constructivo impone unas juntas de mayor calidad que las juntas entre módulos convencionales de pantalla excavadas con cuchara. Los pilotes secantes son una alternativa válida para ejecutar cierres impermeables y permitir la excavación en terrenos con presencia de nivel freático.

Con este sistema de ejecución se pretende, al igual que en caso anterior (pantallas con hidrofresa), crear un recinto estanco, o parcialmente estanco, que reduzca apreciablemente las afluencias de agua a la excavación (queda claro que la interposición de pilotes secantes entre sí reducirá de forma apreciable el agotamiento y la evacuación del agua en el interior del recinto).

El sistema de ejecución de pantallas a base de pilotes de extracción ejecutados "in situ", es una alternativa de excavación y contención, ampliamente extendida en la actualidad en todo tipo de obra, tanto civil como de edificación.

Es capaz de acometer la excavación de los pilotes de la pantalla en terrenos que presentan fuertes heterogeneidades, siendo factible su excavación tanto en suelos granulares, como cohesivos, así como en sustratos rocosos blandos o de elevada resistencia mediante el uso de trépano, o métodos rotativos de elevado par motor.

A esta cualidad se añaden una serie de ventajas como su posibilidad de alcanzar rendimientos muy superiores a los de las máquinas convencionales de pantalla, y el disponer de una serie de controles (pre y post constructivos) que ayudan a mejorar la calidad final del trabajo.

Figura 6-36   Recinto parcialmente estanco de Pantallas de Pilotes Secantes

Ahora bien, es evidente que, este sistema resulta de menor eficacia que el anterior (pantallas hidrofresa), al menos en cuanto a la limitación de entrada de agua al recinto, ya que no constituye un elemento continuo como "barrera" a las filtraciones de agua.

Este tipo de pantallas se realiza, principalmente, en ámbito urbano, aunque no es su único campo de aplicación. Sustituyen a las pantallas continuas convencionales en una serie de casos:

- En ámbito urbano, cuando la presencia de capas encostradas o la necesidad de realizar empotramientos en roca, exigirían la utilización de trépano rompedor, no siendo posible su utilización por transmisión de vibraciones a edificios.

- Cuando no sea posible la utilización de lodos de perforación.

También pueden sustituir, en algunas ocasiones, a las pantallas ejecutadas con hidrofresa, por ejemplo:

- En pantallas en las que, habiendo presencia de roca, sean poco profundas.

- En pantallas en las que, a una profundidad relativamente pequeña, aparece terreno impermeable. En este caso los pilotes primarios tendrán poca profundidad y, lo normal, es que salga más económica este tipo de pantalla.

- En obras en las que la medición es pequeña, no siendo rentable la implantación de la hidrofresa.

Las configuraciones de pilotes más habituales se muestras en las figuras 6-37 y 6-38 a continuación adjuntas.

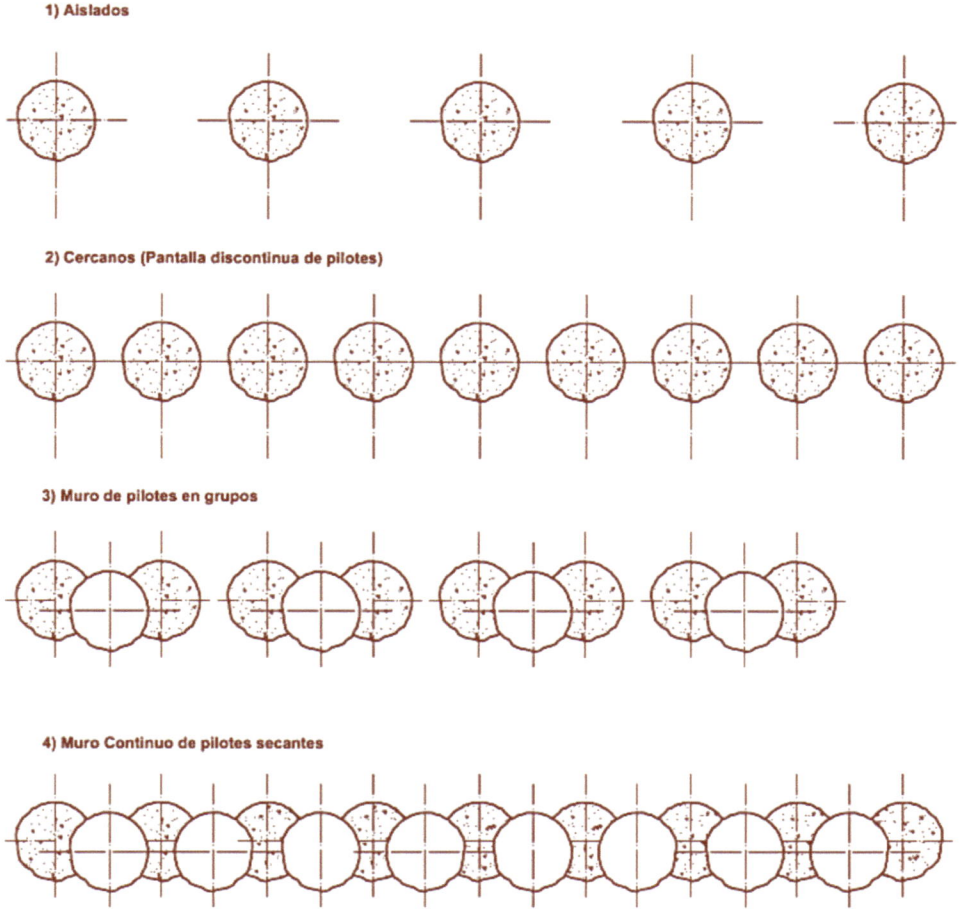

Figura 6-37   Configuraciones más habituales de pantalla discontinua de pilotes.

A pesar de proyectar y replantear los pilotes secantes entre sí, el incremento de longitud en los mismos podría condicionar su viabilidad frente a la estanqueidad del recinto, debido a su dificultad de ejecución, siendo muy posible la presencia de auténticas vías de agua entre generatrices contiguas de pilotes, consecuencia de inevitables errores de verticalidad en la ejecución de estos.

En este sentido, es posible la aplicación de tratamientos adicionales tendentes a reducir la entrada del agua al recinto. Así, resulta frecuente la aplicación de capas de hormigón proyectado, o incluso inyecciones de las vías de aguas en las discontinuidades que pudieran generarse entre los pilotes del recinto perimetral.

También es cierto que la aplicación de estos tratamientos adicionales, debido al coste de la gunita (y sobre todo al elevado coste de sus aditivos y acelerantes de fraguado, casi siempre necesarios en estos casos), así como de las inyecciones, incrementa el coste de ejecución de esta solución constructiva alternativa.

Algunas configuraciones de los muros "continuos" a base pilotes secantes podrían ser las que se muestran en los croquis adjuntos:

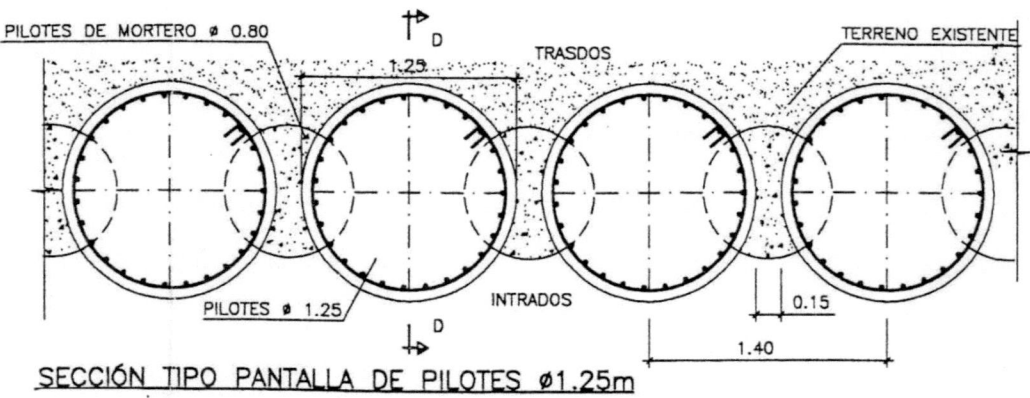

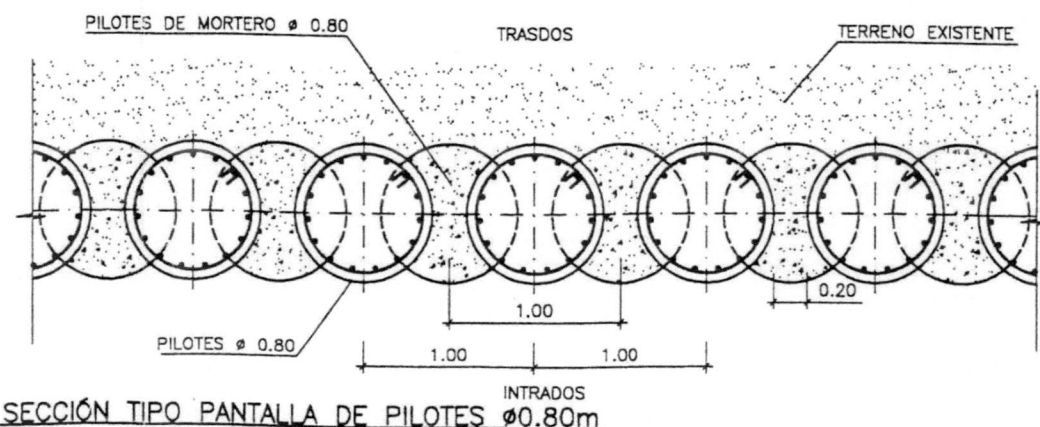

Figura 6-38   Algunas configuraciones de pantallas de pilotes secantes

Separación entre los pilotes que forman la pantalla

La separación entre los pilotes es la clave que va a determinar el mejor o peor comportamiento de la pantalla como paramento impermeable. El uso de pilotes de gran diámetro permite dedicar una fracción adecuada de los pilotes primarios a zona de huella de los pilotes secundarios. No sucede así en pilotes de menor diámetro. Ahora bien, es importante no escatimar en las dimensiones de la huella teórica para que ésta se mantenga en valores razonables a lo largo de toda la profundidad de la pantalla, sea cual fuere el diámetro del pilote.

La huella ha de fijarse en función de la tolerancia de verticalidad en la ejecución de los pilotes y la profundidad de paramento impermeable de la pantalla. Este último factor tiene que determinarse atendiendo a la excavación máxima prevista en el solar, la profundidad total de los pilotes y la profundidad del estrato impermeable, si es que existe.

A la profundidad de paramento impermeable de la pantalla, la huella de los pilotes secundarios sobre los primarios debe tener un mínimo de 20 cm. para pilotes ejecutados dentro de la tolerancia de verticalidad que se establezca en obra.

En la Tabla 6-1 se representa la magnitud de los desvíos en centímetros para diferentes valores de falta de verticalidad de los pilotes y de profundidad de paramento impermeable.

Tabla.6-1: Magnitud de los desvíos en función de diferentes valores de falta de verticalidad de los pilotes y de profundidad

PROFUNDIDAD (m)	DESVÍO DE LOS PILOTES (cm)		
	Inclinación 0,5 %	Inclinación 1 %	Inclinación 2 %
10,00	5	10	20
20,00	10	20	40
30,00	15	30	60

Considerando que cada pilote podría desviarse en sentido opuesto a su adyacente, la magnitud de las aberturas en la pantalla podría alcanzar el doble de los valores de la tabla anterior, aun con los pilotes inclinados dentro de la tolerancia (Tabla 6-2).

Tabla.6-2: Magnitud de posibles aberturas máximas entre pilotes para diferentes valores de falta de verticalidad de estos

PROFUNDIDAD (m)	DESVÍO DE LOS PILOTES (cm)		
	Inclinación 0,5 %	Inclinación 1 %	Inclinación 2 %
10,00	10	20	40
20,00	20	40	80
30,00	30	60	120

La huella de los pilotes secundarios sobre los primarios ha de ser superior en al menos 20 cm. a los valores de abertura máxima posible entre pilotes, dentro de la tolerancia de verticalidad.

Para los ejemplos que venimos contemplando, estos valores se reproducen en la Tabla 6-3.

Tabla.6-3: Magnitudes recomendadas para la huella de los pilotes secundarios sobre los primarios

PROFUNDIDAD	HUELLA (Zona común a los pilotes primarios y secundarios (cm)		
(m)	Inclinación 0,5 %	Inclinación 1 %	Inclinación 2 %
10,00	30	40	
20,00	40	60	No es admisible
30,00	55	80	

Todos estos valores implican un control de ejecución que asegure una desviación máxima en la verticalidad del pilote del 0,50 %. En la Tabla 6.3. se especifica que inclinaciones del 2,00 % no son admisibles para tener garantías de que la pantalla sea estanca. Incluso el 1 % exige huellas tan grandes que no es recomendable, especialmente para excavaciones profundas.

La magnitud de las huellas que mencionamos en este escrito está algo por encima de los valores habitualmente recomendados, pero creemos que las garantías que aportan en relación con la estanqueidad de la futura excavación bien merecen el sobrecoste.

Con estos valores de huella, la separación entre pilotes de gran diámetro que formen una pantalla para una profundidad de 30,00 m. y con un control de ejecución que asegure una desviación máxima en la verticalidad del pilote del 0,50 % se recoge en la Tabla 6-4.

Tabla.6-4: Separación entre pilotes para una profundidad de 30,00 m y una tolerancia del 0,5%

DIÁMETRO (MM)	HUELLA (CM)	SEPARACIÓN ENTRE PILOTES ADYACENTES (M)	SEPARACIÓN ENTRE PILOTES SECUNDARIOS (M)	HUELLA SOBRE EL DIÁMETRO (%)
1.500	50	1,00	2,00	33 %
1.800	50	1,30	2,60	28 %
2.000	50	1,50	3,00	25 %

Tal como se aprecia en la Tabla 6.4., la huella de los pilotes secundarios sobre los primarios varía entre 1/4 y 1/3 del diámetro del pilote. Lógicamente, cada pilote primario tendrá dos huellas (una a cada lado), por lo que únicamente su zona central quedará formando parte de la pantalla definitiva.

El mismo tipo de argumentación que nos lleva a proponer unas dimensiones de huella generosa, también nos motiva para recomendar que el diámetro de los pilotes sea igual al diámetro de los pilotes secundarios. Diseñar los pilotes primarios más pequeños obliga a juntar los secundarios hasta un punto tal que podrían llegar a tocarse si se desvían uno hacia el otro.

En la obra de la Estación Puerta de Jerez de la línea 1 del Metro de Sevilla la excavación máxima prevista en el solar fue de 8,00 m, la profundidad total de los pilotes fue de 39,00 m., y la profundidad del estrato impermeable de unos 25,00 m.

Considerando estos factores, se estableció como profundidad de paramento impermeable de la pantalla 28,00 m y se adoptó una huella de los pilotes secundarios sobre los primarios en 50 cm. Los pilotes tienen 1.500 mm de diámetro, por lo que la separación entre pilotes adyacentes fue de 1,00 m y, por consiguiente, la separación entre pilotes secundarios adyacentes de 2,00 m En la Figura 6-39 se reproduce el esquema acotado de esta pantalla de pilotes.

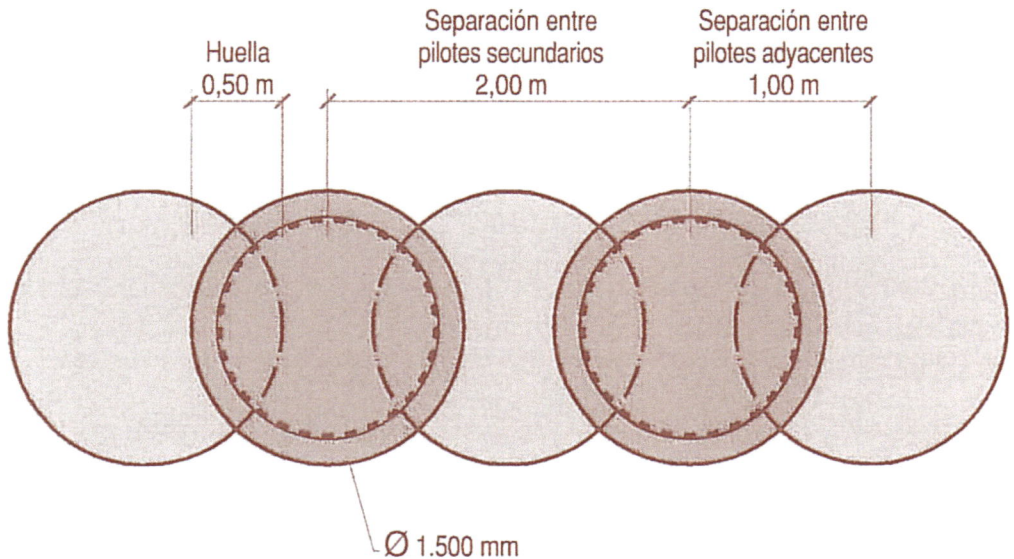

Figura 6-39 Esquema de la pantalla de pilotes secantes de la Estación Puerta de Jerez de la línea 1 del Metro de Sevilla.

Muretes-guía

Es fundamental que, en coronación, todos y cada uno de los pilotes de la pantalla estén en su sitio. Esto se consigue mediante la construcción de unos muretes-guía cuyo contorno interior reproduzca fielmente el perímetro circular de los pilotes. Los muretes-guía tienen un doble objetivo: por un lado, aseguran el correcto replanteo de los pilotes, y por otro, permiten el guiado inicial de la perforación.

Figura 6-40   Murete guía para el correcto replanteo de los pilotes secantes (Asencio, [4])

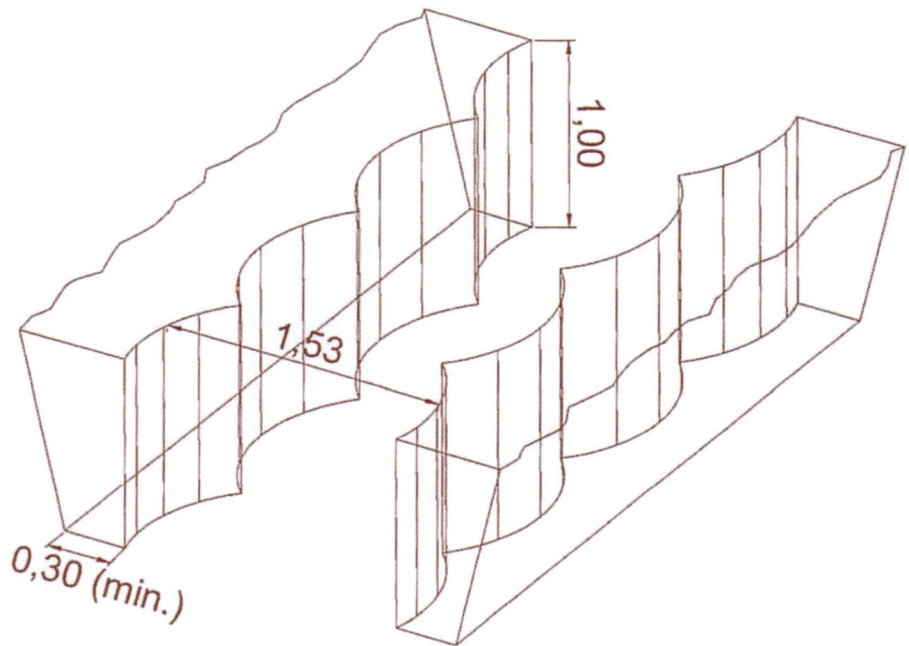

Figura 6-41 Croquis de los muretes-guía de una pantalla de pilotes secantes de 1.500 mm

Construir el encofrado de los muretes-guía con todas sus formas curvas, plantea bastantes más dificultades que las que tienen ejecutar unos muretes-guía rectangulares de pantallas convencionales. Sin embargo, merece la pena el esfuerzo que supone, y hay que resistir la tentación de conformarse con diseños más simples. La calidad final de la obra depende en gran parte de ello.

Los muretes-guía se construyen de hormigón armado. Su altura viene determinada por la compacidad o consistencia del terreno en el que se apoyan y por los esfuerzos y golpes que tienen que sufrir durante la construcción del pilote, especialmente por operaciones relacionadas con la colocación o extracción de la camisa recuperable. Se hormigonan dentro de una zanja, encofrándose únicamente por su cara interior, quedando contra el terreno la cara exterior hormigonada.

Figura 6-42 Fotografía de los encofrados cilíndricos a una cara para los muretes-guía

El encofrado interior presenta una forma curva que se origina con la intersección de una fila de cilindros de un diámetro superior en 2-3 cm. al diámetro de los pilotes, separados entre ejes una distancia igual a la diferencia entre el diámetro de los pilotes y la huella. El encofrado debe ser metálico o de madera.

En Puerta de Jerez, los muretes-guía se construyeron con una altura de 1,00 m y una anchura mínima de 0,30 m, armados con 8Ø16 y cercos transversales de Ø8/20 cm. Durante la ejecución de los pilotes se acodalaron entre sí con puntales de madera para evitar que se cerraran. En la fotografía de la figura 6-43 se aprecia un tramo con los muretes-guía de la citada obra.

Figura 6-43 Muretes-guía de la estación Puerta de Jerez en el Metro de Sevilla

Entubación recuperable

Si los muretes-guía aseguran el correcto replanteo de los pilotes y el guiado inicial, la entubación recuperable impide el desvío de los pilotes durante la perforación. Efectivamente, una camisa cilíndrica de acero es muy rígida y no flecta en el terreno por muchos obstáculos o variaciones de dureza que encuentre. Lo que sí podría hacer, en caso de no controlarse, es perder la verticalidad.

En principio, los pilotes primarios podrían ejecutarse sin entubación recuperable, pues tienen menos probabilidad de desvío que los pilotes secundarios. En cualquier caso, siempre es recomendable entubarlos.

La camisa se va colocando por tramos de entre 2,00 y 6,00 m de longitud y la parte superior del último tramo instalado siempre sobresale por encima de los muretes-guía. Es por tanto muy fácil comprobar la verticalidad de esta en cualquier momento mediante un simple nivel de burbuja colocado en dos diámetros perpendiculares. Es recomendable hacer este sencillo tipo de control manual en obra, además del control de verticalidad que pueda llevar integrado la máquina.

Figura 6-44 Control de verticalidad durante la colocación de un tramo de entubación recuperable

El control de verticalidad con una tolerancia estricta es el secreto para que la obra resulte bien ejecutada. Durante la perforación se deberá realizar un control por cada tramo de tubería de revestimiento que se coloque. Si se registraran desviaciones superiores al 0,50 %, se tendría que rectificar la perforación levantando la camisa y reperforando. Si con estas operaciones no se pudiera corregir la desviación, habría que suspender la excavación, rellenar la misma con mortero y repetir el pilote una vez fraguado el mortero vertido.

Las desviaciones de la entubación tienen mayor probabilidad de ocurrir en los primeros metros de perforación por falta de confinamiento del terreno. También puede desviarse la perforación si se encuentran obstáculos durante la misma, como, por ejemplo, los tubos de acero de las inyecciones del aparcamiento en la estación Puerta de Jerez del metro de Sevilla. En la figura 6-45 se muestra una de las máquinas trabajando entre los restos del aparcamiento subterráneo demolido en la citada estación de metro. En los primeros metros de la perforación es donde se extremaron los controles y cuidados para evitar desvíos, a profundidades mayores no se registró tendencia a perder la verticalidad. La profundidad alcanzada con la entubación recuperable en esta obra fue de 26,50 m.

Figura 6-45 Máquinas trabajando entre los restos del aparcamiento subterráneo demolido para construir la futura estación Puerta de Jerez

Es habitual que las pantallas se proyecten con los pilotes entubados en toda su longitud. Sin embargo, es muy razonable que, si los pilotes se empotran en una formación impermeable con resistencia suficiente como para que se mantengan las paredes de la excavación, la entubación recuperable sólo penetre del orden de 2,00 m. en este terreno y por debajo se continúe con la excavación sin revestir.

Otra alternativa que hay que ponderar con mucho cuidado es la de dejar la camisa corta sin llegar a alcanzar un estrato impermeable y resistente. En este caso es obligatorio perforar con lodos bentoníticos (que deberán utilizarse desde el comienzo de la excavación del pilote).

Con objeto de minimizar desvíos, la entubación recuperable siempre deberá tener un mínimo de 10,00-12,00 m. de profundidad. Esta alternativa debería contemplarse sólo tras la constatación física en obra de la imposibilidad de introducir el revestimiento a profundidades mayores con la maquinaria disponible.

Además, hay que tener en cuenta la reducción de la huella entre pilotes, debido a que el diámetro de perforación en las zonas situadas por debajo de la entubación es del orden de 10 cm más pequeño, dado que el útil de excavación tiene que pasar por el interior de la camisa.

Maquinaria

Es imprescindible que la maquinaria empleada para la ejecución de los pilotes sea potente, tanto para realizar la perforación y la introducción de la tubería de revestimiento como para la extracción de esta durante el hormigonado del pilote.

Los pilotes secantes se deben entubar por medio de la cabeza de rotación de la pilotadora, por lo que suele ser necesaria una pilotadora de gran par de rotación. Para cortar el hormigón de los pilotes primarios es necesario tener velocidad de giro en la entubación, por lo que se desaconseja entubar con morsa, que tiene una velocidad de giro muy pequeña.

A estos efectos, las características más importantes de la maquinaria son el par de rotación y las fuerzas de empuje y tiro. Las pilotadoras más potentes que hay en el mercado pueden alcanzar los 400 mt de par de rotación. Algunos modelos pueden montar una reductora mecánica denominada "multiplier", que son capaces de superar los 500 mt de par de giro, en la cabeza de rotación, lo que permite entubar algo más de profundidad. Mientras la entubación gira, se puede seguir entubando. Cuando el par de rotación se iguala al rozamiento del terreno con la entubación, ésta se queda frenada, impidiendo proseguir con la entubación.

El par de rotación de la máquina se emplea en vencer el rozamiento lateral del terreno sobre la entubación a lo largo de toda la profundidad de ésta y en romper el terreno en la punta.

En la Tabla 6.5. se muestra el par que se requiere para mover una camisa de 25,00 m, suponiendo una adherencia media del terreno de 0,50 t/m². Como puede observarse, estos valores rondan el límite de las máquinas más potentes disponibles en el mercado, y eso suponiendo un valor moderado de la adherencia unitaria media del terreno a la entubación.

Al par de rotación se añade una fuerza de empuje o tipo para mover la camisa. En el caso de las operaciones de extracción, la fuerza de tiro se empleará no solamente en vencer la fricción perimetral, sino también en levantar el peso propio de la tubería de revestimiento. Se puede emplear también una morsa para ayudar a la extracción de la camisa, aunque el tener que recurrir a este método afecta considerablemente al rendimiento de la ejecución.

Tabla.6-5 Par motor requerido para mover una camisa de 25,00 m. de varios diámetros suponiendo una adherencia media del terreno de 0,50 t/m²

Diámetro (mm)	Profundidad (m)	Superficie Lateral (tm²)	Adherencia Unitaria (tm²)	Adherencia Total (t)	Par (mt)
1.500	25,00	118	0,5	59	44
1.800	25,00	141	0,5	71	64
2.000	25,00	157	0,5	79	79

Con objeto de minimizar la adherencia entre el terreno y la camisa recuperable, durante la perforación se pueden emplear polímeros que, vertidos por el exterior de la tubería de revestimiento y por dentro del murete guía, lubriquen el referido contacto y ayuden a la consecución del objetivo.

No es nada fácil mover estas camisas tan grandes a tanta profundidad. Por ejemplo, en la obra de la estación Puerta de Jerez, el rendimiento medio de ejecución apenas alcanzó los 200,00 m lineales de pilote por semana y máquina. Se está muy cerca de los límites de la tecnología disponible en la actualidad. Es, por tanto, fundamental contar con maquinistas experimentados que obtengan el máximo rendimiento de los recursos que se ponen en sus manos.

Consecuencia de lo anterior, se deduce que las pantallas de pilotes secantes, que se ejecutan entubando con la cabeza de rotación de la pilotadora, no pueden alcanzar cualquier profundidad. Teniendo en cuenta que es necesario entubar los pilotes secundarios hasta rebasar la cota de los pilotes primarios, la máxima profundidad de éstos debe ser la capacidad de entubación de la pilotadora. En función del diámetro de perforación y del tipo de terreno, los pilotes primarios no deben superar los 15,00 m (gran diámetro) o los 25,00 m (diámetro ≤ 1,00 m).

No cabe duda de que hay que tener mucho cuidado con la profundidad de los pilotes primarios, por las razones descritas. El incumplimiento de esta norma lleva a desvíos muy importante en la ejecución de los pilotes secundarios, al tener que cortar los pilotes primarios sin ayuda de entubación recuperable. Aparte, al perder la verticalidad, pueden quedar ventanas sin cerrar entre los pilotes, pudiendo dejar sin gálibo interior a la posterior excavación, si los desvíos se producen en esta dirección.

De nada servirá proyectar una pantalla muy profunda, si posteriormente no cumple su misión impermeabilizante, debido a desvíos de los pilotes secundarios.

Como se ha comentado, no es recomendable el realizar pilotes secantes con "morsa". Éstas tienen un par de rotación muy superior a las cabezas de rotación, pero tienen una velocidad de giro muy lenta, por lo que el rendimiento de la perforación será muy bajo, con el consiguiente aumento del coste del metro lineal perforado. Hay que calcular que se necesitaría multiplicar el precio por dos o por tres respecto a entubar con la cabeza de rotación. En el caso de pantallas muy profundas, puede no quedar más remedio que la ejecución con morsa. En USA y Canadá, por ejemplo, se utilizan mucho las pantallas de pilotes secantes ejecutadas con morsa, pero se cobra por ellos unos precios que en España nadie los admitiría (Asencio, [4]).

Resistencia de los pilotes primarios.

El material de los pilotes primarios ha de satisfacer dos requisitos fundamentales para cumplir su función dentro de la pantalla de pilotes secantes. Por un lado, tiene que alcanzar una resistencia suficientemente alta como para formar parte del perímetro de cierre del recinto a excavar. Y, por otro, su resistencia en el momento de realizar la excavación de los pilotes secundarios debe ser lo suficientemente baja como para permitir la perforación con la máquina.

El material más indicado para cumplir estos requisitos es el mortero. Es preferible al hormigón en masa, al ser un material más homogéneo y porque no contiene áridos gruesos que generarían mayor desgaste por abrasión en los útiles de corte al perforar los pilotes secundarios.

En suelos, el valor óptimo de resistencia a compresión del mortero de los pilotes primarios para perforar los pilotes secundarios está entre 1,50 y 2,00 MPa. Valores por encima de este rango implican necesariamente una mayor diferencia entre la resistencia que el terreno natural ofrece a la perforación y la que presenta el mortero de los pilotes primarios. Esta diferencia aumenta el riesgo de que se produzcan desvíos en la perforación.

En un desarrollo normal de obra, los pilotes primarios tienen generalmente entre 48 horas y 7 días de antigüedad cuando se ejecutan los secundarios. Es, por tanto, a esas edades cuando la resistencia debe situarse en el rango establecido (entre 1,50 y 2,00 MPa). Lógicamente, el valor a utilizar como referencia para fijar el tipo de mortero es el de su resistencia a 28 días. El rango admisible de resistencias a 28 días que cumple los requisitos mencionados anteriormente es de 2,50-3,00 MPa (25-30 kg/cm^2). En la Figura 8-13 se representa el huso de resistencias.

Para obtener mortero con su resistencia a compresión simple limitada sin reducir en exceso la cantidad de cemento se añade bentonita a la mezcla. No reducir la cantidad de cemento es bueno para mantener la impermeabilidad del material resultante.

En la obra del Metro de Sevilla, para los pilotes primarios se empleó un mortero con la siguiente dosificación por metro cúbico:

- 190,00 kg de cemento CEM II/A-M (V-L) 42.5 R.
- 1400,00 kg de arena silícea.
- 200,00 l de bentonita con una concentración de 50,00 kg/m^3.

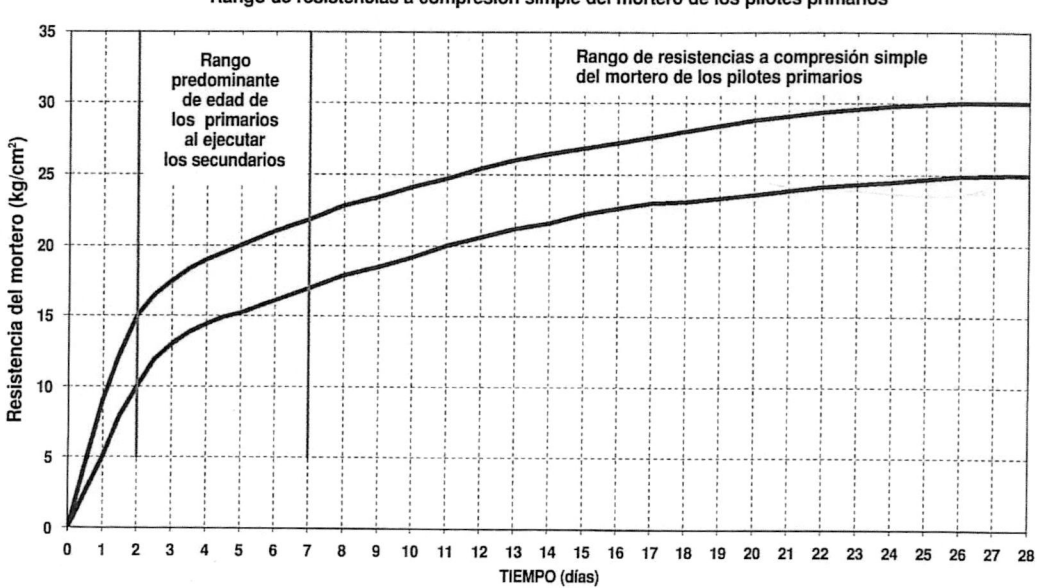

Figura 6-46 Rango de resistencias a compresión simple del mortero de los pilotes primarios

Durante la obra se realizaron numerosas familias de probetas de mortero que se ensayaron a compresión simple en el laboratorio a diferentes edades. En función de los resultados que iban obteniendo se ajustaba la dosificación del mortero de los pilotes primarios.

Capacidad de contención de las pantallas de pilotes secantes de gran diámetro.

La capacidad de contención de las pantallas de pilotes de gran diámetro es muy alta. Es precisamente el elevado diámetro lo que permite a las pantallas de pilotes alcanzar una gran inercia y con ello una elevada resistencia a flexión. Son, pues, una alternativa a las pantallas continuas de gran espesor (por encima de 1,00 m.).

En la Tabla 6.6 se recoge la inercia por metro lineal de pantalla de pilotes secantes para los distintos diámetros de pilote, manteniendo una huella de 50,00 cm.

Tabla.6-6: Inercia por metro lineal de pantalla de pilotes secantes para distintos diámetros de pilote

Diámetro (mm)	Inercia por pilote (m⁴)	Huella (cm)	Separación entre pilotes secundarios (m)	Inercia por metro lineal (m⁴)
1.500	0,249	50	2,00	0,124
1.800	0,515	50	2,60	0,198
2.000	0,785	50	3,00	0,262

La inercia por metro lineal de la pantalla de pilotes de 1,50 m así definida es superior a la inercia del muro pantalla convencional de 1,00 m de espesor (sería equivalente a una hipotética pantalla de 1,14 m de espesor). De igual forma, la pantalla de pilotes de 1,80 m tiene una inercia que equivaldría a una pantalla convencional de 1,33 m. de espesor (si estuviera comercialmente disponible) y los pilotes de 2,00 m igualarían la inercia por metro lineal de una pantalla de 1,46 m. de espesor. Para reflejar la alta capacidad de contención de este tipo de pantallas, en la Tabla 6.7., se reproduce el momento flector por metro lineal de pantalla que es posible soportar con amados que se explicitan en la última columna de dicha tabla.

Tabla.6-7: Capacidad a flexión por metro lineal de pantalla de pilotes secantes

Diámetro (mm)	Momento flector por metro lineal (mt)	Separación entre pilotes secundarios (m)	Momento flector por pilote secundario (mt)	Armadura principal por pilote
1.500	350	2,00	700	58 Φ32
1.800	425	2,60	1.105	74 Φ32
2.000	470	3,00	1.410	84 Φ32

En la obra de la estación Puerta de Jerez del Metro de Sevilla, la armadura de los pilotes secundarios en la zona de mayor momento flector fue de 59 Φ32 con una capacidad a flexión de algo más de 700,00 mt por pilote. De los 28,00 m de excavación máxima, los últimos 11,00 m no se arriostran, y es en esta zona donde se produjeron los mayores esfuerzos de flexión.

Las pantallas de pilotes secantes de gran diámetro tienen, por tanto, campo de aplicación en excavaciones con niveles de arriostramiento o anclaje muy distanciados entre sí que obligan al paramento a soportar importantes esfuerzos de flexión. Hemos visto cómo se pueden resistir momentos flectores situados en el rango de 350,00-470,00 mt por metro lineal de pantalla.

Conclusiones

A tenor de todo lo anterior, cabe concluir que, sin menospreciar las indudables ventajas que presenta este sistema constructivo, hay que tener en cuenta que:

- las pantallas de pilotes secantes no se deben proyectar como sustitutivas de las pantallas convencionales, salvo en ciertas ocasiones.

- tampoco vienen a sustituir a las pantallas ejecutadas con hidrofresa, salvo en las condiciones que se han mencionado.

- un incremento de la longitud del pilote hace posible la presencia de auténticas vías de agua entre generatrices contiguas de pilotes, consecuencia de inevitables errores de verticalidad en la ejecución de estos.

- este sistema resulta de menor eficacia que el sistema de pantallas continuas (bivalva o hidrofresa), ya que no constituye un elemento continuo como "barrera" a las filtraciones de agua.

Además, hay casos particulares en los que los muros pantalla de pilotes secantes son una alternativa con ventajas considerables. Citaremos en este apartado los más destacados:

- Una primera aplicación se da en los emplazamientos que imponen restricciones o prohibiciones al uso de lodos bentoníticos, bien sea por motivos medioambientales o bien por fugas en terrenos muy permeables, rellenos o formaciones karstificadas. La estabilidad de las paredes de la perforación de los pilotes la proporciona la entubación recuperable y, por tanto, no es necesario el uso de lodos bentoníticos para mantener verticales las excavaciones, como es el caso de pantallas convencionales.

- También se acude a la ejecución de pantallas de pilotes secantes en terrenos muy competentes, en zonas urbanas donde está limitado el uso de trépano. Las excavaciones con cuchara emplean con frecuencia preforos para debilitar el terreno y permitir su posterior excavación, en lo que podríamos denominar un mestizaje de técnicas de excavación. En estos casos las pantallas de pilotes secantes permiten una ejecución de obra bastante más efectiva, limpia y fluida.

- Es recomendable utilizar pantallas de pilotes secantes en obras que presenten obstáculos a la excavación con cuchara. Éste es el caso de la Estación Puerta de Jerez del metro de Sevilla. La estación se ubica en el mismo emplazamiento en planta que un aparcamiento subterráneo existente, el cual se excavó al abrigo de unas inyecciones armadas. La utilización de pilotes de gran diámetro ha permitido romper los tubos de acero que se iban encontrando a profundidades varias en el terreno. La presencia de los tubos metálicos ha supuesto numerosas dificultades de perforación, pero la excavación de las pantallas con cuchara habría resultado bastante más penosa por los derrumbes del terreno adyacente durante las operaciones de rotura y extracción de los tubos metálicos. En la figura 6.47. se reproduce una fotografía de un tubo metálico de los que constituían las inyecciones armadas del aparcamiento subterráneo.

Figura 6-47 Tubo metálico embebido en el terreno correspondiente a las inyecciones armadas del aparcamiento subterráneo existente en la estación de Puerta de Jerez.

- Cuando en las proximidades del muro pantalla existen edificios con estructura sensible a movimientos de su cimentación es recomendable considerar como alternativa la pantalla de pilotes secantes. El volumen de excavación de un pilote es menor que el volumen de un módulo convencional de pantalla y, además, la excavación de los pilotes va entubada, en lugar de la estabilización de las paredes mediante lodos bentoníticos que requieren las pantallas. Estos factores contribuyen a que la afección al terreno y a las posibles cimentaciones del entorno sea menor en las pantallas de pilotes secantes que en las pantallas convencionales excavadas con cuchara.

- La escasez de espacio en obras urbanas es otro motivo para optar por pantallas de pilotes secantes. En ocasiones, hay restricciones de espacio en obra en los que no hay sitio material para colocar el depósito de lodos bentoníticos ni para la planta de desarenado.

- Por último, citar que, las pantallas de pilotes secantes de gran diámetro (dadas su gran inercia y resistencia a flexión) constituyen una alternativa muy válida para excavaciones que necesiten gran capacidad de contención y, por tanto, espesores de pantalla por encima de 1,00 m.

7 TÚNELES

7.1 Introducción

La presencia de flujos importantes de agua durante la excavación de un túnel puede provocar diversos fenómenos, como son: la inestabilidad del propio frente, colapsos parciales o totales, arrastres del terreno y sifonamientos, entre otros. Su incidencia en la ejecución del túnel depende de la adaptabilidad del método de ejecución a este problema.

Así, los métodos convencionales de ejecución de túneles suelen ser los que mejor se adaptan a este problema de irrupción de agua en el frente, sobre todo, debido a su flexibilidad y facilidad de alternar o de simultanear los ciclos de avance con los ciclos de tratamientos de terreno (drenajes, inyecciones, etc,.), debido a la versatilidad de los propios equipos. Todos ellos permiten la actuación de sistemas de tratamiento del agua sin gran perturbación en la operación.

Ahora bien, las tuneladoras para rocas de media y alta dureza, esto es, las máquinas tuneladoras tipo TBM (Tunnel Boring Machine) sin presión en el frente, resultan muy vulnerables antes situaciones extremas de dificultad por aportaciones grandes de agua a presión. De hecho, la propia presencia de la máquina es un estorbo cuando se presenta el incidente y, como decía D. Felipe Mendaña (R.I.P.): "es un estorbo grave".

Las TBM pueden prepararse para el reconocimiento previo de discontinuidades con presencia de agua a presión, dotándolas de sondas en la cabeza de corte.

Ahora bien, el problema no está en sólo reconocer la presencia de agua, sino de poder tratarlo desde el propio frente, si así se considerase necesario.

Sólo se pueden señalar generalidades al respecto y, así, cabe decir que, sólo son claramente viables las situaciones en las que se considera suficiente un tratamiento de impermeabilización mínima en el frente, completando el mismo una vez avanzada la máquina (hay buenos resultados con pequeñas inyectoras para inyecciones químicas capaces de abordar los 5,00 m de macizo siguientes al frente excavado). Cuando se estima un alto riesgo de tener que simultanear una impermeabilización sistemática de grandes tramos a lo largo del trazado, al mismo tiempo que se avanza, puede decirse que, empiezan las dudas de la adopción de una TBM para realizar la excavación del túnel.

En lo que respecta a las tuneladoras para suelos y rocas blandas de frente en presión (EPB, Hidroescudo), cabe decir que resuelven el grave problema de la estabilidad y protección del frente del túnel, sin resolver en los escudos abiertos. En los EPB y Mixshield, la estabilidad del frente queda garantizada porque el material excavado queda almacenado dentro de la cámara estanca donde se conserva, teóricamente, a la misma presión horizontal que tenía en el terreno. En esta situación, la cámara cerrada sostiene también la presión de agua en el terreno, de forma que el frente del túnel no puede colapsar y sigue estando sostenido tras ser excavado. De hecho, la solución concreta que resuelve la inestabilidad del frente por entrada de agua es el trabajo en "modo cerrado", esto es, en presión de tierras.

Los principales motivos por los que suceden grandes avenidas de agua e inundaciones durante la excavación de túneles suelen ser dos: por infiltraciones directas que provienen del interior del túnel, mayoritariamente del frente (dado que el resto del túnel suele estar impermeabilizado y con su correspondiente sostenimiento) y segundo por escorrentías subterráneas de aguas provenientes del exterior del túnel que por diversos motivos acaban suponiendo un problema en la fase constructiva de los mismos.

Cuando el agua proviene del frente o en su defecto del interior del túnel puede deberse a diferentes casuísticas entre las cuales la más común suele ser la intervención o corte de ríos, cauces subterráneos, acuíferos o nivel freático. Dada la importancia de este tipo de problema, resulta de vital importancia realizar un completo análisis que determine el estado actual del macizo, así como su permeabilidad, conservación y calidad de cara a poder intervenir el problema de una manera más efectiva.

Otro problema de origen completamente distinto es el relacionado al riesgo de inundaciones o grandes avenidas causadas por el agua de lluvia. Para combatir dicho problema e impedir un colapso o dificultad añadida en la ejecución del túnel, se suelen ejecutar canalizaciones auxiliares que ayudan reconducir el cauce interior a puntos de almacenado (decantadores) preparados para ser depurados y bombeados.

7.2 Las consecuencias del agua en el túnel

La incidencia de agua en las obras subterráneas es, por desgracia, un problema bastante habitual (la mayor parte de las veces inasumible) que requiere de soluciones rápidas, complejas y de alto coste económico.

En muchos casos la incapacidad de afrontar dichas condiciones conduce al fracaso suponiendo tanto para el contratista como para la promotora pérdidas cuantiosas.

Por mucho que se relacione el problema del agua con la fase constructiva del proyecto, también son frecuentes los casos en los que el síntoma se ha percibido con cierto retraso en la fase de explotación. Esto suponiendo la paralización, corte y consecuente suspensión del viario para los usuarios.

En el análisis de las consecuencias de la presencia del agua en un túnel, resulta habitual el estudio de las afecciones diferenciándolas en tres aspectos fundamentales: seguridad, medioambiente y costes.

En lo que respecta a la seguridad, sucede que el ingreso incontrolado de agua en el túnel supone la inmediata inundación de la línea de avance o incluso el colapso del terreno adyacente (normalmente asociado al ingreso de agua). En estos casos, la pérdida de la capacidad geomecánica del terreno asociada la irrupción del agua resulta ser un fenómeno común que muchas ocasiones no se contempla y suele conducir a resultados fatales para el túnel.

En lo referente al medioambiente, la parte más afectada suele ser la hidrogeológica. El cauce interceptado sufre un desorden en su equilibrio hídrico en forma de déficit que repercute a toda su cuenca. A su vez, en ocasiones el control de calidad del agua no llega a ser lo suficientemente exhaustivo como para devolver el agua tratada en unas condiciones completamente óptimas.

Como es conocido, las aguas subterráneas representan una fracción importante de la masa de agua total de nuestro planeta (siendo incluso mayor que la retenida en superficie) y que, tras padecer innumerables años inalterada bajo tierra y ser interceptada, no vuelve a recuperar su estado de origen.

Por ello, resulta vital realizar estudios hidrogeológicos previos exhaustivos en fase de Proyecto, que ayuden a definir correctamente el estrato afectado por el túnel de modo que permita prevenir cualquier tipo de afección medioambiental.

En cualquier caso, no cabe duda de que los túneles, revestidos o no, tienden a actuar como drenes permanentes en el terreno asi como recogido en Ward et al. [91]).

Los datos recogidos en la Figura 7-2 muestran la importancia de la filtración hacia túneles en la red de ferrocarriles de Japón.

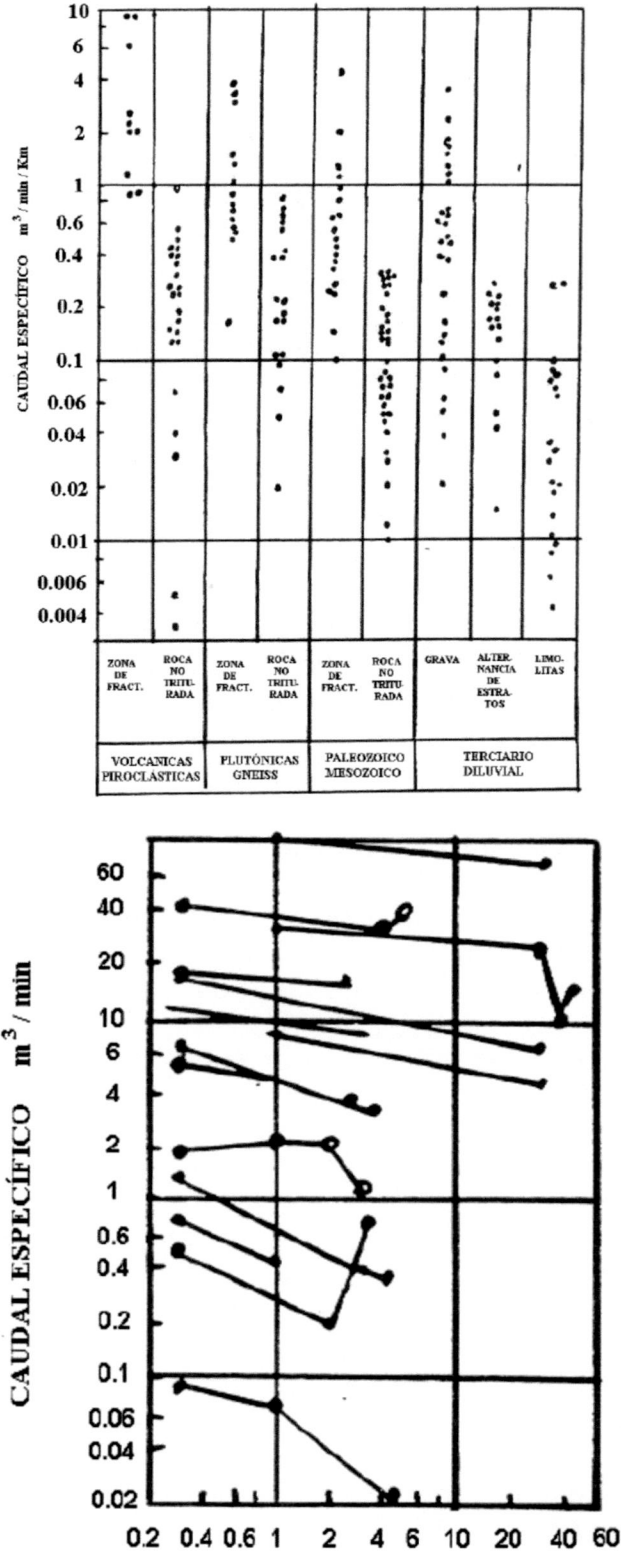

Figura 7-1 Filtración recogida por los túneles de la red de FF.CC. de Japón (Ward, [91])

No se detectan diferencias notables entre litologías (a excepción quizá de los terrenos volcánicos) y se advierte el notable incremento de caudales filtrados que suponen las zonas fracturadas debido al aumento de permeabilidad. La filtración hacia los túneles tiende a disminuir con el tiempo, seguramente como consecuencia de rebajamientos permanentes progresivos de niveles piezométricos. Algunas excepciones (incremento de caudales) pueden estar asociadas al lavado de juntas y pérdida de finos en las inmediaciones de los túneles donde los gradientes tienden a ser altos.

Por último, es bien sabido que el sobrecoste económico que normalmente va asociado a la irrupción de agua en un túnel y, en general, en cualquier infraestructura subterránea es muy elevado. Entre otros, caben citar los sobrecostes asociados a los sistemas de refuerzo del bombeo en el túnel (como, por ejemplo, los túneles ferroviarios de alta velocidad de Pajares), que causó una reducción del nivel de producción del avance del túnel y unas paradas continuas de mayor o menor periodo de tiempo durante su construcción.

7.3 Valoración cualitativa de la entrada de agua en túneles

Se puede establecer una valoración cualitativa de la presencia de agua en una escala ordinal, donde el número 1 indica la menor presencia posible de agua y el número 14 la máxima presencia de agua compatible con el normal funcionamiento del túnel.

Tabla 7-1: Criterios para la clasificación cualitativa de la presencia de agua

Escala	Descripción
1	Seco (sin humedad ambiental apreciable)
2	Seco (con humedad ambiental apreciable)
3	Seco con manchas
4	Humedad sin goteo
5	Goteo ligero aislado
6	Goteo ligero en varias zonas
7	Goteo intenso y aislado
8	Goteo intenso en varias zonas
9	Goteo generalizado (ligero o intenso)
10	Flujo continuo débil aislado
11	Flujo continuo débil en varias zonas
12	Flujo continuo intenso pero aislado
13	Flujo continuo intenso en varias zonas
14	Flujo continuo generalizado intenso

Respecto a la cuantificación de ciertos grados de presencia de agua en el caso de goteo (ligero o intenso) o flujo (débil o importante, aislado o generalizado) para poder evaluar de una manera objetiva dicha presencia se propone la siguiente descripción:

Tabla 7-2: Criterios para la clasificación cuantitativa de la presencia de agua

Definición	Descripción
Goteo ligero	Pocas gotas por minuto (< 10 gotas/minuto)
Goteo medio	Algunas gotas por minuto (10-30 gotas/minuto)
Goteo intenso	Varias gotas por minuto, sin ser continuo (> 30 gotas/minuto)
Flujo débil	Caudal continuo (< 0.50 litro/minuto)
Flujo medio	Caudal continuo (0.50 a 1 litro/minuto)
Flujo importante	Caudal continuo (> 1 litro/minuto)
Tramo aislado	1 ó 2 puntos de entrada de agua por cada 10 m túnel
Varias zonas	De 2 a 5 puntos de entrada de agua por cada 10 m túnel
Generalizado	> 5 puntos de entrada de agua por cada 10 m túnel

Desde un punto de vista funcional, como es lógico, resulta fundamental tener presente el uso al que esté destinado el túnel, tanto si es una obra subterránea con tránsito de peatones (auditorios, estaciones de metro, ferrocarril, etc.) como una obra destinada al tránsito del agua, como, por ejemplo: conducción de agua, como alcantarillado o de trasvase.

También debe considerarse el caso de zonas con temperaturas extremas, donde la temperatura exterior, se propaga desde los portales o emboquilles hacia el interior del túnel, pudiendo afectar a la presencia de agua en el paramento o en las calzadas, en el caso de túneles carreteros, pudiendo generar hielo.

Teniendo en cuenta el uso del túnel y/o la obra subterránea, unido a las exigencias de la presencia de agua, se establece la tabla 7.3 a efectos de la evaluación del nivel de servicio de la obra subterránea durante su explotación.

Tabla 7-3: Evaluación del nivel de servicio de la obra subterránea respecto a la presencia de agua (Aetos,[2])

Tipo de obra subterránea	Evaluación funcional del túnel respecto a la presencia de agua					
	Aceptable				Degradado	Inaceptable
	0: Inapreciable	1: Despreciable	2: Ligero	3: Medio	4: Intenso	5: Severo
Locales refrigerados, auditorios o almacenes sensibles a la humedad	Seco (sin humedad ambiental apreciable)		Seco con manchas		Humedad sin goteo	
Instalaciones militares, instalaciones de suministro de energía, locales subterráneos de uso general						
Almacenes, locales comerciales, estaciones de pasajeros (Metro, bus, ferrocarril), zona de portales o emboquilles en túneles de montaña, túneles peatonales			Seco con manchas	Humedad sin goteo	Goteo ligero aislado	Goteo ligero en varias zonas
Autopistas, ferrocarriles de alta velocidad o hidráulicas a presión	Seco (con humedad ambiental apreciable)	Seco con manchas	Humedad sin goteo	Goteo ligero en varias zonas	Goteo intenso y aislado	Flujo (débil o inteso) aislado o en varias zonas
Aparcamientos, carreteras					Goteo intenso en varias zonas	
Ferrocarril convencional, Metro, servicios en general	Seco con manchas	Humedad sin goteo	Goteo ligero aislado	Goteo intenso en varias zonas	Goteo generalizado (ligero o intenso)	
Abastecimiento agua, alcantarillado		Goteo ligero	Goteo generalizado (ligero o intenso)	Flujo continuo débil en varias zonas	Flujo continuo intenso aislado	Flujo continuo intenso generalizado

- Las infiltraciones indicadas en la tabla 7-3 se suponen de agua limpia (lluvia, sistemas de abastecimiento o de riego).

- En el caso de tratarse líquido potencialmente agresivo (aguas residuales, combustibles, etc.) se considera que, independientemente del tipo de obra, la afección se debería considerar como intensa (4), excepto si se trata de combustibles, en cuyo caso debería evaluarse como severa (5).

- Si la presencia de agua implica el arrastre de material o la acumulación de concreciones, se deberá incrementar uno o dos niveles al grado de afección considerado, dependiendo de la importancia del arrastre o acumulación de concreciones (en un nivel si es ligero y/o aislado; y en dos niveles si es intenso y/o generalizado).

  Por ejemplo, en el caso de un túnel ferroviario (convencional) o de metro con goteo ligero aislado (valoración 2 de la tabla anterior) y presencia de concreciones aisladas y escasas, se adoptaría una valoración 3 (sólo se sumaría un nivel).

  Si la presencia de agua es de goteo intenso en varias zonas (valoración 3) y hay presencia de concreciones generalizadas y en abundancia, se debería adoptar una valoración 5. Es decir, se incrementaría en dos niveles.

- La afluencia de agua se ha considerado por juntas de la estructura (juntas de construcción entre diferentes fases de ejecución, entre dos módulos consecutivos, entre dovelas, a través del mortero o sus juntas en el caso de estructuras de mampostería, etc.). Si la infiltración se produce a través del paramento de la estructura, debe tenerse en cuenta las consideraciones indicadas en la tabla 4-5.

- La afección indicada es independiente de si la obra subterránea dispone de algún sistema de impermeabilización (tanto original o como consecuencia de medidas correctoras de anteriores patologías).

- En el caso de túneles hidráulicos, tanto en carga o en lámina libre, se debe establecer una consideración particular, que debe ser evaluada con prudencia, y que tenga en cuenta que la obra subterránea puede admitir, o emitir al exterior, filtraciones muy superiores a las indicadas en la tabla 4-4, siempre y cuando ese efecto no suponga un riesgo de afección al entorno en el que se enmarca el túnel.

Sin merma de lo anterior, desde un punto de vista de la evaluación estructural, se considera que la afección es independiente del uso de la obra subterránea, y dependerá de si la presencia de agua pueda llegar a afectar a los elementos estructurales del túnel (AETOS, [2]).

En la tabla 7-4 se establece la evaluación estructural de la obra subterránea respecto a la presencia de agua.

Tabla.7-4: Evaluación estructural del túnel respecto a la presencia de agua (AETOS, [2])

Tipo de obra subterránea	Evaluación Estructural del túnel respecto a la presencia de agua					
	Aceptable				Aceptable condicionado	Inaceptable
	0 Inapreciable	1 Despreciable	2 Ligero	3 Medio	4 Intenso	5 Severo
Cualquier tipo (a excepción de túneles hidráulicos de configració n especial)	Seco con humedad ambiental apreciable	Seco con manchas	Humedad sin goteo	Goteo ligero en varias zonas	Goteo intenso y aislado	Flujo continuo (débil o intenso) aislado o en varias zonas

- Si la infiltración se produce a través del paramento de la estructura se deberá tener en cuenta:

  o Añadir uno o dos niveles al grado de afección considerado (uno en el caso de goteo o flujo débil; dos en el caso de goteo o flujo intenso, independientemente de si éste es aislado o generalizado).

  o Si el agua infiltrada presenta turbidez, coloración de óxido, o arrastres, el nivel de afección se considerará intenso en el caso que sea goteo débil y aislado.

  o En el caso de tratarse de una infiltración con goteo o flujo intensos, ya sea su presencia aislada, en varias zonas o generalizada, el nivel de afección se considerará severo.

7.4 Valoración cuantitativa. Cálculo del flujo en túneles

Existe un número limitado de expresiones analíticas para el cálculo de caudales filtrados hacia túneles. Algunas se han indicado en las Figuras 7.2, 7.3, 7.4. y 7.5.

En general, las soluciones analíticas cubren un número escaso de situaciones. El rebajamiento de los niveles piezométricos con superficies de saturación variables en el tiempo plantea las mayores dificultades.

Una valoración de los métodos numéricos disponibles para analizar los problemas de filtración con superficie libre ha sido resuelta por Goodman, así como recogido en el artículo de Gioda et al, [34].

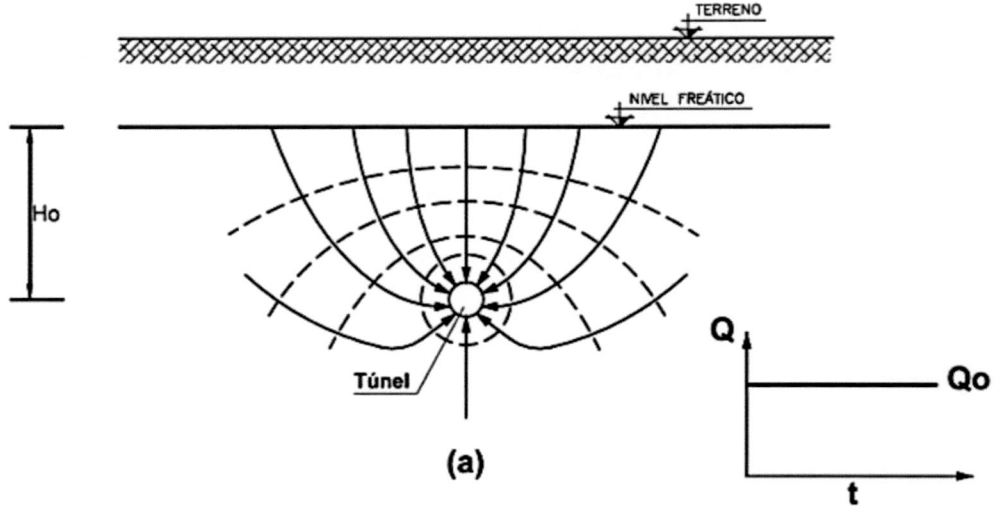

Figura 7-2 Flujo en régimen estacionario

La ecuación de Goodman (véase la referencia de Gioda et al. [34]), en régimen estacionario, se pude escribir como:

$$Q_0 = \frac{2\pi K H_0}{2.3\log\left(\frac{2H_0}{r}\right)} \qquad (7\text{-}1)$$

siendo, r= radio del túnel

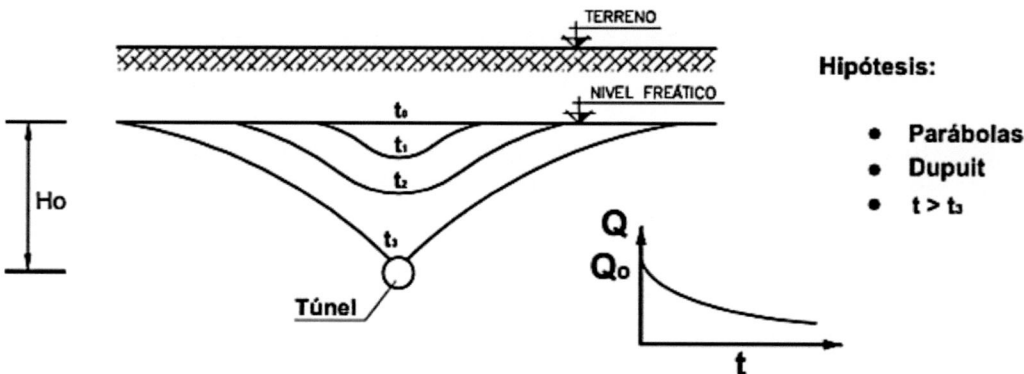

Figura 7-3 Flujo en régimen transitorio

La ecuación en régimen transitorio se puede escribir como:

$$Q(t) = \left(\frac{8C}{3} K H_0^3 S_\gamma t\right)^{1/2} \qquad (7\text{-}2)$$

siendo,

Sy= almacenamiento especifico variable entre 0.01-0.30.

C= constante (0,50 según Dupuit, 0,75 para modelos).

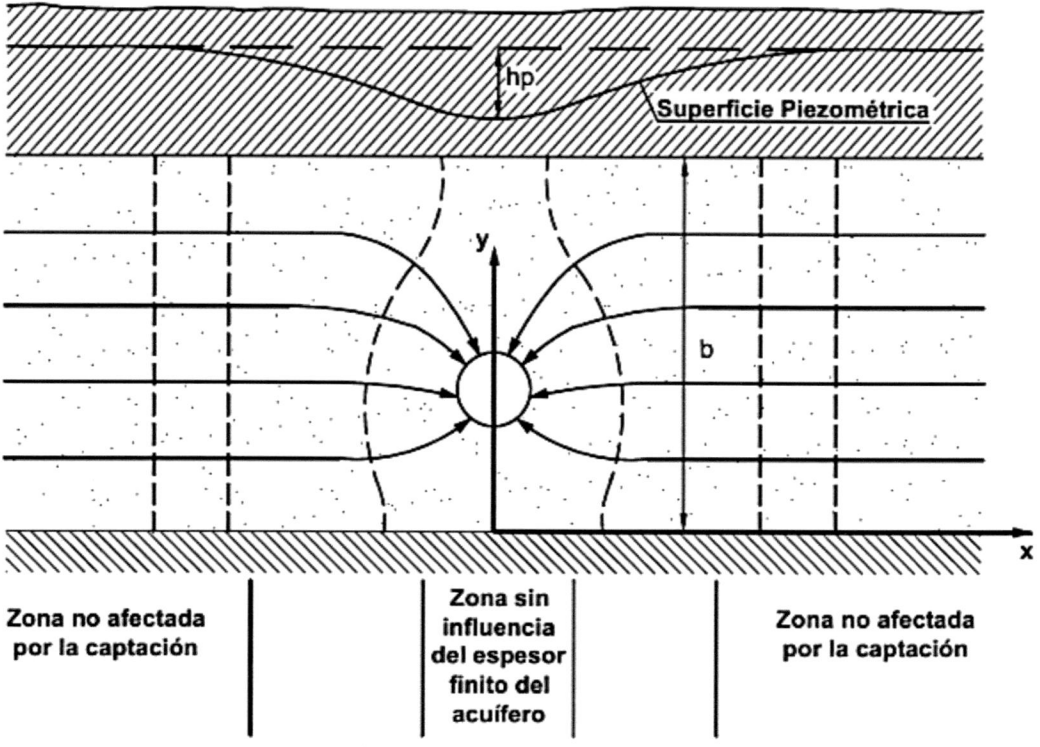

Figura 7-4 Flujo según Dupuit

$$s = \frac{q^*}{4\pi k}\left[-ln\left[\frac{1}{4}(ch\frac{\pi x}{b} - cos\frac{\pi(y + a_1)}{b}\right]\left[ch\frac{\pi x}{b} - cos\frac{\pi(y - a_1)}{b}\right] + 2(\frac{\pi L}{b} - ln4)\right]$$ (7-3)

$$s_0 = \frac{q^*}{4\pi k}\left[(\frac{\pi L}{b} - \ln(\frac{2\pi r_d}{b} sen\frac{\pi a_1}{b})\right]$$ (7-4)

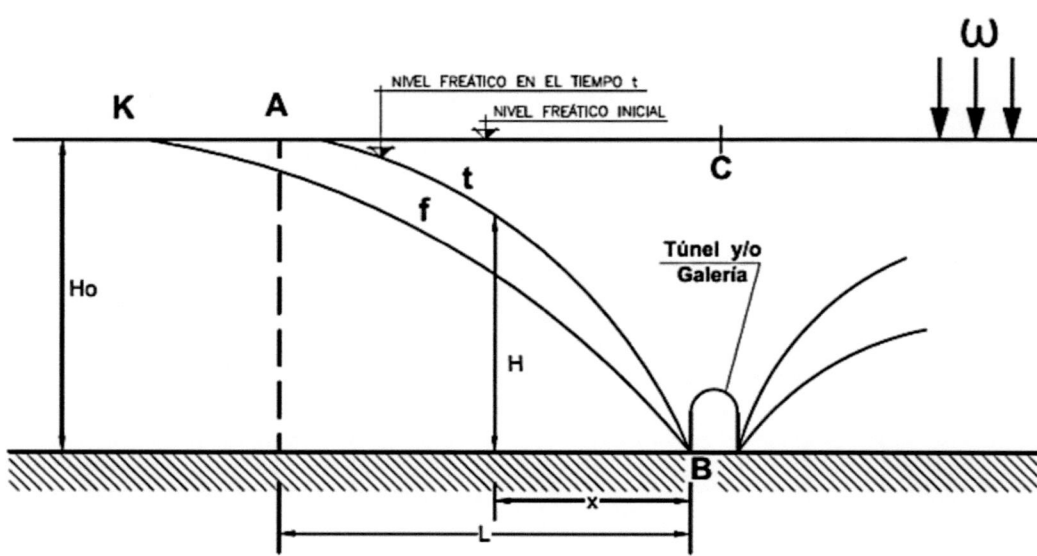

Figura 7-5 Cálculo de caudales filtrados hacia túneles

$$q(t) = H_0 \sqrt{\frac{0.5k\omega}{1 - \exp\left(-\dfrac{6\omega}{H_0}t\right)}} \qquad (7\text{-}5)$$

Si t → ∞

$$q(t) = H_0 \sqrt{\frac{k\omega}{2}}\,\omega L(\infty) \qquad (7\text{-}6)$$

$$L(\infty) = H_0 \sqrt{\frac{k}{2\omega}} \qquad (7\text{-}7)$$

$$V_g = C\frac{Q}{vp^e} \qquad (7\text{-}8)$$

Una parte de la carga que el terreno, en presencia de agua en filtración, ejerce sobre el revestimiento de un túnel lo constituye la distribución de presiones de agua sobre el mismo. La distribución de presiones de agua sobre un revestimiento impermeable puede calcularse fácilmente a partir de una red de corriente.

En el caso concreto de la Figura 7.6 se ilustra el efecto que, sobre las presiones de agua ejercidas sobre el revestimiento de un túnel, tiene la mayor o menor proximidad de un túnel de drenaje.

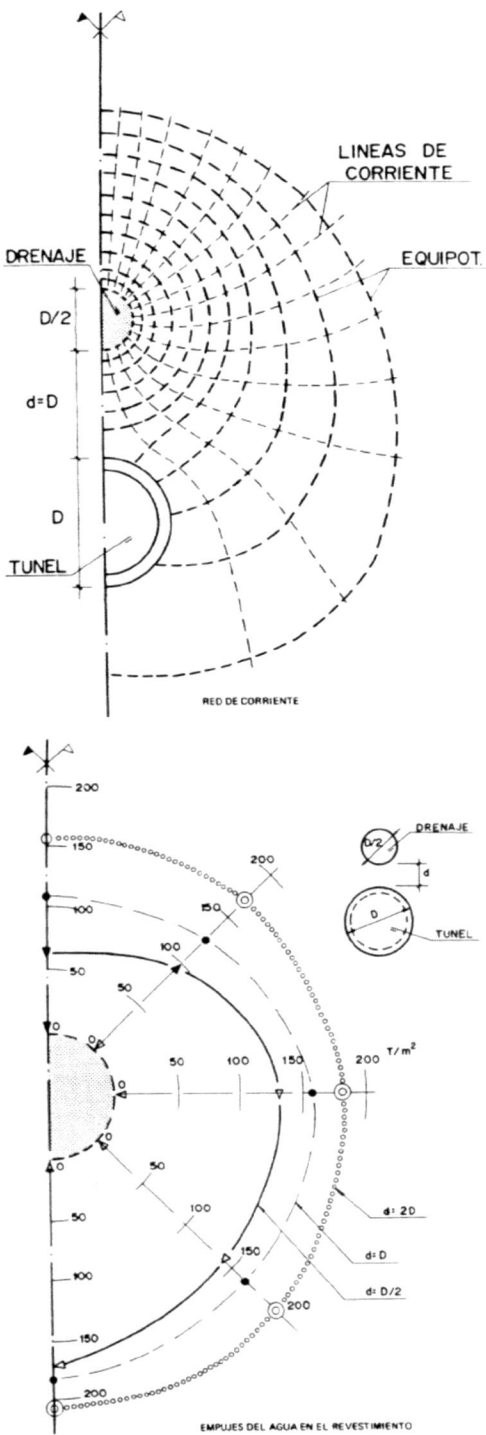

Figura 7-6 Red de corriente con proximidad de un túnel de drenaje (Oteo, [68]) y Empujes del agua en el revestimiento de un túnel con túnel de drenaje (Oteo, [68])

A estos efectos se puede estudiar el decremento de la presión intersticial por efecto de la excavación de un túnel como se muestra en la figura siguiente:

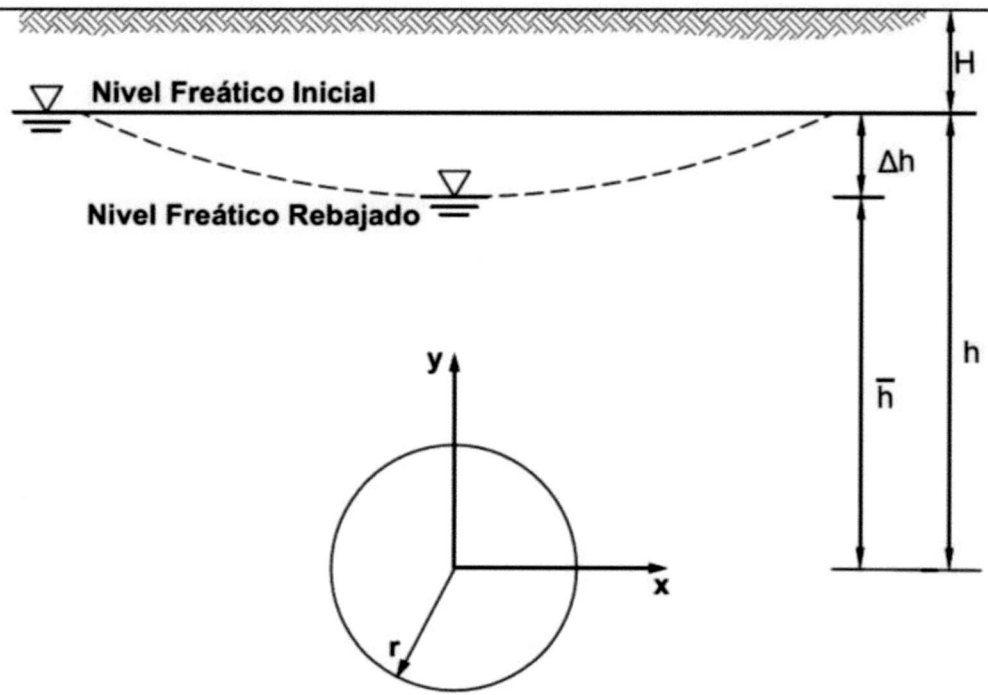

Figura 7-7 Rebaje del nivel freático por efecto de la ejecución de un túnel

En la siguiente tabla se recogen las formulaciones de flujo debido a la excavación de un túnel ([86]):

Tabla. 7-5: Soluciones aproximadas para determinar el flujo de agua en el túnel

Literature	Formula	Description
Goodman et al. (1965)	$Q_{Go} = 2\pi k \frac{h}{\ln\frac{2h}{r}}$	Initial water level, deep tunnels, homogeneous, isotropic and semi-infinite aquifer
Zhang and Franklin (1993)	$Q_{ZF} = 2\pi k \frac{h}{\ln\sqrt{1+\frac{4h^2}{r^2}}}$	Initial water level, varying hydraulic conductivity of medium in jointed rock deep tunnels
Lei (1999); Kolymbas and Wagner (2007)	$Q_{LK} = 2\pi k \frac{h}{\ln\left(\frac{h}{r}+\sqrt{\frac{h^2}{r^2}-1}\right)}$	Initial water level, for both deep and shallow tunnels
El Tani (1999)	$Q_{EI} = 2\pi k h \frac{1-3\left(\frac{r}{2h}\right)^2}{\left[1-\left(\frac{r}{2h}\right)^2\right]\ln\frac{2h}{r}-\left(\frac{r}{2h}\right)^2}$	Initial water level, tunnels of circular, elliptical or square cross-sections, non-homogeneous aquifer
Karlsrud (2001)	$Q_{Ka} = 2\pi k \frac{h}{\ln\left(\frac{2h}{r}-1\right)}$	Initial water level, homogeneous, isotropic and semi-infinite aquifer
Moon and Fernandez (2010)[1]	$Q_{MF1} = \frac{k\left(2R_yh-h^2\right)}{R_x-r}$ (shallow tunnel) $Q_{MF2} = 2\pi k \frac{\bar{h}}{\ln\frac{2h}{r}}$ (deep tunnel)	Lowered water level, using permeability reduction of medium, for both deep and shallow tunnels

[1]R_x is the horizontal influence distance of groundwater level drawdown from the center of tunnel, and R_y is the vertical influence distance of groundwater level drawdown from the initial groundwater level.

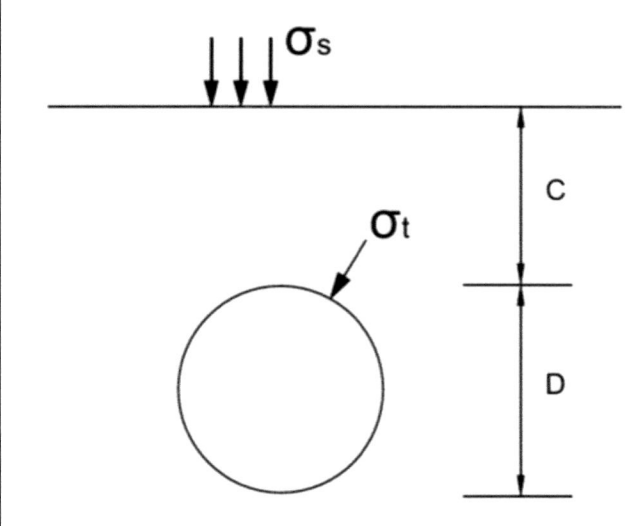

	Hipótesis:
σ_s (C, D diagram with σ_t)	• Revestimiento liso.
	• Carga hidrostática o flujo estacionario.
	• Flujo radial. Nivel piezométrico no afectado por el túnel.
	$\sigma_t = \sigma_g' + \sigma_i' + u$

donde,

σ_g': tensión efectiva en ausencia de fuerzas de masa debidas al agua.

Ejemplos:

1) En ausencia de deformación: $\sigma_g' = c.\gamma' + \sigma_s$ (clave).
2) En colapso: $\sigma_g' = \gamma'.D.T_\gamma(\varphi) + \sigma_s.T_s(\varphi)$

σ_i': tensión debida al gradiente de agua.
u=presión de agua.

Figura 7-8 Carga sobre el revestimiento de túneles originadas por el agua

El análisis indicado en las figuras 7.7 y 7.8, prescinde de la deformación del terreno. Si éste alcanza su rotura y si interesan además (como es necesario a efectos prácticos) la relación entre deformación del túnel y presión de revestimiento, el análisis anterior debe ser modificado. Incluso en el supuesto de que la permeabilidad del terreno sea constante y no afectada por la deformación, la distribución de gradientes no es uniforme. De hecho, estos tienden a concentrarse en las inmediaciones del túnel y por ello esta zona, al recibir más fuerzas de masa, tenderá a deformarse más que zonas alejadas de la excavación.

Por otra parte, las inmediaciones de la excavación son las más tensionadas y en ellas se desarrollan lógicamente las zonas plásticas. Por ello es de suponer que, en terrenos que alcancen la rotura, las condiciones de filtración modifiquen la extensión de las zonas plásticas y en consecuencia modifiquen las relaciones sostenimientodeformación (curvas características del túnel) que tanto dependen del grado de plastificación del terreno en las inmediaciones del túnel.

Sin embargo, las tensiones totales sobre el revestimiento han de calcularse como suma de las tensiones efectivas y de las presiones de agua. Así, sucede que, en presencia de filtración, a las fuerzas de masa habituales (peso) ha de añadirse una fuerza proporcional al gradiente.

Con las hipótesis que aparecen en la Figura 7-8, las cargas totales sobre el revestimiento de un túnel en los casos extremos de agua en reposo (túnel estanco) (Figura 7-9) y flujo estacionario hacia el túnel (que mantiene en su periferia una presión nula de agua, es decir un túnel drenado) (Figura 7-10).

A) Carga hidrostática: caso impermeable (no existe flujo de agua)

$u = \gamma_w . C$

$\sigma_i' = 0$

$\sigma_t = \sigma_g' + \gamma_w . c$ (en clave)

B) Flujo estacionario: Túnel profundo y permeable

Fuerzas de masa: $\gamma_{wi} = - \gamma_w \, (dh/dz)$

En clave: $\sigma_i' = \int_0^A -\gamma_w \frac{dh}{dz} d_z = C . \gamma_w$

$u = 0$

$\sigma_t = \sigma_g' + \gamma_w . c$ (en clave).

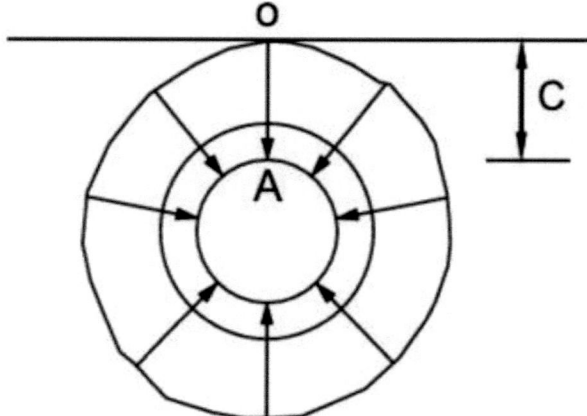

Figura 7-9 Carga sobre el revestimiento de túneles originadas por el agua en régimen estacionario

En este análisis se llega la conclusión de que en ambos casos las cargas son iguales. Este resultado puede ser explicado de forma muy sencilla: las fuerzas de masa inducidas por la filtración (en el caso de túnel drenado) equivalen a la presión hidrostática de agua (en el caso de túnel estanco). Una consecuencia de este análisis es que no se reduce la carga sobre un revestimiento por hacerle drenante.

Si el terreno permanece en régimen elástico, es menos obvio que la filtración haga cambiar de forma importante, aunque el cambio de hipótesis que introduce un análisis elástico con relación a las indicadas en la Figura 7-8 lógicamente ha de tener algún efecto.

El análisis de la influencia de la filtración en el comportamiento mecánico del túnel puede abordarse mediante técnicas numéricas que resuelvan el problema acoplado flujo-deformación. Más útiles son probablemente los planteamientos analíticos y semianalíticos, aunque deban introducir hipótesis simplificadoras con relación al comportamiento de los materiales, al grado de acoplamiento flujo-deformación y a la simetría del problema.

Las hipótesis que se introducen en dos aportaciones a este problema (véase las publicaciones de Jiménez Salas [53], Jiménez Salas y Serrano [54], y Lembo Fazio y Ribacchi [59]) se han resumido en la Tabla 7.6. y Figura 7-10. Algunos aspectos de la solución obtenida por estos autores se presentan a continuación.

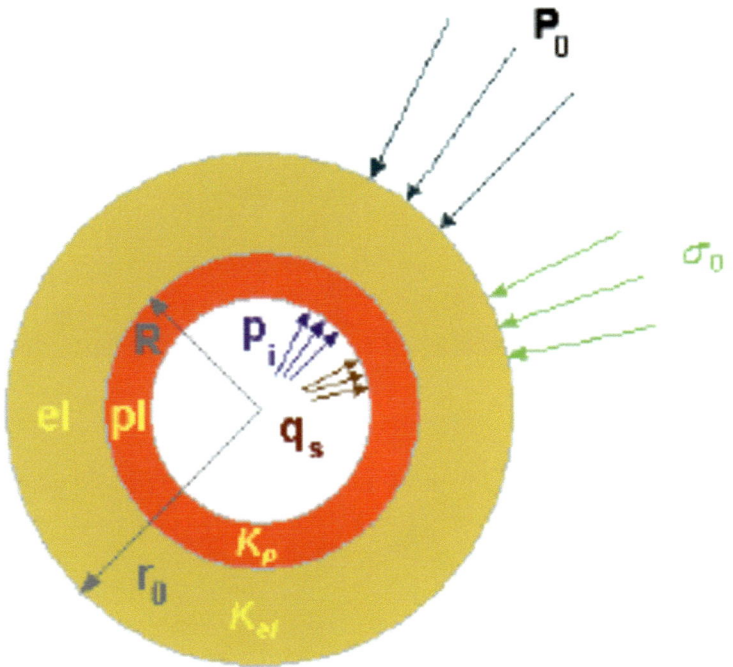

Figura 7-10 Influencia de la filtración en el comportamiento del túnel

Tabla.7-6: Condiciones de bordes para el cálculo de la filtración sobre el comportamiento del túnel

	Lembo Facio + Ribacchi, 1984	Jiménez Salas, 1981 Jiménez Salas + Serrano, 1984
FLUJO DE AGUA PERMEABILIDAD	Condiciones de contorno estacionarias: $t \to \infty$ • $K_{el}/K_{pl} = \alpha;\ \alpha \in [0,1]$ • Acoplado $K = K_0\left(\dfrac{n}{n_0}\right)^3$ $$\Delta n = -\frac{(C-C_s)(1+\upsilon)(\Delta\sigma_1'+\Delta\sigma_3')}{3} + C_s\Delta p + \varepsilon_v^p$$	• Consolidación radial (desacoplada de problema tensional) $0^+ < t < \infty$ • Condiciones iniciales NO drenadas (Skempton / Henkel) $K(r)$
SIMETRÍAS	• Radial • No se consideran gradientes de z (h ≅ p_∞) • $K_0 = 1$	• Radial/Esférica • No se consideran gradientes de z (h ≅ p_∞) • $K_0 = 1$
MATERIALES	Elastoplástico / Reblandecimiento Mohr-Coulomb / Hoek-Brown Matriz compresible	Elastoplástico perfecto Mohr-Coulomb Matriz incompresible
OBSERVACIONES	Suponer $p_{\omega i} = 0$ Estudian efecto de condiciones de permeabilidad en: • Curvas características • Distribución de tensiones	Estudian efecto de $p_{\omega i}$ + otros factores en desarrollo zona plástica

El terreno se mantiene en régimen elástico las tensiones en el contorno del túnel y el desplazamiento radial del mismo, en el caso de existir un flujo hacia el túnel son prácticamente idénticos a la solución clásica en tensiones totales (Tabla 7-7).

Tabla.7-7: Análisis elástico con flujo

Tensiones y desplazamientos en el contorno del túnel
• Solución clásica: $\sigma_r = q_s$ $\sigma_\theta = 2\sigma_0 - q_s$ $u = \dfrac{1+\upsilon}{E}(\sigma_0 - q_s)\cdot r_i$
• Con flujo: $\sigma_r = q_s$ (independiente de la distribución de p_ω) $\sigma_\theta = 2\sigma_0 - q_s - \beta(p_0 - p_i)$; $\beta = \left(1 - \dfrac{C_s}{C}\right)\dfrac{1-2\upsilon}{1-\upsilon}$ $u = \dfrac{1+\upsilon}{E}(\sigma_0 - q_s)\cdot r_i$

7.5 Soluciones constructivas

Antes de proceder a la descripción de las diferentes soluciones constructivas para acometer el problema de las excavaciones de túneles con flujos de agua subterránea, cabe decir que, resulta preciso identificar aquellas situaciones en las que los túneles pueden sufrir problemas con la incursión del agua y, en su caso, deben definirse unos parámetros mínimos desde el ámbito funcional, del diseño y de la ejecución que permitan un cierto control de la irrupción de caudal y del entorno.

No cabe duda, que es un problema de gran complejidad que debe de satisfacer todos los requerimientos de las diferentes etapas de diseño, construcción y explotación del túnel.

Uno de los requerimientos que en numerosas ocasiones suele pasar desapercibido, es la definición de la tasa de entrada de agua durante la fase constructiva del proyecto. Por ejemplo, si el túnel se ejecuta en una zona urbana, no cabe duda de que la reducción del nivel freático puede originar subsidencias en superficie y potenciales daños en las edificaciones próximas e infraestructuras adyacentes. Para estos casos, no resulta suficiente planificar un revestimiento que dote de estanqueidad al túnel durante su fase de explotación o servicio.

Efectivamente, el plazo de construcción de un túnel requiere varios meses o años, esto es, un dilatado tiempo desde el comienzo de la excavación y sostenimiento del túnel hasta la puesta en obra de su impermeabilización y revestimiento definitivo. En este transcurso de tiempo, es posible la ocurrencia de grandes flujos de agua al interior del túnel reduciendo el nivel freático de la zona.

Sucede que, esta problemática no resulta fácil de corregir y, con bastante frecuencia, suele ser demasiado tarde su detección a fin de evitar asentamientos, daños o colapsos de estructuras próximas preexistentes.

Una de las soluciones constructivas que permite mantener de una manera constante el nivel freático durante la excavación es el empleo de una máquina tuneladora tipo EPB (Earth Pressure Balanced Machine) que genera un equilibrio de presiones frente al terreno excavado.

Así, el principio de funcionamiento de una tuneladora de frente en presión (de tierras o de lodos) es establecer un equilibrio entre el empuje del terreno y la presión ejercida por el material excavado que está en la cámara estanca. Esta presión en la cámara debe ser controlada a través de la velocidad de avance del escudo (en último término, dependiente de la presión de los gatos d empuje y de la rotación de la rueda de corte), de la velocidad de extracción del escombro y del grado de fluidificación del material en la cámara.

Es por ello que, resulta fundamental en la operación del escudo conseguir un buen comportamiento del "tapón" de suelo confinado, estando prevista la inyección de un aditivo fluidificante que cumpla con los siguientes objetivos: fluidificación e impermeabilización del material excavado tanto en la cámara como en el tornillo sin-fin de extracción, uniformización de las presiones de confinamiento del frente delante de la rueda de corte y, por último, conversión del escombro en un material relativamente sólido para facilitar su evacuación y transporte.

Para escenarios en los que el terreno a excavar está formado por una roca dura, en este caso las tuneladoras no poseen la misma tecnología y es necesaria realizar preinyecciones en el frente para evitar fugas tanto a nivel local como a nivel global (mediante mejoras del terreno).

En estos casos, es de vital importancia para el proceso de ejecución del túnel con TBM (Tunnel Boring Machine) tener controladas todas las surgencias ya que cualquier operación como, por ejemplo, la erección de dovelas (escudo simple o doble escudo) podría ser complicada e, incluso, podría dificultar el posterior sellado del espacio anular alrededor del revestimiento ("gap" o "huelgo") que, normalmente, es inyectado con lechada de cemento.

Los revestimientos in situ empleados en los métodos convencionales de ejecución de túneles son bastante más flexibles y ofrecen el tiempo suficiente a realizar posibles reparaciones de juntas en caso de ser necesario. La combinación de hormigón proyectado e inyecciones a presión suelen dar unos resultados bastante aceptables frente a la entrada de agua en el túnel.

A partir de los párrafos anteriores, es posible extraer dos importantes conclusiones:

- Un revestimiento de hormigón en numerosas ocasiones llegará tarde para poder prevenir daños superficiales como asientos en edificios.

- El uso de membranas y preinyecciones ayudarán en gran medida a combatir la incidencia del agua y permitirán generar túneles más estancos y seguros.

En general, hay tres posibles maneras de actuar frente a la acción del agua en el túnel:

- Reducir la entrada de caudales importantes de agua al interior del túnel taponando los puntos por donde el agua fluye al interior, a fin de mejorar las condiciones de excavación del túnel.

- Tratar de oponerse al paso del agua a través del sostenimiento en ejecución, reforzando en la medida de lo posible la impermeabilización primaria puesta en obra.

- Controlar la entrada del agua mediante elementos adecuados para captarla, conducirla y verterla al exterior; para evitar su afección directa al frente de excavación del túnel.

Aunque pueden parecer términos o estrategias contrapuestas, en la práctica todas ellas son compatibles y habitualmente dichas técnicas se superponen.

Las técnicas que habitualmente se emplean para la impermeabilización del túnel consisten en:

- **Impermeabilización primaria**: consiste en la canalización y conducción del agua.

- **Impermeabilización principal**: formación de una barrera física que impida la penetración de agua al interior del túnel por medio de la colocación de láminas impermeables.

- **Impermeabilización selectiva**: para corte de flujos de agua concretos; de forma general, se aplicarán morteros de fraguado rápido o realizarán inyecciones puntuales de resinas acuareactivas.

En la Tabla 7.8., derivada del trabajo de Batón, [7], se recogen los métodos constructivos para el control de la entrada de agua al túnel, con las posibles medidas de drenaje e impermeabilización y con indicación de sus respectivas ventajas e inconvenientes, en función del sistema constructivo empleado para construir el revestimiento del túnel.

Como puede verse, dependiendo del flujo de agua y de la durabilidad requerida, hay varias soluciones constructivas que se pueden proyectar y siempre se centran en la impermeabilización y que se resumen en los siguientes apartados.

Tabla. 7-8: Métodos constructivos: impermeabilización y drenaje (Bayón, [7]).

Sistema constructivo del revestimiento		Drenaje	Impermeabilización	Posibles medidas adicionales	Ventajas	Inconvenientes
Convencional	Hormigón encofrado	Recogida y evacuación del agua, con geotextil	Lámina impermeabilizante en trasdós de revestimiento.	Geotextil, lámina o capa impermeabilizante. Eventualmente, galerías o dispositivos drenantes.	Combinación drenaje e impermeabilización.	Las inherentes al efecto drenante durante y después de la obra. Abatimiento del nivel freático.
	Hormigón proyectado	Control del agua durante la construcción. Valores 2-10 l/min cada 100 m de túnel.	Preinyección. En algunos casos, capas o láminas impermeabilizantes entre capas de hormigón proyectado.	Eventualmente preinyección (inyección del terreno por delante del frente. Sistema Noruego).	Económico. Menores filtraciones durante las obras.	Menor garantía de impermeabilización dentro del túnel. Posibilidad de afección medioambiental de las inyecciones.
Tuneladora	Dovelas (escudos)	Excepcionalmente sistemas de drenaje. Drenajes localizados durante la construcción.	Inyección entre el terreno y el trasdós de las dovelas. Excepcionalmente, impermeabilización posterior adicional.	Presión de la cámara (trabajo en modo cerrado).	Impermeabilización de calidad a corto plazo.	Dificultad de acceso al frente.
	Hormigón proyectado (TBM roca dura)	Recogida y evacuación del agua, con geotextil	Misma sistemática que le método convencional a partir de una cierta distancia del frente.	Preinyección al avance (países nórdicos)	Combinación de impermeabilización y drenaje, más las inherentes a la mayor rapidez de colocación de la impermeabilización.	Similares al método convencional con hormigón encofrado.

7.6 Preinyecciones al avance

La preinyección o pregrouting, consisten en actuaciones directas desde la sección de avance del túnel (a veces, en túneles poco profundos se puede llegar a ejecutar desde la superficie) donde mediante barrenos se perfora e introduce lechada con el fin de sellar u minimizar la entrada de agua en el macizo encajante. Tal ha sido la demanda de esta técnica que, en los últimos 20 años se ha convertido en la medida más importante ejecutada en la construcción moderna de túneles.

Uno de los motivos principales de este éxito se pueda deber, quizás, a que los límites de drenaje permitidos por las autoridades medioambientales en cada país son cada vez son más estrictos. Esto se debe a unas políticas que quieren reducir los posibles asientos que se ocasionen por encima del túnel (causantes de daños irreversibles en la superficie como por ejemplo a infraestructuras, edificios, carreteras...) y las afecciones hidrogeológicas a los ecosistemas colindantes.

Los riesgos de colapso o filtraciones de cierto riesgo pueden ser neutralizadas con facilidad con la ayuda de perforaciones sistemáticas en el frente de excavación.

Esta técnica de preinyección al avance consiste en la realización de inyecciones desde el frente de excavación, antes de que las aguas fluyan al interior del túnel. Con ello, se consigue una reducción del flujo de agua al interior del túnel, hasta un valor que sea compatible con el sistema de bombeo del túnel durante la fase de ejecución y explotación posterior.

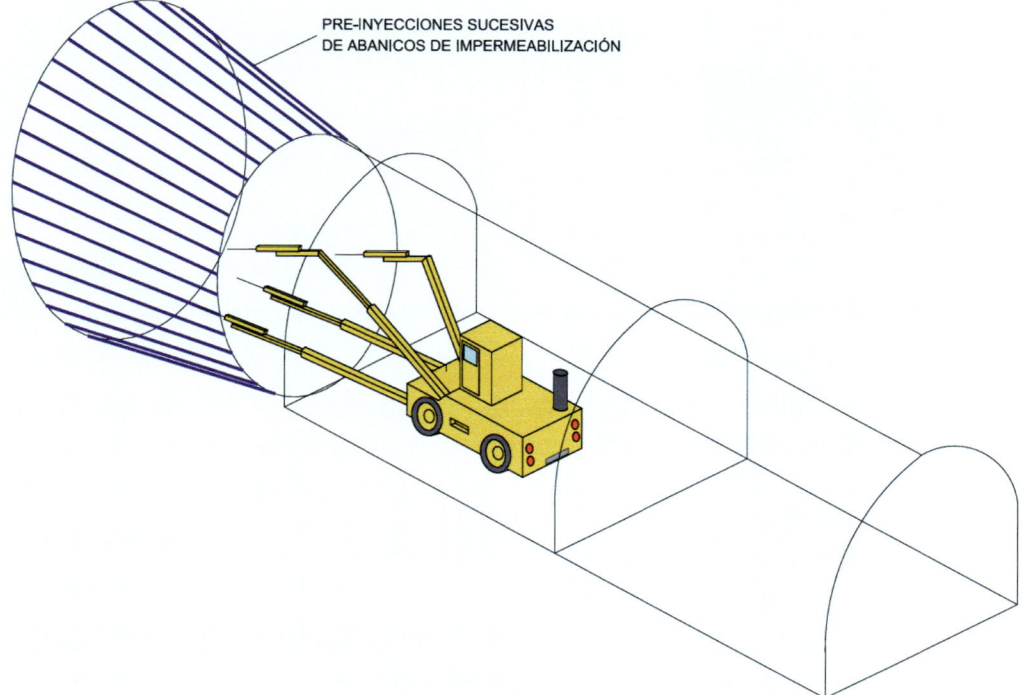

PRE-INYECCIONES SUCESIVAS DE ABANICOS DE IMPERMEABILIZACIÓN

Figura 7-11 Perforación de un abanico de inyección en el perímetro del túnel

Básicamente, el método consiste en la ejecución de inyecciones a presión en el macizo excavado, desde el frente del túnel. Se inicia con la perforación de una serie de taladros de diámetro y longitud determinada alrededor del perímetro del túnel, con una inclinación especificada, se instala un obturador cerca de la boca de cada taladro, se conectan los obturadores a una bomba de inyección y se bombea un fluido de inyección que debido a la sobrepresión rellena las fracturas y juntas del macizo rocoso que rodea al taladro.

Como acaba de indicarse, la perforación de los taladros donde se realizarán las inyecciones es perimetral, de modo parecido a como se realizaría un enfilajes o paraguas de un túnel. Se trata de una configuración en "abanico". Las figuras adjuntas ilustran esquemáticamente este proceso.

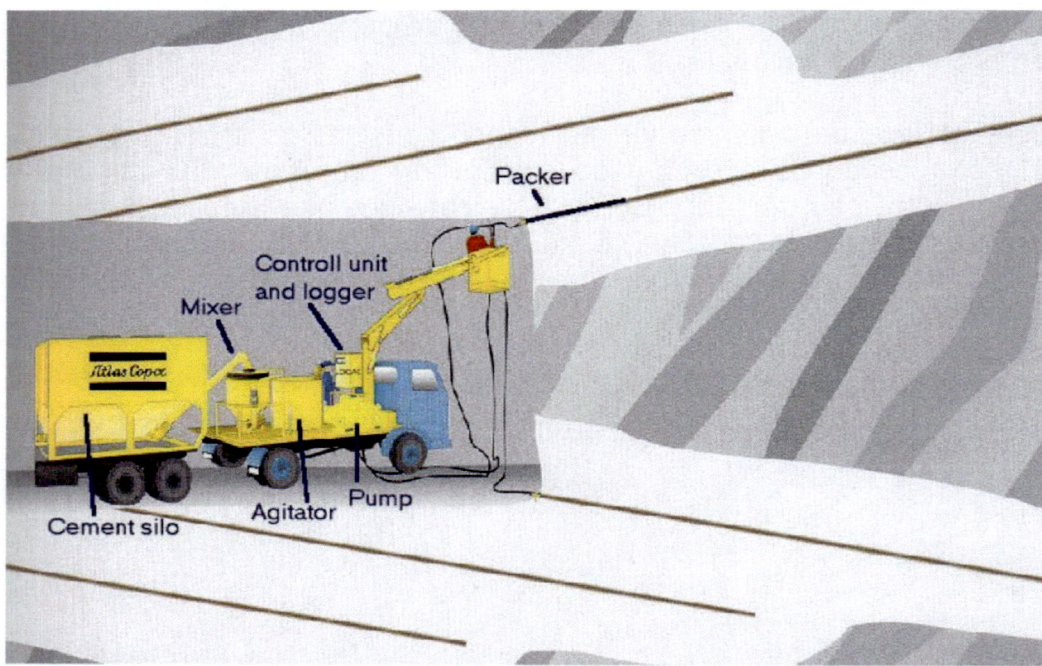

Figura 7-12 Inyección de un abanico de impermeabilización (Atlas Copco, [5])

A título informativo, el esquema de perforación e inyección de los abanicos podría presentar los siguientes parámetros:

- Longitud de perforación: 12,00-15,00 m.
- Distancia entre barrenos: 1,00-3,00 m.
- Inclinación de barrenos: 5-10º.
- Solape entre abanicos: 1/3 a 1/2 de la longitud de los taladros.
- Diámetro de perforación: 50,00-65,00 mm.
- Producto de inyección: lechada de cemento (relación agua/cemento de 1/3).
- Presión de inyección de 0,50 MPa a 2,00 MPa.

Sin merma de lo anterior, si bien existe en el mercado una amplia gama de productos de inyección química de gran rendimiento, no hay que olvidar la potencial toxicidad de algunos de estos materiales desde un punto de vista medioambiental.

En la Tabla 7.9. recogida en Castanedo, [22], se adjunta un resumen de los principales efectos medioambientales de algunos de los materiales empleados en las preinyecciones y postinyecciones del túnel.

Tabla. 7-9: Toxicidad de algunos de los productos de inyección química del terreno desde un punto de vista medioambiental y de salud laboral (Castanedo, [22])

CARACTERÍSTICAS	POLIACRILAMIDA	POLIURETANO (1)	POLIACRILATO	POLIURETANO (2)	RESINA BASADA EN MELAMINA
INFORMACIÓN FUNCIONAL					
Aplicable para tamaño de poros	< 0,1 mm	0,01 – 1 mm	< 0,1 mm	0,01 – 1 mm	0,01 – 1 mm
Adecuación para caudales de infiltración de agua	Bajos	Altos	Bajos	Altos	Altos
Experiencia de aplicación práctica	Largo tiempo	Largo tiempo	Menor	Menor	No se han utilizado antes en este contexto
SALUD LABORAL					
Sustancia química de mayor interés	Acrilamida	Cianato (MDI)	Poliacrilato	Cianato (MDI)	Formaldehído
Riesgo para la salud	Alto (cancerígeno; tóxico para sistema nervioso)	Irritaciones; alergias	Irritaciones	Irritaciones alergias	Tóxico cuando se inhala; alérgico; susceptible de ser cancerígeno
ASPECTOS MEDIOAMBIENTALES					
Producto químico	Acrilamida	Di-n-Butil	Ácido acrílico (AA)	Cianato (MDA)	Formaldehído
Sustancia de interés medioambiental		Ftalato (DBP)	AA		
Bioacumulación potencial	No	No	No	Sí	No
Toxicidad PNEC[7] Agua dulce Agua salada	180 µg/l 40,8 µg/l	10 µg/l 2,6 µg/l Efectos hormonales potenciales	140115	-3 Sin datos	-0,002 Sin datos
% de Escape	Sin datos	0,16	1,2 (15% AA en el producto)	0,04 (Solo experimentos de laboratorio)	Sin datos

7.7 Postinyección

La postinyección se diferencia de la técnica anterior porque las perforaciones se realizan a lo largo del trazado excavado del túnel, en el lugar en el que se encuentran las filtraciones o flujos de agua. Esta técnica es una medida especialmente costosa por lo que se recomienda únicamente en casos de extrema necesidad. Así, resulta habitual que esta postinyección sea empleada mayoritariamente como suplemento a la preinyección antes realizada.

Su uso suele destinarse para sellar pequeñas fugas puntuales que aparecen a lo largo del trazado, siendo así, en estas condiciones, cuando resulta realmente eficaz. El motivo por el cual abordar el problema del agua a posteriori suele ser un error es debido a la migración de los puntos de fuga de un lugar a otro. Con la postinyección el agua ya ha comenzado a fluir por las fisuras y las juntas tienen que ser bloqueadas con agua a presión que ya fluye por ellas.

Hay que tener en cuenta que cuando se bombea una lechada en un macizo rocoso, ésta se rige por el principio de resistencia menor. Esto quiere decir que en múltiples ocasiones (en las postinyecciones) el flujo que ofrece menor resistencia suele ser el que lleva de nuevo de vuelta al mismo túnel.

Otro de los problemas que afectan a las postinyecciones es el lavado y consecuente pérdida de material de la lechada. Un estudio en relación con algunos proyectos noruegos indica que el coste y rendimiento que supone una postinyección supera con creces al de una preinyección. A pesar de no existir una cifra exacta (otros expertos de la materia indican de 2 a 10 veces superior) lo que si llega a concluir el conjunto de los ingenieros es que en términos generales la postinyección es muy cara y difícil de aplicar.

En los casos que se esperen grandes fluencias de agua y especialmente en el caso de altas columnas de agua, se recomienda llevar a cabo sondas de perforación por delante del frente de avance, para detectar la necesidad del uso de una preinyección. Basado en la experiencia el costo de evitar la entrada de agua mediante postinyección es de 30– 60 veces mayor que el uso de preinyección.

En el artículo de Kvarner, [57] se resume el catastrófico trasfondo del túnel de Romeriksporten (longitud de 14,00 km) en el cual se encontraron grandes filtraciones de agua a lo largo de 2,00 km de su trazado. Para paliar dicho problema se propuso una solución mediante postinyecciones que derivó en unos sobrecostes que resultaron inabordables teniendo en consideración la primera oferta.

7.8 Otros tratamientos de impermeabilización del terreno

Sin merma de los aspectos anteriores, es posible realizar tratamientos del terreno tendentes a reducir la entrada de agua al interior de un túnel (ya sea excavado mediante máquina tuneladora o por medios convencionales). A continuación, se enumeran las soluciones concretas más usuales en obras de túneles:

- **Inyecciones de Lechada de Cemento**: Estas inyecciones están constituidas por una mezcla de cemento, agua y aditivos. El tipo de aditivo a utilizar dependerá del tipo de lechada adoptada y de la naturaleza del terreno. Normalmente se usa bentonita, cenizas o arena, utilizando la técnica del tubo manguito. El objetivo de estas inyecciones es la de rellenar con la lechada los huecos existentes entre los granos del suelo, para lo cual la penetrabilidad del material de inyección vendrá dada por el tamaño de los espacios intergranulares. De acuerdo con la experiencia habitual sólo los materiales granulares gruesos son aptos para este tipo de tratamiento de mejora. Ello lo hace a priori descartable en las obras donde predominan los suelos con alto contenido de finos.

- **Inyecciones Químicas**: De modo análogo al caso anterior, el objetivo de este tratamiento es rellenar los huecos del suelo sin afectar a su estructura interna. Estas inyecciones están constituidas por una mezcla de agua y geles químicos, que tienen una penetrabilidad mayor que el cemento. El método del tubo-manguito es el procedimiento utilizado para la inyección de estos geles. Antes de elegir el tipo de inyección una es esencial conocer in situ su eficacia, para lo cual es necesario realizar un campo de pruebas y, a la vista de los resultados obtenidos en este campo, decidir el tipo y el método de inyección más adecuado. El tipo de mezcla dependerá del objetivo del tratamiento, tamaño de los poros, y de la viscosidad y tiempo de endurecimiento del gel. Otras consideraciones a tener en cuenta en la elección del producto son la resistencia requerida, los posibles efectos que produce sobre el entorno y su coste.

- **Jet Grouting**: Con este tratamiento se persigue, en primer lugar, la rotura general o disgregación del suelo en torno y a la perforación. Dicha disgregación la produce un chorro lateral de alta presión de lechada de cemento que se une íntimamente con el suelo disgregado y, al fraguar, forma un sólido mixto suelo-lechada, de características considerablemente mejores en cuanto a resistencia e impermeabilidad que el terreno original. El diámetro de las columnas es función de la presión de inyección y de la naturaleza y estado del terreno. Para conseguir una mejora en todo el volumen del terreno, este tratamiento se suele aplicar mediante taladros dispuestos según una malla, espaciada según el diámetro de la columna.

- **Congelación del Terreno**: Este es un tratamiento que normalmente sólo se utiliza en terrenos saturados cuando el resto de los tratamientos no son aplicables o cuando se ha producido alguna forma de colapso del terreno. El objetivo de este tratamiento es crear por congelación un anillo estable alrededor de toda la zona a excavar, mediante unos taladros en el terreno, a través de los cuales se inyecta un fluido de congelación (Nitrógeno líquido o Salmuera).

7.9 Láminas de impermeabilización

La impermeabilización del túnel frente a las filtraciones de agua a través del macizo encajante se suele resolver colocando láminas impermeabilizantes entre el sostenimiento colocado y el revestimiento, y recogiendo las filtraciones en tubos perforados longitudinales al túnel, situados a ambos lados, al final de los faldones de las láminas.

Las filtraciones se conducen desde éstos a un colector general o principal por medio de otros tubos transversales o conexiones distantes entre sí de 5,00 m a 10,00 m.

En general, es más económico y sencillo no desplazar el agua, sino captarla y dirigirla mediante las cunetas a la red de drenaje del túnel.

Existe una clasificación de las medidas a tomar en cuanto a las técnicas de impermeabilización:

- **A: Impermeabilización en franja capilar**: pinturas impermeables y membranas, que deben cerrar los poros para evitar que la humedad llegue al interior del túnel según las leyes de la capilaridad.

- **B: Impermeabilización en zonas de saturación**: morteros hidrófugos, membrana y láminas impermeabilizantes, que deben desviar el agua para que se generen presiones intersticiales; generalmente, el agua desviada se recoge en un drenaje longitudinal al túnel.

- **C: Impermeabilización en aguas subterráneas**: membranas, láminas impermeabilizantes y morteros hidrófugos, cuya misión es la impermeabilización flexible, cerrada y resistente a la presión del agua subterránea.

Las exigencias que se requieren en cuanto al grado de impermeabilización de un túnel dependen, esencialmente, del tipo de uso al que se le vaya a destinar.

Es aconsejable no tener unas exigencias innecesariamente altas y que no estén en consonancia con el uso del túnel, porque ello tendrá importantes repercusiones económicas (coste total de la obra) y de ingeniería (especificaciones técnicas).

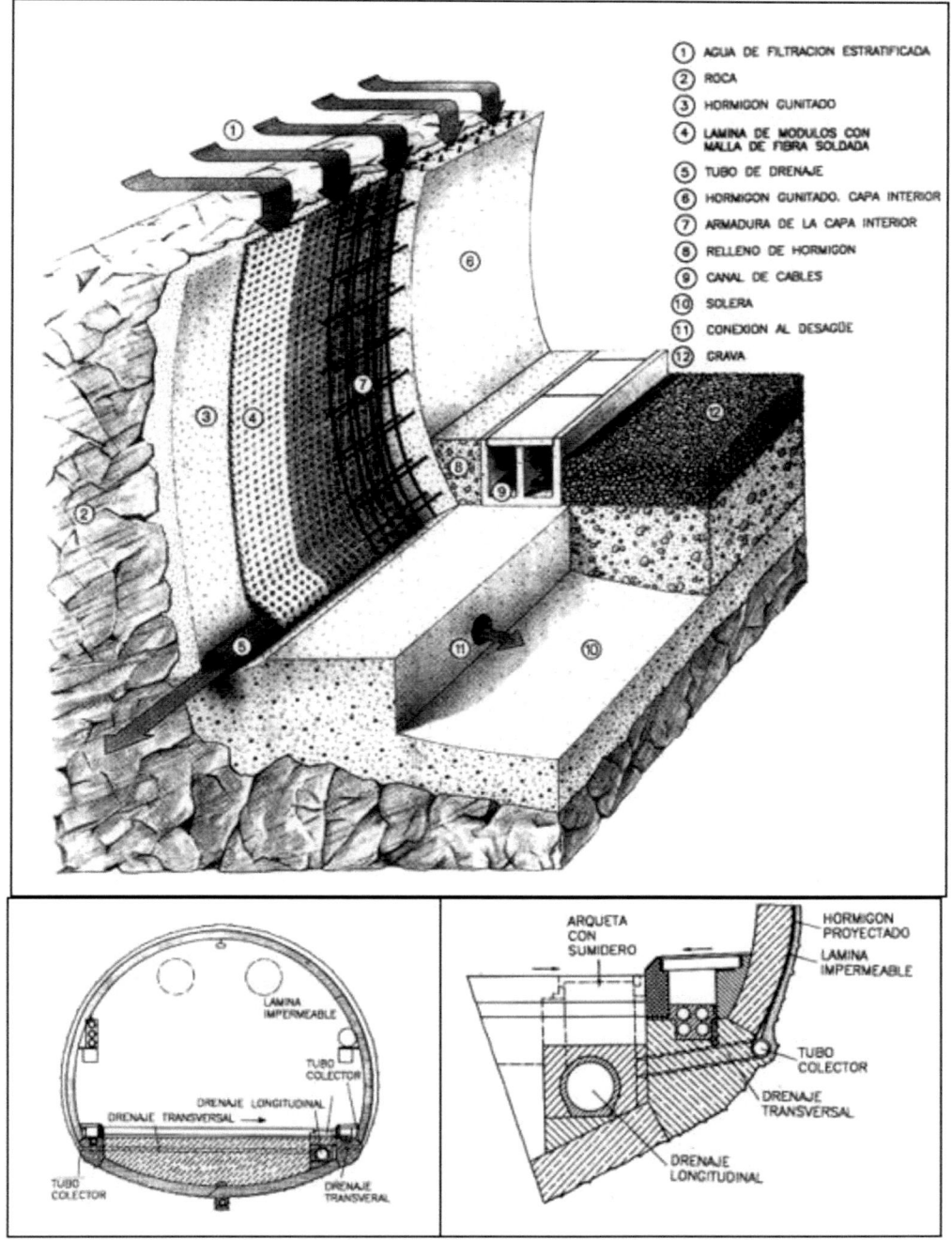

Figura 7-13 Impermeabilización del túnel frente a filtraciones a través del macizo encajante.

En túneles de carretera, por ejemplo, normalmente se requiere un grado de impermeabilización más alto que los túneles de ferrocarriles, pero no deben ser estancos. Se suelen admitir humedades capilares. Como se dispone de revestimiento interior, es fácil prever un sistema de impermeabilización generalizado en tres fases: primaria, intermedia y principal, a saber:

- **Impermeabilización primaria**, esto es, los trabajos provisionales de taponamiento, recogida y conducción de las filtraciones localizadas que tuvieron lugar durante la excavación del túnel.

- **Impermeabilización intermedia** que, normalmente, se realiza mediante la aplicación de gunitas, hormigones proyectados y/o morteros durante las labores de ejecución del sostenimiento del túnel.

- Por último, la **impermeabilización principal**, que consistiría en la colocación de una membrana impermeable, de cualquier tipo, que garantice la absoluta estanqueidad del túnel, a aplicar en aquellas zonas con evidentes filtraciones y no en la totalidad de la longitud de este.

Esta técnica ofrece garantías de durabilidad a largo plazo cuando se emplea junto con materiales capaces de afrontar el ambiente en el interior de los túneles durante su construcción y su operación. Su eficacia resultará mejorada disponiendo un material poroso (ej. geotextil alveolar) entre la membrana y el intradós existente, lo cual procura una sección amplia para el drenaje.

Esto mismo puede conseguirse mediante el empleo de una membrana fijada mediante pernos, los cuales actúan como espaciadores, formando canales para la circulación del agua. Pueden adaptarse diferentes alturas de pernos, de modo que se procuren las óptimas condiciones de drenaje requeridas para cada caso.

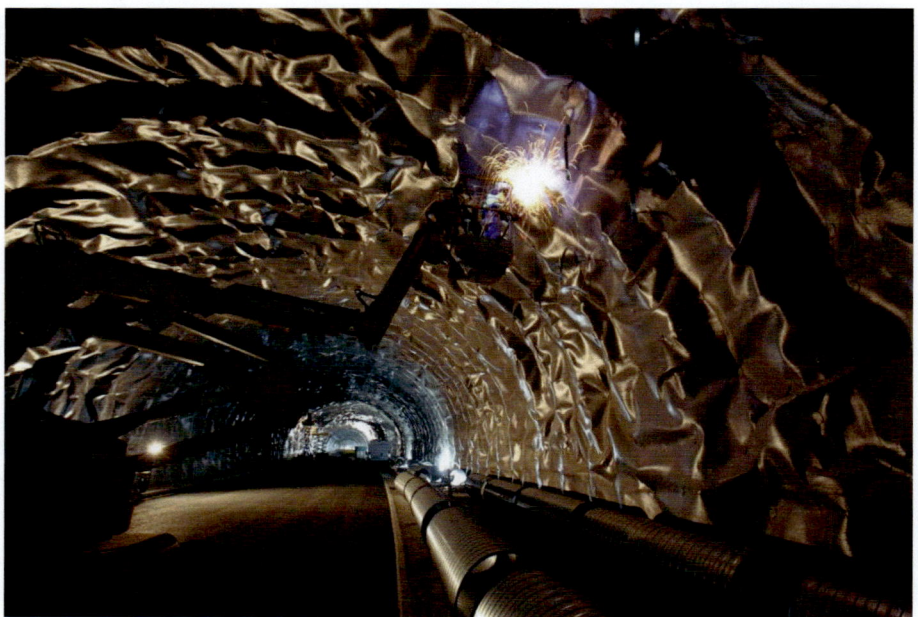

Figura 7-14 Impermeabilización del túnel mediante membrana impermeable

Los drenes, al recoger el agua retenida por la membrana impermeable, pueden obstruirse por el desarrollo de calcificaciones y sedimentos. La sección de los drenes debería dimensionarse teniendo esto en consideración, al tiempo que deberían renovarse partidas para limpieza y mantenimiento.

Como norma general, los túneles actuales, tanto los de las líneas de alta velocidad como los túneles de carreteras, disponen de una serie de elementos que evitan que las posibles aguas de filtración del terreno alcancen el revestimiento y puedan producir goteos indeseados en el interior de la sección.

Para los túneles en los que el nivel piezométrico se sitúa claramente por debajo de la rasante, o aquellos en los cuales dicho nivel se encuentra sobre la rasante pero la permeabilidad de los terrenos atravesados es relativamente baja, se dispone una sección tipo "impermeable" pero no estanca, en la que las filtraciones que alcanzan el túnel son conducidas mediante una lámina impermeable protegida por un geotextil drenante a unos drenes longitudinales que se conectan con el sistema de drenaje del túnel. De este modo, se evita que aparezcan goteos en el revestimiento que afecten a la funcionalidad del túnel y se retiran las aguas que se infiltran hasta el mismo evitando que dichas aguas ejerzan presión hidrostática sobre el revestimiento.

En aquellas zonas en las que la permeabilidad del terreno es elevada y/o el nivel piezométrico se encuentra por encima de la rasante, puede ser necesario, tanto para no afectar a dicho nivel piezométrico y sus posibles sistemas acuíferos asociados, como para garantizar el correcto funcionamiento de los elementos que forman parte del túnel, acudir a una sección "estanca" en la que las aguas que alcancen el exterior del revestimiento no puedan alcanzar el interior de este.

A este respecto, a título informativo y como referencia, resulta de utilidad poder definir diferentes clases de impermeabilización para diferentes condiciones de explotación, particularmente en casos donde la propiedad es responsable de la explotación de una amplia red de túneles. Podemos encontrar un ejemplo de ello en la Compañía de Ferrocarriles Alemanes, Deutsche Bahn AG ([30]). Las clases de impermeabilizaciones y sus respectivos niveles de permeabilidad aceptables se muestran en la Tabla 7-10.

No es el propósito de este estudio definir o recomendar estándares aceptables de estanqueidad. Debe puntualizarse, sin embargo, que la eliminación de todas las filtraciones durante la fase de explotación de un túnel puede ser un largo y caro proceso, y antes de proceder con este trabajo, deberían revisarse los requerimientos de detalle en relación con las necesidades ambientales del túnel, para así poder definir un objetivo razonable.

Tabla.7-10: Clasificación de la estanqueidad según recogida por la Deutsche Bahn, [30] para sus instalaciones subterráneas.

Tipo de estanquei dad	Grados de humedad	Uso del Túnel	Definición	Permeabilidad aceptable ($l/día/m^2$) según longitud de referencia	
				10 m	100 m
1	Completamen te seco	Almacene s, talleres, aseos	El revestimiento debe ser tan hermético que no tenga ninguna mancha de humedad en el intradós	Nada	Nada
2	Esencialment e seco	Tramos subterrán eos con riesgo de helada	El revestimiento debe ser tan hermético que sólo se detecten suaves y aisladas manchas de humedad en el intradós, por ejemplo, por decoloración (*)	0,2	0,05
3	Humedad capilar	Espacios subterrán eos donde no se requiera ni el tipo 1 ni el 2	El revestimiento debe ser tan hermético que sólo se detecten manchas de humedad aisladas y en algunos puntos (**)	0,4	0,1

(*) Tras tocar las suaves manchas de humedad con la mano seca, no debe haber trazas de agua en la misma. Una hoja de papel secante colocada sobre las manchas no debe decolorarse por absorber humedad.
(**) Pueden presentarse manchas limitadas con penetración de humedad. Una hoja de papel secante cambiará de color al mojarse con el agua, pero no habrá ningún hilillo de agua en el intradós.

Tabla.7-11: Definición y descripción de términos recomendados por la Ciria, [24].

Descripción de la filtración	Definición
Humedad previa (término adicional- visto en cap.2.1.)	Formación de manchas por humedades antiguas
Damp Patch (Mancha de humedad)	Manchas en la superficie del revestimiento, húmedas al tocar
Seep (Mojado)	Visible movimiento de una lámina de agua sobre la superficie
Standing Drop (Goteo escaso)	Goteo de agua, con un periodo superior a un minuto
Drip (Goteo intenso)	Goteo con una intensidad mayor de una gota por minuto (Nota: 1 litro/día es 3 o 4 gotas/minuto)
Filtración continua	Hilo o chorro de agua. (Nota: cuando el goteo supera las 300 gotas/minuto se convierte en hilo continuo)

En referencia a la filtración, es importante estandarizar una terminología para evitar confusiones.

A este respecto, se indican las definiciones recomendadas de términos descriptivos propuestas por la Ciria, [24] en su Informe de Impermeabilización de Túneles (1979), con el término adicional "Humedad previa" (Tabla 7-11), para describir las circunstancias donde son evidentes filtraciones previas o pasadas por la presencia de manchas en el revestimiento o instalaciones.

El final de las filtraciones puede ser el resultado sólo de un cambio temporal en el entorno exterior del túnel y ante estas posibles circunstancias, sería importante monitorizar la situación para asegurar que la filtración no vuelve. En algunas circunstancias, la clasificación puede necesitar más amplitud en la descripción para acomodarse al fenómeno como, por ejemplo, agua entrante bajo alta presión.

7.10 Clasificación de los túneles según su diseño frente al agua

Como se ha visto durante los apartados anteriores, no cabe duda de que la presencia de agua en la estructura constituye uno de los aspectos más críticos de este tipo de construcciones. En base al diseño que presente el túnel frente a este fenómeno, pueden clasificarse en los siguientes grupos: Túneles drenados y Túneles estancos.

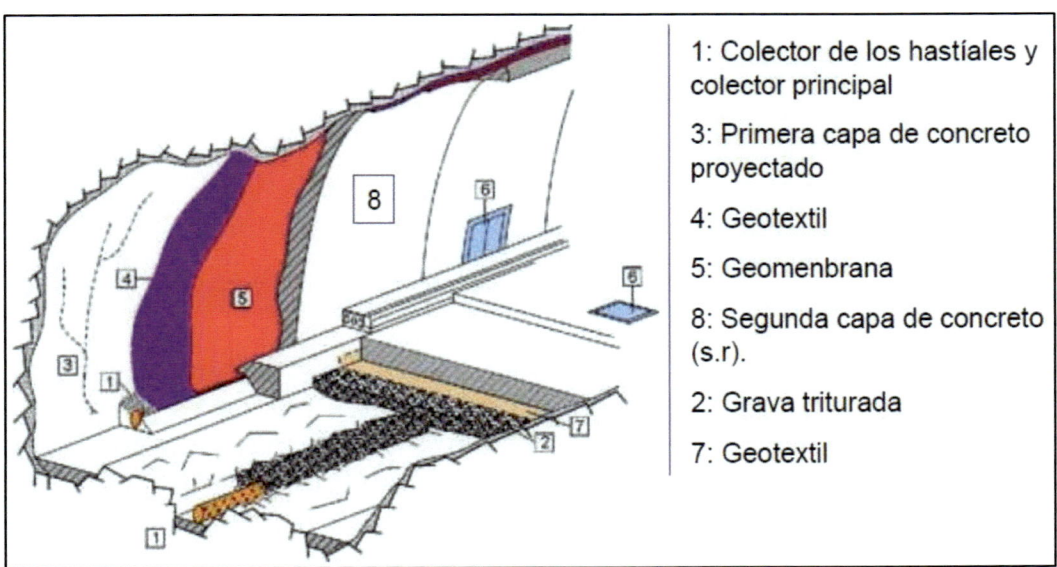

Figura 7-15 Disposición de colectores y láminas en túneles drenados (Rojas, [78])

1: Colector de los hastíales y colector principal

3: Primera capa de concreto proyectado

4: Geotextil

5: Geomenbrana

8: Segunda capa de concreto (s.r).

2: Grava triturada

7: Geotextil

- **Túneles drenados:** Un sistema de drenaje típico en estas obras es el compuesto por un colector principal en la solera, según el eje longitudinal del túnel, y otros dos dispuestos en la base de cada uno de los hastiales. El conjunto suele complementarse con láminas impermeables que se fijan (mediante clavos especiales) al sostenimiento de hormigón proyectado, quedando protegidas por el revestimiento definitivo. Dichas láminas consisten normalmente en una combinación de geotextil filtrante, que intercepta los flujos de agua, y geomembrana impermeable, encargada de conducir estos flujos al sistema de evacuación proyectado. Se incluye a modo de ejemplo la figura abajo adjunta, en la que puede apreciarse la disposición de todos los elementos comentados.

- **Túneles estancos:** Se trata de túneles sellados en todo el perímetro, sin que se requiera del drenaje permanente de la obra. En consecuencia, han de diseñarse para soportar las altas presiones de agua desde el exterior, incrementando las necesidades de resistencia del revestimiento. La lámina de impermeabilización se dispone, normalmente, entre sostenimiento y revestimiento, y se extiende en torno a todo el perímetro de la sección. En situaciones extremas, puede recurrirse a la colocación de una doble lámina o a combinar el geo compuesto con un anillo secundario ("rosca" interior) de revestimiento impermeable.

Como resumen de las diferentes opciones expuestas hasta el momento, se adjunta a continuación la siguiente tabla:

Tabla.7-12: Clasificación de túneles según su diseño frente al agua.

TÚNELES DRENANTES: Dotados de sistema de evacuación.	Con lámina impermeable
	Sin lámina impermeable
TÚNELES ESTANCOS: Sellados en todo el perímetro.	Lámina simple
	Lámina doble
	Lámina + revestimiento impermeable
SIN NINGÚN TIPO DE TRATAMIENTO AL AGUA	

Un aspecto muy importante a la hora de definir el tratamiento frente al agua que presentará cada obra o tramo de la misma es la posición del trazado respecto al nivel freático (sobre N.F., sumergidos o afectados parcialmente por acuíferos, ya sea en el tiempo o a lo largo de la traza), consideración que también tendrá un gran peso en la elección del método constructivo, así como recogido en Rojas,[78].

Finalmente, otro punto a tener en cuenta será el clima de la zona donde se ubica la obra y su altitud, con tal de estimar la abundancia de precipitaciones y la posibilidad de congelamiento de las aguas infiltradas. Este fenómeno, además de dañar las instalaciones, puede provocar situaciones indeseadas, sobre todo en túneles destinados al tráfico rodado o ferroviario.

8 EJEMPLOS

8.1 Introducción

En los siguientes párrafos se recogen algunos ejemplos de la problemática que atañe a las excavaciones bajo nivel freático en obras a cielo abierto, cut and cover y en la construcción de túneles, documentadas en literatura técnica.

8.2 Túneles de Pajares (Asturias)

Descripción general de los túneles de Pajares

Los túneles ferroviarios de Pajares conforman la nueva conexión ferroviaria a Asturias desde la Meseta, siendo el tramo de mayor relevancia del corredor Norte-Noroeste del tren de Alta Velocidad León-Asturias. En la actualidad, esta infraestructura compuesta por dos tubos paralelos de una longitud de 24,6 km, resulta ser el segundo túnel de estas características más largo de España, después de los túneles de Guadarrama.

Las obras dieron comienzo en julio de 2005, a pesar de ello, debido a los innumerables casos relacionados con este tema, en la actualidad es una obra inacabada que ha derivado en un sobrecoste de cerca de 2.000 M€.

El método constructivo empleado para la ejecución del túnel fue mixto. Para la realización de la mayor parte del trazado (en los tramos de mayor calidad del macizo rocoso) se utilizó una TBM tipo doble escudo, suponiendo un 57% de la longitud total excavada. El restante se ejecutó mediante métodos convencionales de excavación (rozadora, voladura, retroexcavadora) dependiendo de las circunstancias a las que se exponían en cada momento. El total del material excavado fue de 4,3 millones de metros cúbicos.

Marco geológico-geotécnico de los túneles de Pajares

Atendiendo al perfil geológico del trazado, hay que realizar una distinción entre los primeros kilómetros del túnel (Lote 1), en el cual se encuentra el Manto de Correcilla compuesto por dos láminas principales ''Escama de Bregón'' y ''Escama de Rozo'' y los contiguos, pertenecientes al Lote 2, donde se encuentra el Manto de Bodón.

En cuanto a la estratigrafía, por una parte, se pueden identificar rocas volcánicas asociadas a la Formación Oville en el ámbito de la Ventana Tectónica del Cueto Negro y, por la otra, un potente afloramiento de las pizarras y areniscas de Pajares pertenecientes al Ordovícico Superior.

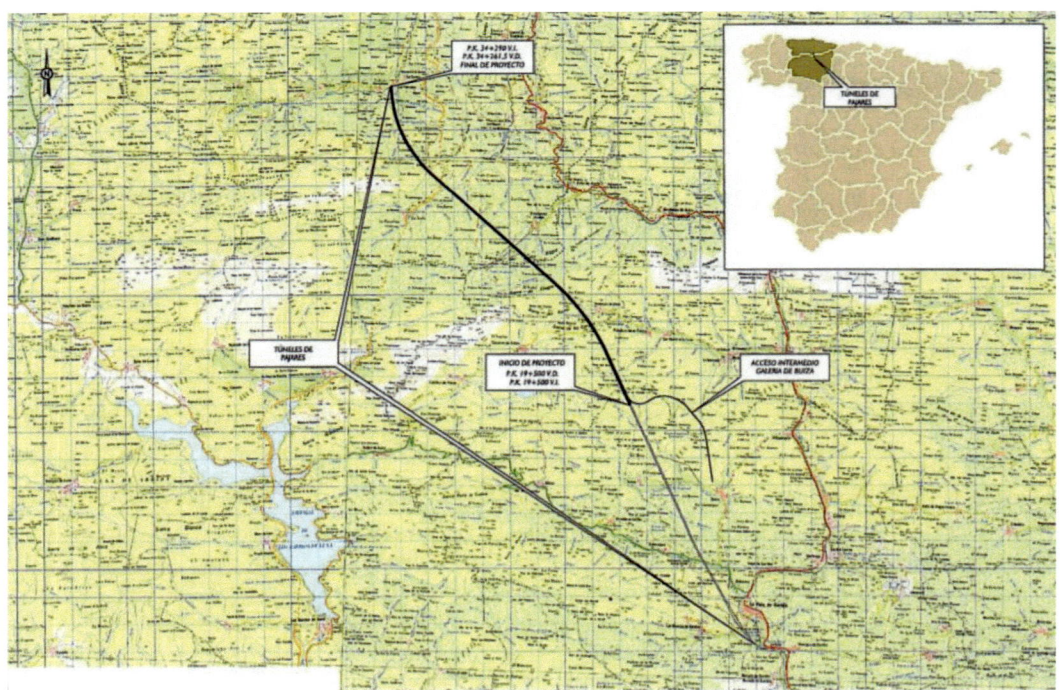

Figura 8-1.Situación general de los túneles de Pajares (ADIF, [1])

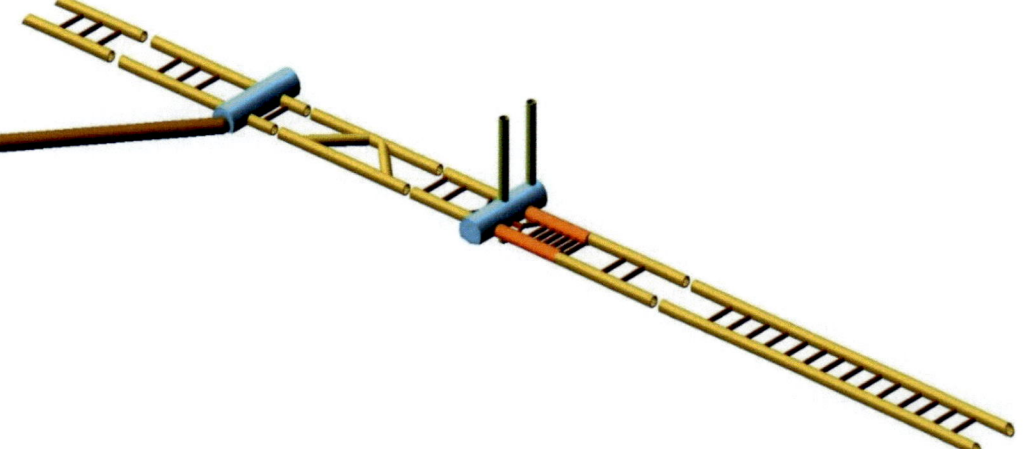

Figura 8-2. Esquema General del complejo subterráneo de los túneles de Pajares (ADIF, [1])

Por último, con relación a la estructura del macizo rocoso, se puede identificar el Sinclinal de Torrebarrio-Pajares (que ocupa la mitad del septentrional de este sector). Además, dada su orientación, se puede interpretar como un pliegue de flexión de falla y el Antiforme del Cueto Negro (que ocupa la parte meridional de la zona de estudio) que a su vez debido a su orientación hace suponer que se trata de una estructura lateral del Manto de Bodón con cierta rotación y un cierto apretamiento.

El problema del fenómeno del agua. Inundaciones en los túneles de Pajares

Como es sabido, el principal problema al que se enfrenta en la actualidad el túnel de Pajares es el agua.

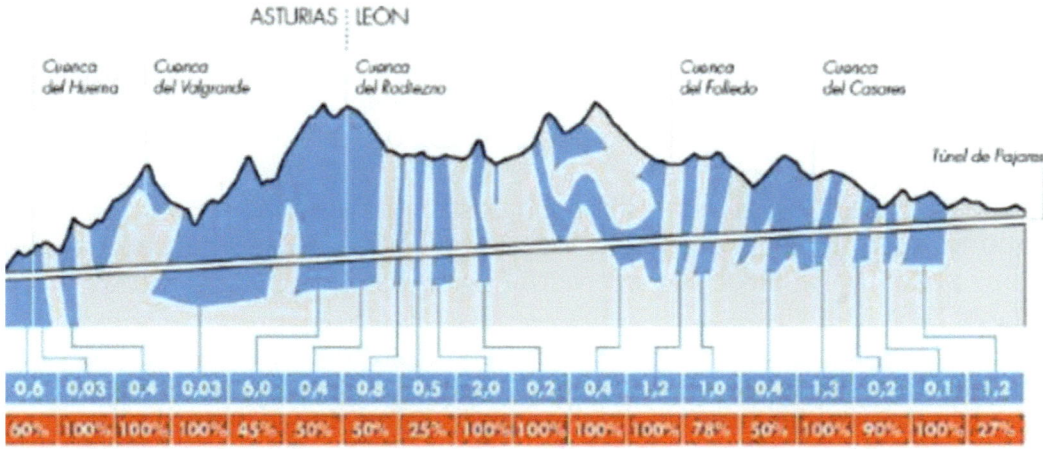

Figura 8-3. Sección en la que se representan los diferentes acuíferos que atraviesa el trazado de los túneles de Pajares (ADIF, [1])

Todas las infiltraciones y problemas derivados de la continua irrupción de caudal han tenido en "stand-by" al túnel. En un primer análisis, el problema que desencadenó (parafraseando el título de un libro) ''una serie de catastróficas desdichas'' fue la ausencia de un correcto estudio del agua durante la redacción del proyecto. Este estudio muestra algunas carencias y lagunas de información (principalmente en el marco hidrogeológico) llegó a originar que el túnel atravesara un total de 20 acuíferos de la cordillera Cantábrica, lo que ha supuesto un trasvase anual de cerca de 12 hm³. Tal ha sido la magnitud del problema, que el proyecto ha pasado del presupuesto inicial de 1.800 M€ al actual de más de 3.500 M€. Por si fuera poco, a día de hoy resulta imposible de habilitarlo al servicio público, por lo que se plantea cerrar uno de los dos sentidos al ser considerada la circulación de trenes por el mismo prácticamente imposible y económicamente inviable.

Soluciones constructivas adoptadas en los túneles de Pajares

La gravedad de la situación antes citada obligó al planteamiento de diversas alternativas cuyo abanico de posibilidades consideró desde no tratar el problema, esto es gestionar únicamente el agua que se infiltra al interior del túnel mediante bombeo hasta realizar tratamientos de inyección del terreno mediante el empleo de resinas y lechadas de microcemento para sellar las vías de agua al interior del túnel. Si bien estas opciones, en un principio, parecen más económicas o inmediatas, carecen de sentido dadas las innumerables surgencias a tratar a lo largo del trazado y la repercusión directa que estas tienen en el balance hídrico de la cuenca afectada.

La solución finalmente adoptada en los túneles de Pajares fue realizar inyecciones del terreno tendentes a mejorar las características fisicoquímicas del macizo rocoso encajante. Esto se llevó a cabo mediante la ejecución de tratamientos complementarios específicos (inyecciones, mejora del trasdós, gestión del agua residual del interior del túnel) del terreno. Citar que, durante la ejecución del trasdós, se han contemplado diversos problemas debido a la afluencia del agua.

Con estas medidas, a pesar del gran coste inicial de inversión que pudo suponer retomar el problema del agua, creemos que se han empezado a dar pasos en la dirección correcta.

Como reflexión final, cabría citar que, en nuestra opinión, hay que actuar siempre sobre el origen del problema, mediante mecanismos compatibles con la recuperación hidrogeológica del entorno y apoyarlos siempre de un seguimiento que garantice el éxito a lo largo de toda la vida útil de la estructura, máxime en el caso tan particular como es un túnel.

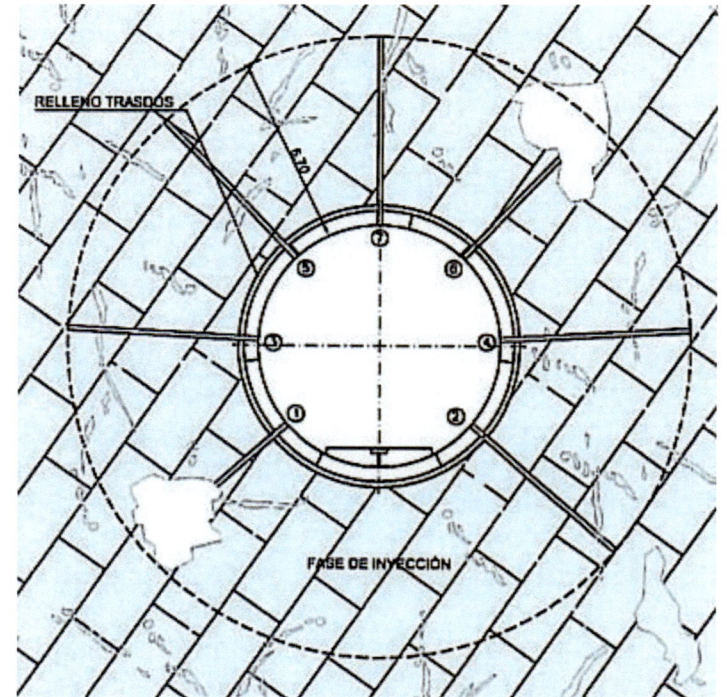

Figura 8-4.Esquema general de las inyecciones en el trasdós. (ADIF, [1])

8.3 Enlace mediante paso inferior de las calles Real y avenida Polideportivo en Las Rozas (Madrid)

Descripción general del paso inferior de las Rozas

A grandes rasgos, esta obra comprende la ejecución de un túnel en mina de 220 metros de longitud en su tramo central, que se desarrolla entre los P.K 0+230 y P.K. 0+450, y un falso túnel entre pantallas discontinuas de pilotes en su tramo inicial y final, tramos P.K. 0+000–0+230 y P.K. 0+450–0+720, respectivamente. Las labores de excavación del túnel en mina se ejecutaron por el Método Belga Modificado o Método Madrid.

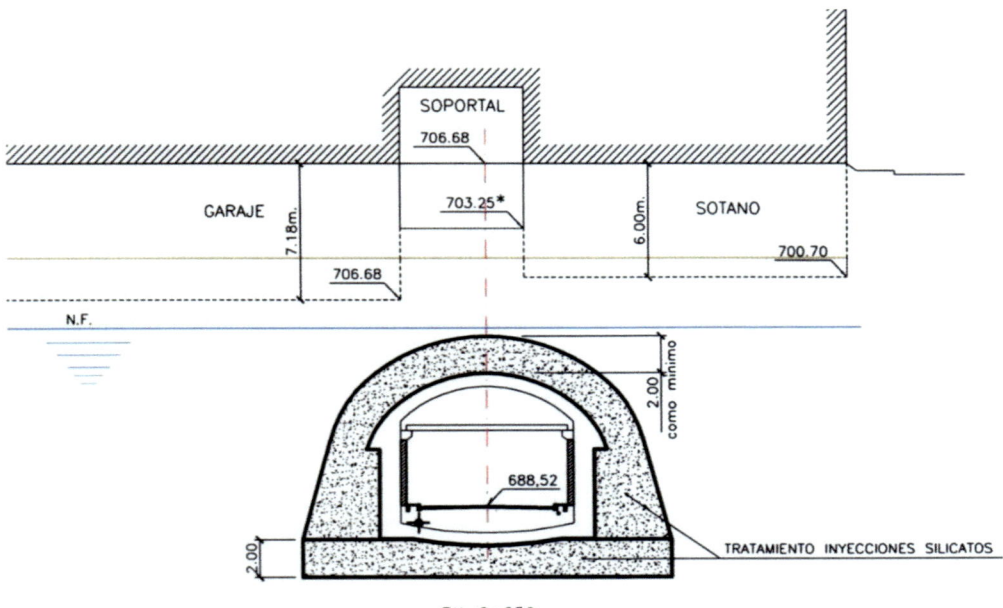

Figura 8-5. Sección tipo del paso inferior.

Marco geológico-geotécnico atravesado el paso inferior de las Rozas

En cuanto a las características de los materiales que constituyen el terreno afectado por el túnel, pueden resumirse en dos litologías principales, que son:

- Rellenos antrópicos y suelos aluviales cuaternarios. Ambos se encuentran mezclados y removilizados, el espesor detectado por los sondeos oscila entre 1.0 m (sondeo SFA-3, P.K. 0+400), y 4.0 m (sondeo SFA-2, P.K. 0+318), coincidiendo el máximo espesor en la zona del túnel a ejecutar en mina.

- <u>Arenas arcósicas miocenas</u>. La totalidad del tramo a ejecutar en túnel en mina se encuentra en este tipo de suelos. Pueden describirse como arenas arcillosas poco plásticas, de grano medio–fino con bastante arcilla a arcillosas de plasticidad baja a media, que se clasifican, según Casagrande, como suelos tipo SC, aunque presentando cambios en el contenido en arcillas y limos tanto en sentido vertical como horizontal sin obedecer a ninguna pauta ni tendencia concreta.

Otro contexto importante que hay que tener en cuenta es el hidrogeológico, que dado al carácter granular de estos materiales, podría repercutir directamente en la operatividad del proceso constructivo del proyecto. Además, el paso inferior se encuentra bajo nivel freático en toda su longitud.

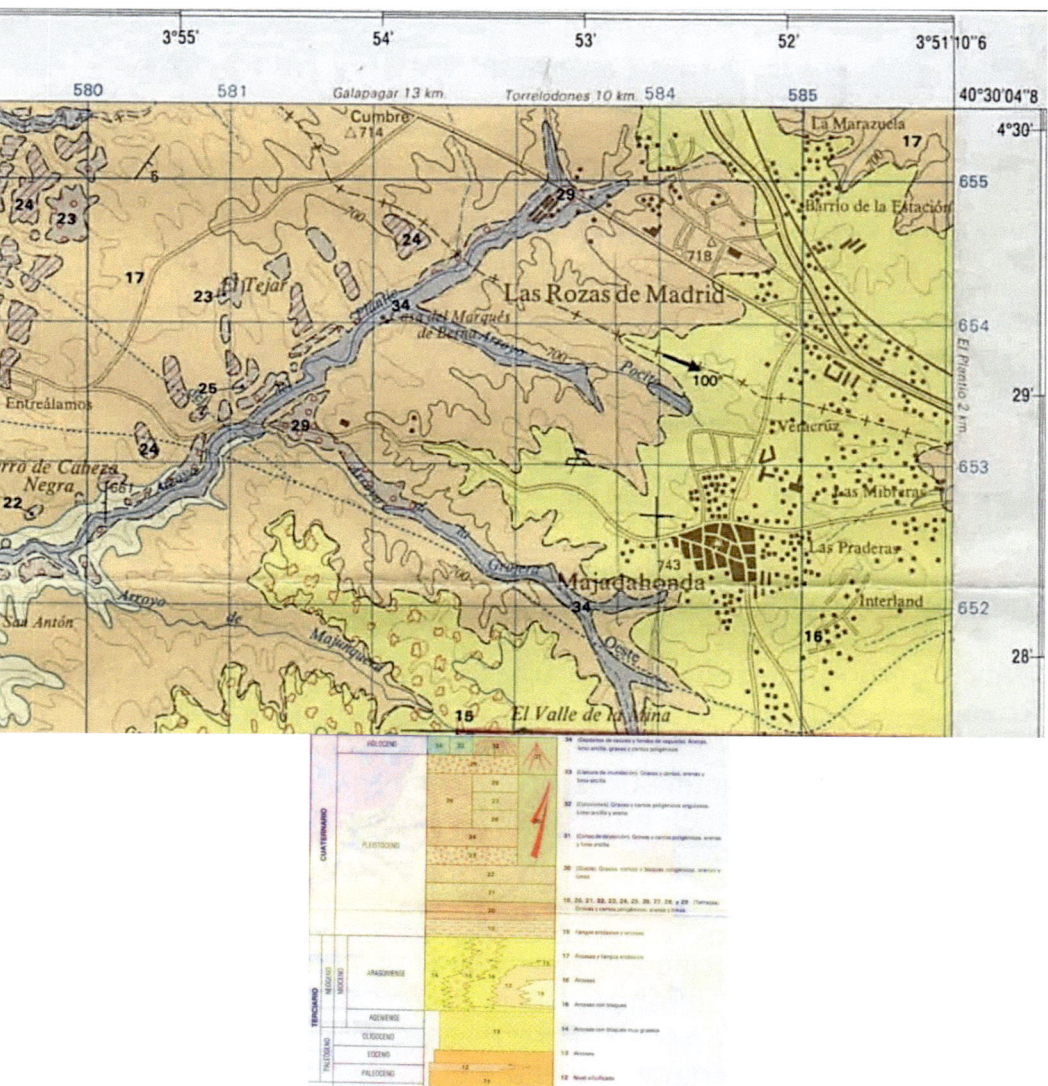

Figura 8-6. Mapa geológico y leyenda del túnel de las Rozas (IGME, [50])

El problema del fenómeno del agua. inundaciones en el paso inferior de las Rozas

A la hora de ejecutar las pantallas se detectaron surgencias que provenían de excavación de los pilotes. Incluso, en una ocasión, se produjo el derrumbamiento de una de las paredes del falso túnel dejando claro el problema de estabilidad de la zona, especialmente en el frente. El reducido porcentaje de finos (inferior al 30%), se traducía en una elevada permeabilidad del terreno (aproximadamente del orden de K = $2.9x10^{-3}$ cm/s), que la propia presión hidrostática provocaba el arrastre de finos en alguna zona. Estos hechos, unidos a la escasa cobertura del terreno a lo largo de la totalidad del trazado del túnel en mina, junto con la existencia de edificios a ambos lados, dificultaron la ejecución de paso inferior notablemente. A modo de resumen, los principales problemas que se plantearon fueron los siguientes:

- El manejo del agua en el frente de excavación que dificultaba notablemente las tareas constructivas.

- Posibles inestabilidades del frente de ataque del túnel.

- El drenaje del acuífero con efectos perjudiciales en cuanto a subsidencias de los edificios existentes en superficie, así como en la estabilidad del frente de excavación del túnel en mina.

Soluciones constructivas adoptadas en el paso inferior de las Rozas

Las dificultades en la excavación del frente requirieron de una estabilización del tramo previamente excavado que evitase la convergencia de la sección. Además, otro de los condicionantes que complicaban la resolución era la poca maniobrabilidad que permite una zona urbana llena de servicios y edificios que ocupan la anchura total de la calzada de la vía urbana. Por todo ello, dada la experiencia previa que se posee en este tipo de actuaciones, se planteó un tratamiento al terreno basado en tres líneas de actuación:

1. Actuaciones de refuerzo estructural desde diferentes puntos del trazado:

    - Subhorizontal (desde el propio emboquille) mediante la ejecución de un paraguas a modo de abrigo del recinto.

    - Vertical desde la superficie ejecutando columnas de jet-grouting de manera que se confine el terreno e impida la aparición de asientos en la zona.

- Ejecución de paraguas desde el interior del túnel mediante unos taladros en el frente que permitan estabilizar la zona.

2. Actuaciones de refuerzo mediante geles de sílice.

3. Actuaciones del terreno mediante jet-grouting.

8.4 Estación de Sol RENFE Cercanías. Madrid

Descripción general de la estación de Sol RENFE Cercanías de Madrid

La nueva estación subterránea de RENFE en la Puerta del Sol, en Madrid, forma parte de la reciente conexión ferroviaria para Cercanías de 8.500 m de longitud y vía doble que ha construido el Ministerio de Fomento entre las estaciones de Atocha y Chamartín (2004 -2009).

Se trata de una conexión fundamental que resuelve la congestión previa que existía en la zona debido al único recorrido que unía ambas estaciones. La obra consiste en la construcción de una estación subterránea ubicada entre la Puerta de sol y el eje de la línea 1 de Metro, con las dimensiones de caverna en mina más ambiciosas del mundo alcanzadas hasta la fecha (sección de 375 m^2). Por ello, el método constructivo empleado para la ejecución fue el Método Alemán.

Marco geológico-geotécnico atravesado por la estación de Sol RENFE Cercanías de Madrid

El perfil geológico del emplazamiento cuenta, principalmente, con las típicas formaciones cuaternarias y pliocenas del subsuelo madrileño. A continuación, se indica la estratigrafía encontrada:

- Rellenos antrópicos: característicos de una zona en la que se han producido durante siglos amplias intervenciones constructivas y urbanísticas. De espesores variados entre 2 y 5 m, pudiendo llegar a tramos de 9 m. Consiste en materiales arcillosos con, mezclados con residuos de construcción y compacidad media-baja (N_{SPT} = 6 -14 golpes).

- Paquete detrítico superior: estrato potente compuesto por terrenos pliocenos de espesor variable entre 15 y 26 m. En el predominan, principalmente, Arenas de miga con intervalos de Toscos y Arenas tosquizas (más frecuentes en la zona de Gran Vía), con una compacidad media-alta de valores N_{SPT} entre 30 y 60 golpes, llegando en ocasiones al Rechazo.

- <u>Sustrato Mioceno</u>: formado por Toscos, llegando hasta profundidades de 50m. No obstante, consecuencia de los cambios laterales de facies, incluye niveles lentejonares de arenas de miga, de espesores variables entre mínimo de 2-3 m hasta espesores máximos de 12-15 m. El tosco se muestra en estado muy compactado, con valores del ensayo SPT superiores a 50 golpes en todos los casos.

Figura 8-7. Caverna de la estación de sol (Informe técnico FCC, [32]).

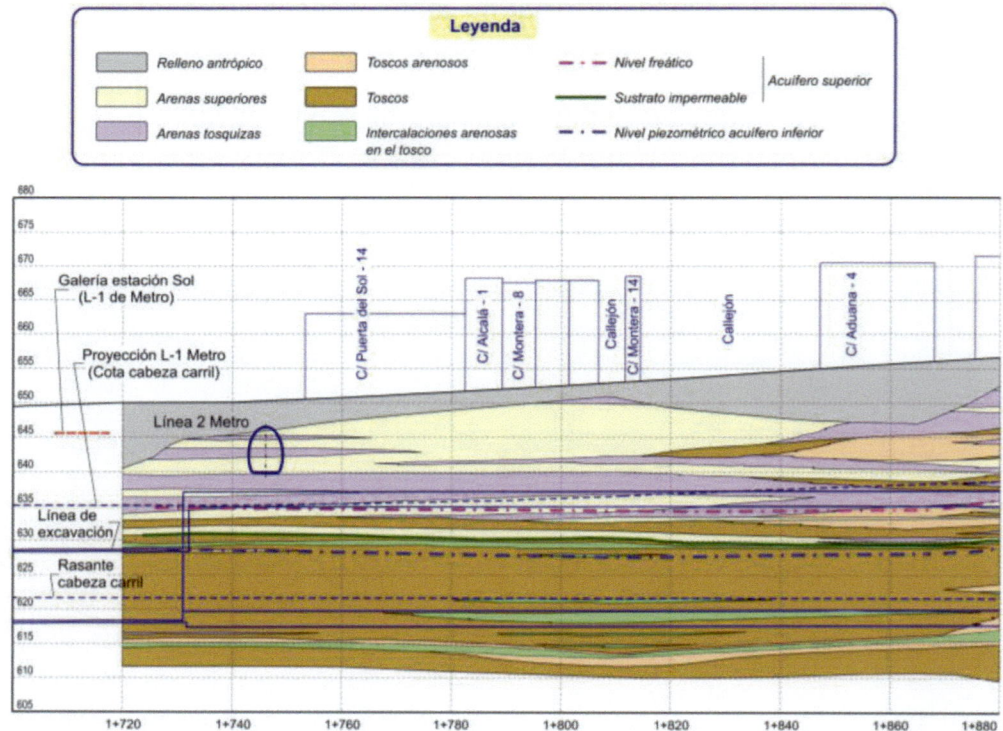

Figura 8-8. Perfil geológico de la estación de Sol (Informe técnico FCC, [32]).

La presencia de agua tuvo una especial relevancia durante la ejecución de la caverna. Además de alguna pequeña infiltración procedente de las fugas de las redes de abastecimiento de la zona, se encontraron dos acuíferos independientes que debido a la permeabilidad de las migas dieron pie posteriormente a surgencias.

El problema del fenómeno del agua. inundaciones en la estación de Sol RENFE Cercanías de Madrid

Los dos problemas que afectaron al proyecto fueron: en primer lugar, la posibilidad de sufrir un derrumbe como consecuencia de la perdida de compactación, lavado de finos del terreno y gran sección de la estación y segundo, las innumerables surgencias que derivaban de la porosidad de las arenas de miga (derivadas de una alta carga hidrostática en zona por debajo de la capa freática). Cabe remarcar que, el estrato inferior a la zona afectada por la sección del túnel se detectaron materiales de un carácter más impermeable y tosquizo.

Soluciones constructivas adoptadas en la estación de Sol RENFE Cercanías de Madrid

Para resolver estos problemas relacionados con el agua freática, se propuso realizar un tratamiento del terreno que, si bien es cierto, solventaba bastante bien el problema de los asientos (problema importante debido a la localización de la caverna en una zona densamente urbana), no conseguía hacer frente al derivado de las surgencias. Esto último se debe a que la gran sección de la caverna excavada imposibilitaba la capacidad de impermeabilizar el conjunto de una manera adecuada. Para solucionar dicho problema se optó por ejecutar una campaña de inyecciones en abanico con geles de silicato que del mismo modo que combatían el problema del agua permitían a la empresa constructora continuar la excavación de las galerías de avance por los hastiales y las costillas de la bóveda de la sección. Antes de optar por la aplicación de gel de sílice, se realizaron innumerables pruebas de tratamiento que contemplaban diferentes variaciones de cementos, microcementos y silicatos que, finalmente, concluyeron con esta última, en formato de solución acuosa, como mejor solución.

Figura 8-9. Inyecciones de gel de silicato de sodio Informe técnico FCC, [32]).

8.5 Emisario subfluvial en Ciudad de la Costa (Uruguay)

Descripción general de las obras del emisario

Las obras de referencia constituyen una actuación dentro del Proyecto Integral de Saneamiento de Ciudad de la Costa. La gestión, administración y control de las obras están realizados por el Consorcio Canario, controlado por el organismo estatal de aguas de Uruguay OSE (Obras Sanitarias del Estado) y la Intendencia de Canelones. La construcción del emisario se ha llevado a cabo por el Consorcio formado por las empresas Espina Obras Hidráulicas, S.A. y Mediterráneo de Servicios Marinos, S.L. (Molina,[65]).

Figura 8-10 Situación de Ciudad de la Costa (Uruguay)

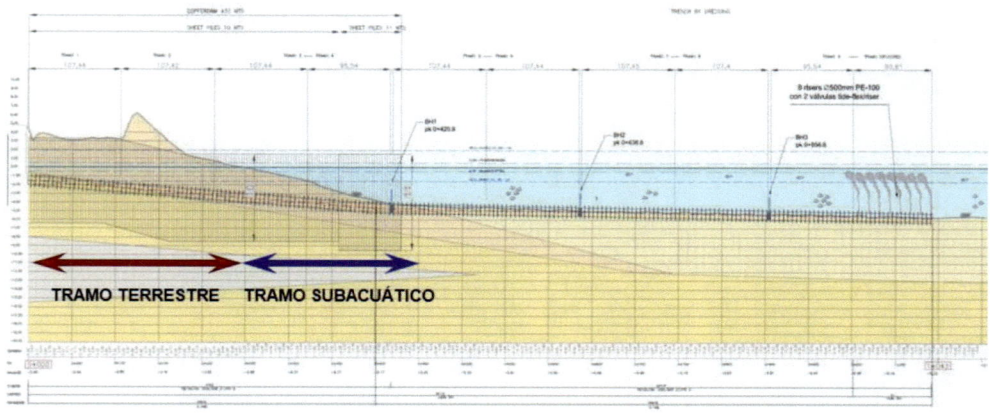

Figura 8-11 Perfil longitudinal del emisario. Tramos con entibación

El emisario tiene una longitud total de 1043,00 metros, de los cuales 240,00 metros transcurren en un tramo terrestre y 803,00 metros se adentran en el Río de la Plata (tramo subacuático). Molina, C., [65] indica que la empresa Ischebeck Ibérica, S.L. ha colaborado de forma directa en el diseño, suministro, instalación y retirada del sistema de entibación con tablestacas necesario para la excavación de la zanja en la que se ha introducido la conducción en la totalidad del tramo terrestre (entre los PK 0+000 y PK 0+240) y en los primeros 210,00 m del tramo subacuático (entre los PK 0+240 y PK 0+450).

De hecho, todas las soluciones constructivas aquí descritas han sido tomadas del artículo "Soluciones de tablestacado en la construcción de un emisario subfluvial en Ciudad de la Costa (Uruguay)".

Marco geológico del trazado del emisario. Perfil geotécnico

A lo largo de la zona de actuación nos encontramos con un perfil de tipo sedimentario compuesto por las siguientes capas:

- Nivel 1: Arenas limpias (SP) de compacidad floja. Potencia entre 4,00 y 5,00 m.

- Nivel 2: Arenas limpias (SP) y arenas limosas (SM) de compacidad densa. Potencia aproximada de 6,00 m.

- Nivel 3: Arcillas de alta plasticidad (CH), de consistencia blanda. Potencia variable entre 0,00 y 7,00 m.

Bajo el Nivel 3, vuelve a detectarse el Nivel 2.

Coincidiendo con la zona de rompientes (entre el PK 0+430 y PK 0+450), descansando sobre el Nivel 1 se detecta una capa de fangos de consistencia semilíquida de aproximadamente 1,50-2,00 m de espesor.

Soluciones constructivas adoptadas en el emisario

En el tramo terrestre se propuso una solución en zanja tradicional entibada con pantallas de tablestacas, arriostradas entre sí con un nivel de acodalamiento superior que permitía la introducción de la tubería y su desplazamiento por flotación a través de la propia zanja. La excavación se realizó sin agotamiento del nivel freático en el interior de la zanja, cuya profundidad máxima fue de 6,35 m.

La entibación de la totalidad del tramo se solucionó con tablestacas HP 290S-8 de 10,00 m de longitud, y con arriostramiento compuesto por vigas de reparto HEB-240 y codales Ischebeck GI-S (dejando luces libres de aproximadamente 4,00 m).

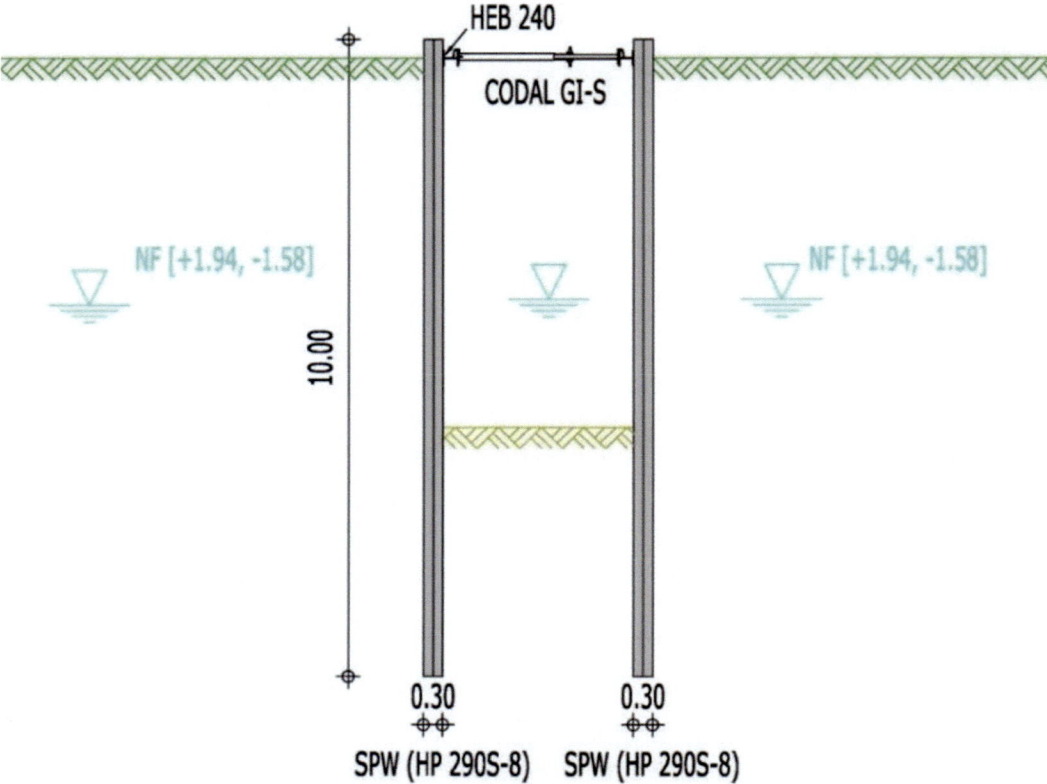

Figura 8-12 Sección tipo tramo terrestre

En el tramo subacuático se requirió, además de la entibación de la propia zanja, de la ejecución de un espigón provisional adyacente a la misma para permitir el acceso de maquinaria y transportes, con un ancho de plataforma de 11,00 m.

En el primer tramo subacuático entre los PK 0+240-0+295 (ver Figura 8-13), correspondiente a la zona con un calado medio inferior a 1,00 m, se ejecutó el espigón con material granular grueso sin confinar lateralmente (únicamente el lateral adyacente a la zanja).

Desde el PK 0+295 al PK 0+450 (Figura 8-14), donde el calado medio oscilaba entre 1,00 y 4,35 m, se configuró un espigón compuesto por material granular grueso confinado por dos pantallas de tablestacas arriostradas entre sí mediante un sistema de tirantes.

En paralelo al espigón, se ejecutó una tercera pantalla de tablestacas arriostrada con un sistema de acodalamiento en cabeza que completa la entibación necesaria para la excavación de la zanja.

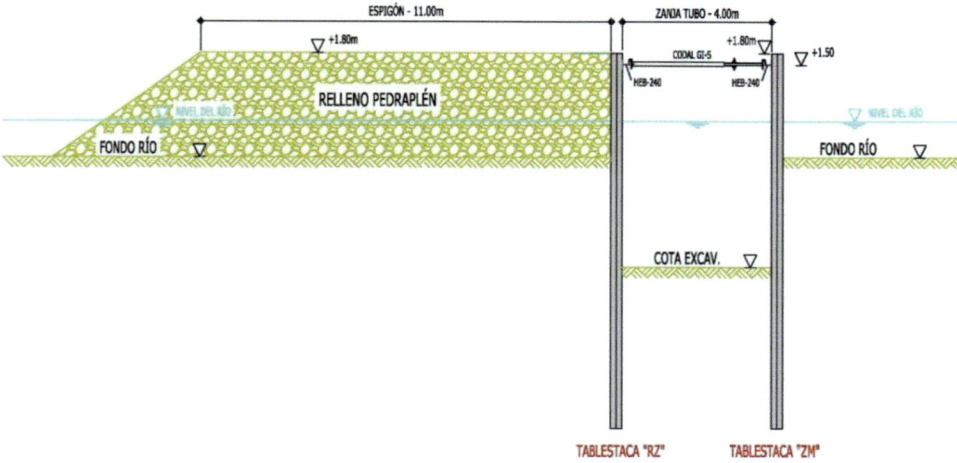

Figura 8-13 Sección tipo tramo subacuático con calado medio menor de 1,00 m

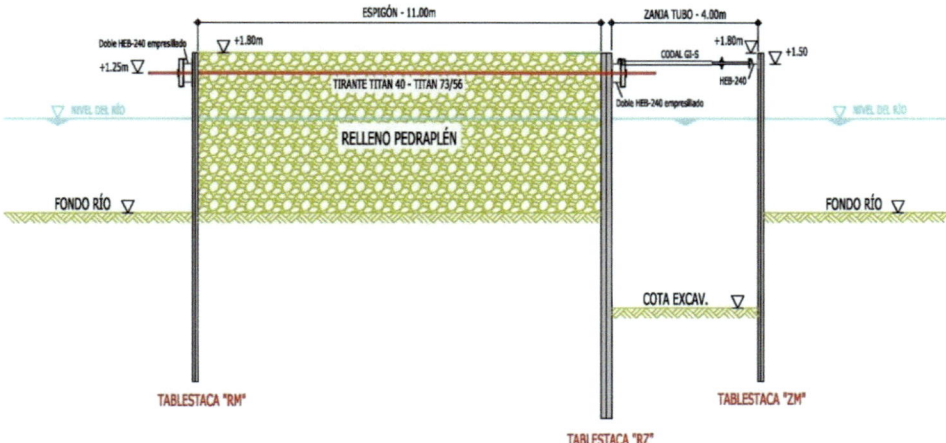

Figura 8-14 Sección tipo tramo subacuático con calado medio mayor de 1,00m

Figura 8-15 Grúa de cadenas de grandes dimensiones en operación

El resultado del diseño, por tramos, queda reflejado en la Tabla 8-8.

Tabla.8-1 Resumen de material para la solución de tablestacado en el tramo subacuático.

TRAMO	ESPIGÓN - Ancho entre tablestacas: 11m			ZANJA EMISARIO - Ancho entre tablestacas: 4m	
	TABLESTACA RM	TABLESTACA RZ	TIRANTES	TABLESTACA ZM	ARRIOSTRAMIENTO
PK0+240 - PK0+295	-	HP290 de 10m	-	HP290 de 10m	HEB240 de 4m + GI-S en extremos
PK0+295 - PK0+320	KL-III de 9m	HP290 de 10m	TITAN 40 de 14m c/ 3,50 m (c/ 5 tabl)	KL-III de 9m	HEB240 de 4m + GI-S en extremos
PK0+320 - PK0+350	HP290 de 10m	HP290 de 10m	TITAN 40 de 14m c/ 2,84 m (c/ 4 tabl)	KL-III de 9m	HEB240 de 4m + GI-S en extremos
PK0+350 - PK0+380	HP290 de 10m	HP290 de 10m	TITAN 40 de 14m c/ 2,13 m (c/ 3 tabl)	KL-III de 10m	HEB240 de 4m + GI-S en extremos
PK0+380 - PK0+450	AZ-14 de 11m	AZ-14 de 11m	TITAN 73/56 de 14m c/ 2,68 m (c/ 2 tabl)	HP290 de 10m	HEB240 de 4m + GI-S en extremos
			TOTAL TIRANTES = 58		

Figura 8-16 Interrupción de los trabajos en un episodio de temporal

Equipos utilizados en la hinca y extracción de tablestacas

Se utilizó un equipo vibrador de alta frecuencia y par variable Müller MS-24 HFV, colgado de grúa y accionado por un grupo hidráulico MSA 370 V. Como reserva, se desplazó también a las obras un segundo vibrador de alta frecuencia y par variable, en este caso un Müller MS-16 HFV.

Figura 8-17 Equipos utilizados en la hinca y extracción de tablestacas

Proceso constructivo

El proceso constructivo en el tramo terrestre constó de las siguientes fases:

1. Hinca de tablestacas: En general, esta operación se realizó sin problemas. No obstante, en algunos puntos concretos de la traza se presentaron algunas dificultades provocadas por la alta compacidad del nivel de arenas a partir de los 5,00-6,00 m. de profundidad. Se solventaron realizando una inyección de agua simultánea a la hinca.

2. Montaje de arriostramiento.

3. Excavación sin rebaje del nivel freático en el interior de la zanja.

4. Colocación de la tubería en el interior de la zanja.

5. Relleno de la zanja.

6. Desmontaje del arriostramiento.

7. Extracción de las tablestacas.

Figura 8-18 Montaje de arriostramiento en zanja de tramo terrestre

Figura 8-19 Introducción de la tubería en la zanja del tramo terrestre

En la parte inicial del tramo subacuático, donde el calado medio era inferior a 1,00 m, el proceso constructivo constó de las siguientes fases:

1. Ejecución parcial del espigón.

2. Hinca de las tablestacas que delimitan la zanja desde la parte de espigón ejecutada.

3. Montaje del arriostramiento de la zanja.

4. Finalización del espigón (rellenando la parte restante hasta la pantalla que delimita la zanja).

5. Excavación de la zanja (desde el espigón).

6. Colocación de la tubería en el interior de la zanja.

7. Relleno de la zanja.

8. Extracción de las tablestacas.

9. Retirada del material que forma el espigón.

En la segunda parte del tramo subacuático, donde el calado medio es superior a 1,00 m, el proceso constructivo consta de las siguientes fases:

1. Ejecución total del espigón por tramos de aproximadamente 12,00 m, cada uno de los cuales consta de los siguientes pasos:

a) Hinca de las tablestacas desde el tramo de espigón previo.

Figura 8-20 Hinca de tablestacas del espigón

b) Colocación de los tirantes y viga de reparto correspondientes al tramo en cuestión.

Figura 8-21 Puntales colocados antes de efectuar relleno del espigón

c) Relleno y compactación del espacio entre tablestacas hasta la cota requerida para configurar el espigón.

d) Inicio de nuevo tramo desde el acabado de ejecutar.

2. Hinca de la pantalla de tablestacas que delimitan exteriormente la zanja desde el espigón ejecutado.

Figura 8-22 Hinca de tablestacas de la zanja anexa al espigón

3. Montaje del arriostramiento de la zanja.

Figura 8-23 Montaje parcial de arriostramiento de la zanja en tramo sub-acuático.

4. Excavación de la zanja (desde el espigón) sin agotamiento del agua interior.

5. Colocación de la tubería (DN-1000 mm) en el interior de la zanja.

6. Relleno de la zanja.

7. Extracción de las tablestacas de la pantalla exterior que delimita la zanja.

8. Retirada del espigón en sentido inverso al de montaje (en tramos de aproximadamente 12,00 m).

Los trabajos de hinca de tablestacas en todo el tramo subacuático se realizaron sin ningún problema derivado de las condiciones del subsuelo.

El efecto de los temporales sí que tuvo en ocasiones una influencia importante en el avance de los trabajos, ya que era necesario trabajar en condiciones de calma para garantizar la correcta ejecución de estos y la seguridad de las operaciones.

Por último, hay que señalar que el continuo seguimiento de las operaciones de hinca permitió detectar en el último tramo (entre los PK 0+430 y PK 0+450) una capa superficial de fangos de espesor aproximado de 1,50-2,00 m no prevista que pudo comprometer la estabilidad de las pantallas del área afectada. Como consecuencia de ello se realizó una comprobación y revisión del cálculo del tablestacado del espigón y de la zanja en esa zona para que los trabajos pudieran finalizarse con un nivel de seguridad adecuado.

Figura 8-24 Vista general zona transición terrestre y subacuática.

8.6 Częstochowa: refuerzo de las defensas contra inundaciones por medio de un sistema de tablestacas de vinilo EcoLock de Pietrucha.

Descripción general de las obras de Czestochowa

Debido a las condiciones hidrogeológicas existentes, la zona de Częstochowa es un área susceptible al riesgo de inundaciones. En el año 2010 y durante la inundación centroeuropea, se desbordaron los tres ríos que atraviesan la ciudad: el Varta, el Kucelinka y el Stradomka. La inundación afectó, entre otras cosas, a 36 kilómetros de carreteras y a unos cuantos puentes de Częstochowa. Las pérdidas se han estimado en 13 millones de eslotis. En la provincia de Częstochowa se inundaron más de 2000 viviendas y 1520 edificios de uso no residencial. El agua deterioró 17 carreteras y 2 puentes. En aquel entonces, las autoridades locales se dieron cuenta de la necesidad de reconstruir y modernizar los diques disponibles en la región, construidos casi un siglo antes.

Figura 8-25 Situación de las obras de Częstochowa

Problemática

En la zona de Częstochowa, el río Varta se separa en dos cauces: el izquierdo, el cauce principal del río junto con su afluente Stradomka; y el derecho, el canal Kucelinka, de 6,87 km. La mayoría de las defensas contra inundaciones de la zona se construyó en los años 20 y 30 del siglo XX con el uso de material local. Hoy en día, no desempeñan su papel protector contra inundaciones debido a la degradación física, efecto de los repetidos ciclos de absorción de agua, resecación y congelación del cuerpo del dique protector. Los diques se ven afectados por la degradación biológica debido a la descomposición de los sistemas de raíces de las plantas moribundas y los procesos relacionados de putrefacción de las raíces, así como la colonización por distintas especies de animales que aprovechan estas estructuras para reproducirse y habitar en su interior. Los muros de sostenimiento a ambos lados del río Varta pertenecen a la clase IV de relevancia, según la clasificación polaca; no obstante, de acuerdo con las nuevas directrices, se deberían ajustar a los parámetros de la clase II y III. Las obras de modernización de las defensas contra inundaciones se dividieron en varias etapas, ya que la longitud total de refuerzo era de unos 19 kilómetros. Dicho proyecto contempló un tramo de 1,7 km.

Condiciones hidrogeológicas

El análisis de las condiciones geológicas confirmó que las defensas contra inundaciones se habían realizado con distintos tipos de arena recubierta con una capa de tierra vegetal. El soporte por debajo de los diques contenía principalmente arenas de grano fino o medio. Los ensayos de penetración dinámica reflejaron que tanto el propio dique como el suelo de soporte indicaban la presencia de material suelto o medio compacto. La lámina del agua freática se encontraba a unos 3,20 m–4,20 m desde la parte superior del dique. A continuación, se presenta un ejemplo de sección geológica determinada a lo largo del dique izquierdo del río Varta.

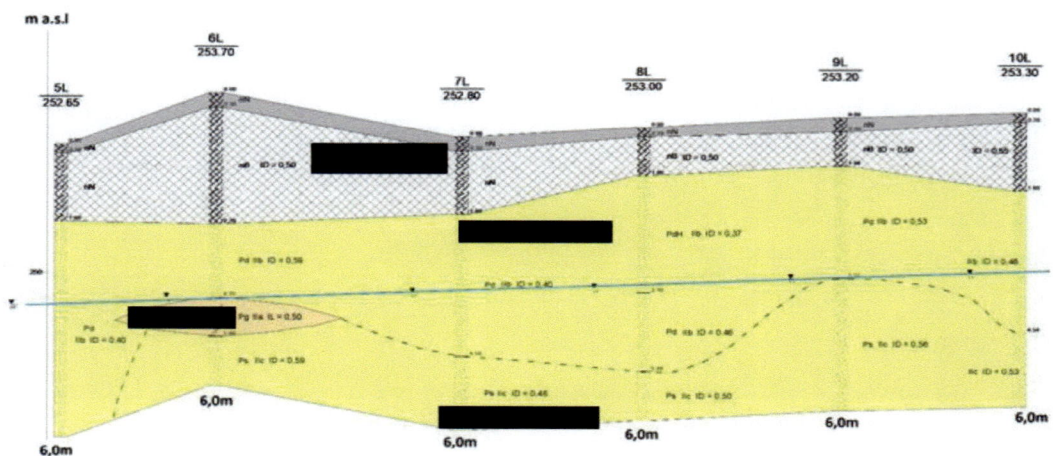

Figura 8-26 Perfil geológico de la obra

Actuaciones realizadas

Para garantizar el nivel adecuado de protección contra inundaciones, el refuerzo de las defensas comprendió las siguientes actividades: destoconado de árboles y arbustos, eliminación de la capa de tierra vegetal, compactación de los diques existentes, aporte y compactación de tierra con el objeto de conseguir la altura deseada de la parte superior del dique, impermeabilización con tablestacas de vinilo de perfil GW-460/5,5 proporcionadas por Pietrucha, ejecución de un perfil de atado de vinilo por encima del tablestacado y ejecución de un camino de 2,00 m de ancho en la parte superior del dique con el objeto de su utilización en situaciones de emergencia. A continuación, se presenta una sección transversal típica de la parte superior del dique contemplada en el proyecto.

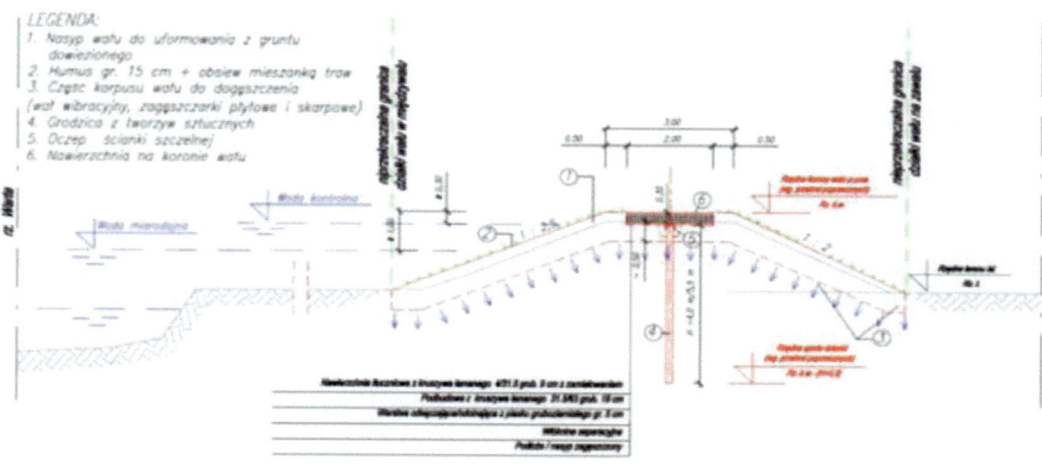

Figura 8-27 Vista esquemática de las obras

La longitud de las tablestacas de vinilo (4,00 o 5,50 m) se adaptó para impermeabilizar el dique sin impedir el flujo del agua freática de las zonas externas hacia su estatuario natural, es decir, el río Varta. Por tanto, el proyecto contempló el flujo del agua freática por debajo de la estructura. En caso de lluvias intensas, esta solución permite el secado rápido de los terrenos agrícolas y zonas edificadas que se sitúan al este del río.

Cabe resaltar que la inserción del tablestacado aumenta la estabilidad de los diques gracias a la compactación adicional del terreno en las áreas colindantes al tablestacado.

Además, el tablestacado realizado con tablestacas de Pietrucha servirá como una medida de protección adicional en caso de desprendimiento (lavado) puntual del talud del dique desde el lado del agua, actuando como una estructura de contención y sosteniendo el resto del cuerpo del dique.

Asimismo, garantizará unas condiciones de estanqueidad independientemente del tipo de material empleado en el cuerpo del dique y del suelo soporte por debajo del mismo. Las obras se realizaron siguiendo las indicaciones del proyecto. En la etapa descrita se instalaron 3700 tablestacas con un rendimiento diario de 30,00-40,00 m.

Figura 8-28 Hinca de las tablestacas

El ejemplo de la obra descrita ilustra que el sistema de tablestacas de vinilo EcoLock suministrado por Pietrucha proporciona una solución alternativa eficaz para los métodos populares de modernización de las defensas contra inundaciones. Las estructuras ejecutadas con tablestacas de vinilo de Pietrucha son resistentes a la oxidación y su instalación rápida permite reducir el tiempo de ejecución de la obra entera. El peso reducido de las tablestacas permite limitar los gastos desde la etapa del transporte. El coste de 1,00 m^2 de tablestacado de PVC empleado en este proyecto junto con su instalación resulta varias veces inferior al coste del tablestacado de acero que se podría emplear de manera alternativa en la ejecución de la obra. El ahorro total conseguido gracias al uso de un tablestacado de vinilo en lugar de un tablestacado de acero asciende a unos 3 millones de eslotis. El sector de las obras hidrotécnicas sigue teniendo que enfrentarse a nuevos retos. Para ello, la empresa Pietrucha suministra unas soluciones adaptadas a las nuevas realidades resultantes del cambio climático dinámico alrededor de todo el mundo.

8.7 Estación de Powisle de la línea 2 del Metro de Varsovia en Polonia: congelación del terreno

La nueva línea 2 del metro de Varsovia conecta la parte este y oeste de la ciudad (para más información véase el artículo de Mir-Cattó et al.,[62]). Una de las interferencias más críticas fueron el paso por debajo del río Vístula y del túnel de la autopista Wislostrada, una autopista muy congestionada a lo largo de la orilla occidental del río, con la construcción del nueva estación Powisle. La construcción de la estación requirió la excavación de dos pozos, utilizando el método top-down, esto es, con la creación de losas intermedias mientras se profundiza la excavación. Los pozos se utilizaron para la extracción de cuatro tuneladoras (TBM): dos de ellas procedentes del lado del río Vístula (lado este) y dos que se acercan desde el centro (lado oeste). Para poder conectar los dos pozos estaba prevista la realización de tres túneles, dos para las líneas subterráneas y el central para la plataforma de intercambio de pasajeros. Estos túneles pasaban por debajo del "túnel de carretera de Wislostrada" e interfería con la cimentación de este túnel, que consistía en muros pantalla (DW) así como se recoge en la Figura 8-29.

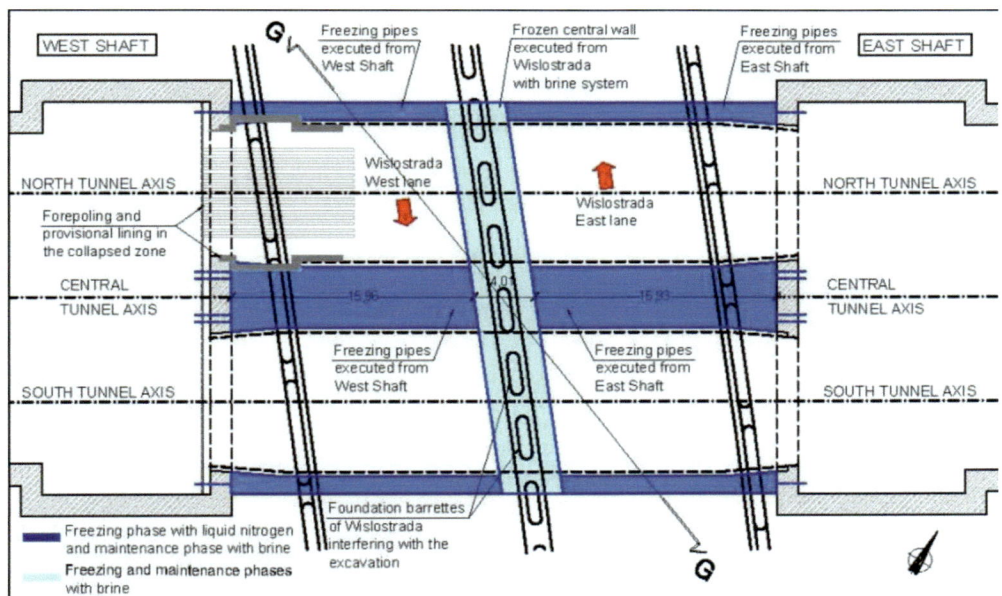

Figura 8-29 Situación de las obras de la estación de Powisle (Mira-Cattó, [62])

Debido a las variables condiciones geológicas del terreno, la primera etapa de excavación, ejecutada con un primer sostenimiento mediante columnas horizontales de inyección de jet grouting armadas con micropilotes, causó que una chimenea el túnel norte que requirió un llenado inmediato de las cavidades con hormigón pobre debajo de las losas del túnel de Wislostrada. Posteriormente, el intento de recuperación con las inyecciones de jet grouting no pudo ser posible a causa del desarrollo de levantamientos inducidos en las estructuras del túnel.

En esas condiciones, la excavación de túneles con tecnologías tradicionales parecía muy problemática, con alto riesgo para la seguridad estructural del túnel Wislostrada. Esto habría significado una mayor duración de las obras y mayores costes tanto para el Contratista General como para el Ayuntamiento (Propietario de las obras).

La campaña geotécnica llevada a cabo confirmó una disposición estratigráfica compleja y variable debido al efecto del colapso durante la excavación del Túnel Norte y los tratamientos del terreno ejecutados antes y después del mismo.

En la parte superior del perfil del terreno, debajo de los materiales de relleno superficiales, se encontró arena media con potencia de 5 m de espesor, que se superponía a arenas finas limosas de hasta 10 m y aproximadamente a limos arenosos de hasta 13 m. Debajo se detectó una capa de arcilla plástica con ligero contenido limoso, hasta una profundidad aproximada de 18 m. La superficie de contacto entre las capas arcillosas y limosas fue irregular y se inclinaba hacia el sureste. El nivel freático se encontraba a 2 m por debajo del "túnel de carretera de Wislostrada" y todos los túneles están completamente sumergido (véase la Figura 8-30).

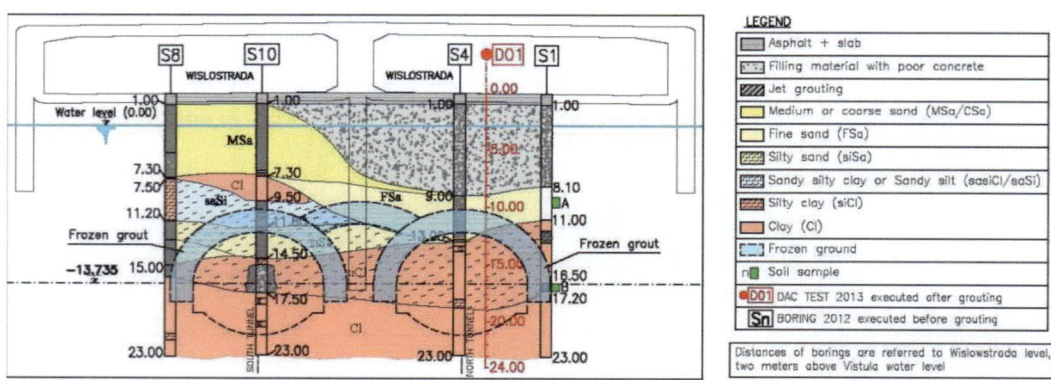

Figura 8-30 Perfil geológico de la zona de interés (Mira-Cattó, [62])

El proyecto implicaba la excavación de los túneles de cada pozo, seguida de la demolición de las pantallas del túnel central del túnel Wislostrada. El tratamiento de congelación del suelo se utilizó para crear un doble muro de terreno congelado vertical a los lados de esta alineación que opera desde los carriles rápidos de Wislostrada, así como crear una capa congelada que rodee la corona y los lados de cada semitúnel que opera desde los dos ejes. Las obras comenzaron en el túnel Wislostrada donde, debido a las normas de seguridad, sólo era posible utilizar el método a sistema cerrado, tanto para la etapa de congelación como para la de mantenimiento, y donde se realizan las perforaciones subverticales fueron más fáciles de llevarse a cabo.

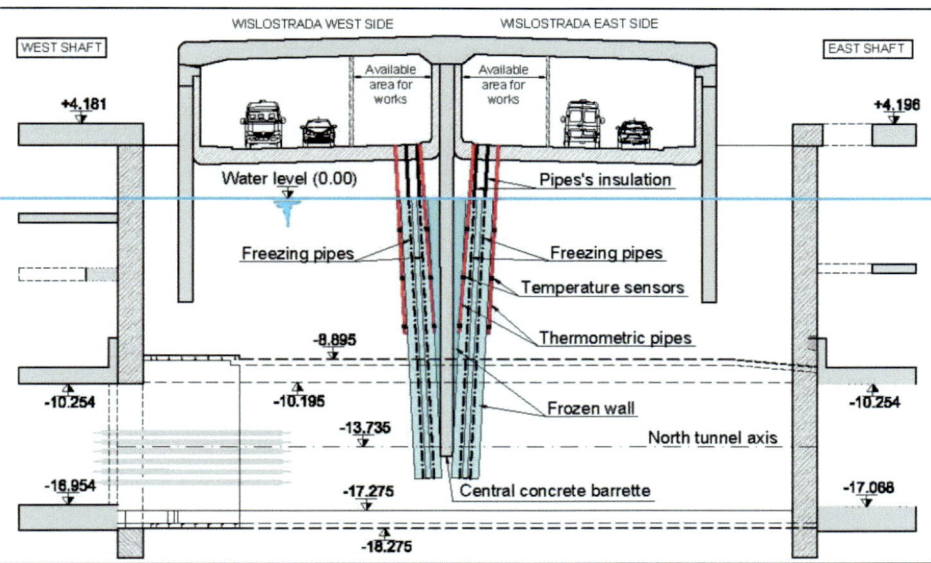

Figura 8-31 Área de trabajo Wislostrada (Mira-Cattó, [62])

Las perforaciones desde los pozos requirieron más tiempo porque el patrón de replanteo era más complejo, ya que la mayor parte de las tuberías de congelación eran horizontales, pero la presencia de la losa intermedia existente requería unos conjuntos de agujeros inclinados para permitir una conexión completa entre la columna de suelo congelado originado en cada tubo. Además, la perforación tuvo que realizarse contra presión hidrostática (aproximadamente 9 m por encima de la corona del túnel).

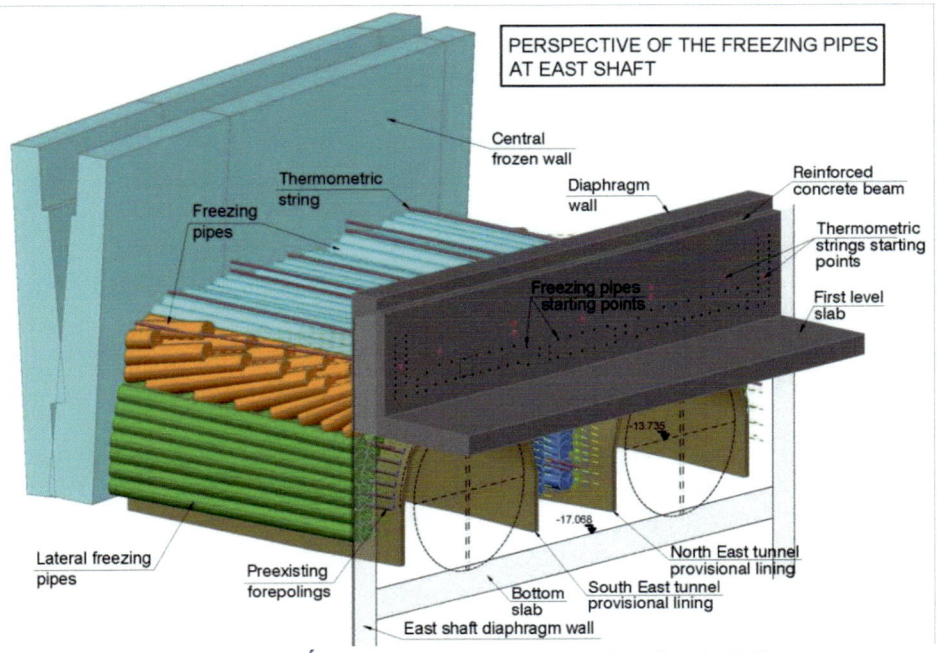

Figura 8-32 Área de trabajo del pozo (Mira-Cattó, [62])

A tenor de los condicionantes particulares de la obra, se tomó la decisión de congelar el terreno usando el sistema con nitrógeno líquido (que es más rápido) y luego para proceder al mantenimiento mediante el sistema cerrado, esto es, combinando los sistemas descritos en el apartado 4.9. El proyecto preveía en cualquier zona dos líneas de tuberías para obtener una pared de suelo congelado con un mínimo espesor de 1,80 m, donde la temperatura fue inferior o igual a -6°C.

Las actividades comenzaron con la perforación de pozos de congelación. Uno de los dos puntos más importantes y delicados de los trabajos de congelación del suelo es la precisión del patrón de perforación. Se realizó con muy baja tolerancia (<1%) para tener una distancia correcta entre lanzas de congelación. La desviación de perforación fue debida a la presencia de barras de acero e inserciones de hormigón, principalmente, en el túnel noroeste (la zona del colapso). Durante la etapa de perforación cada lanza de congelación fue medida con un láser óptico denominado Maxibor. Los datos fueron examinados para comprobar en el diseño del modelo 3D la posibilidad de tener una brecha teórica en el cuerpo congelado. Finalmente, fue necesario instalar algunas tuberías adicionales. El importe total de estos últimos fue del orden del 10% del total de tuberías previstas.

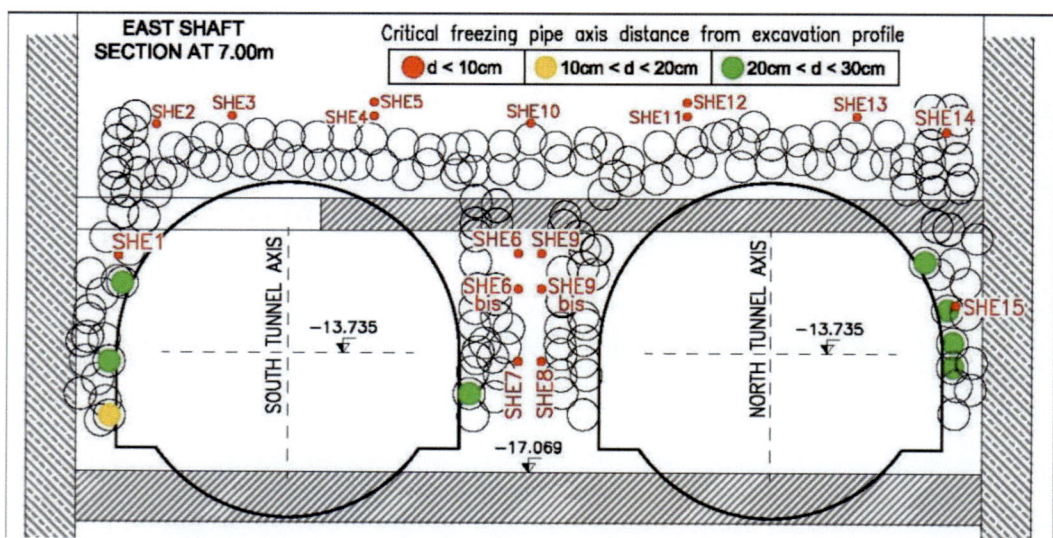

Figura 8-33 Desviación de las tuberías de congelación (Mira-Cattó, [62])

Se registraron los parámetros de perforación para comprobar la presencia de huecos residuales (que no se encontraron) y confirmar el perfil geológico, particularmente el nivel superior de la capa rígida de arcilla en la zona de la contrabóveda de los túneles. Como consecuencia de lo anterior, se agregaron dos nuevas lanzas de congelación en la base del uno de los lados de los túneles.

El segundo punto más importante de los trabajos de congelación del suelo fue el sistema de control de temperatura. El control de la temperatura del suelo se realizó mediante lecturas directas mediante sensores de temperatura introducidos en diferentes posiciones en tubos termométricos. Estos fueron colocados en diferentes secciones y distancias del eje de los tubos de congelación, para verificar con la mayor precisión posible, el gradiente térmico del suelo congelado. Los datos se registraron cada hora y se transmitieron a una unidad central de lectura y grabado.

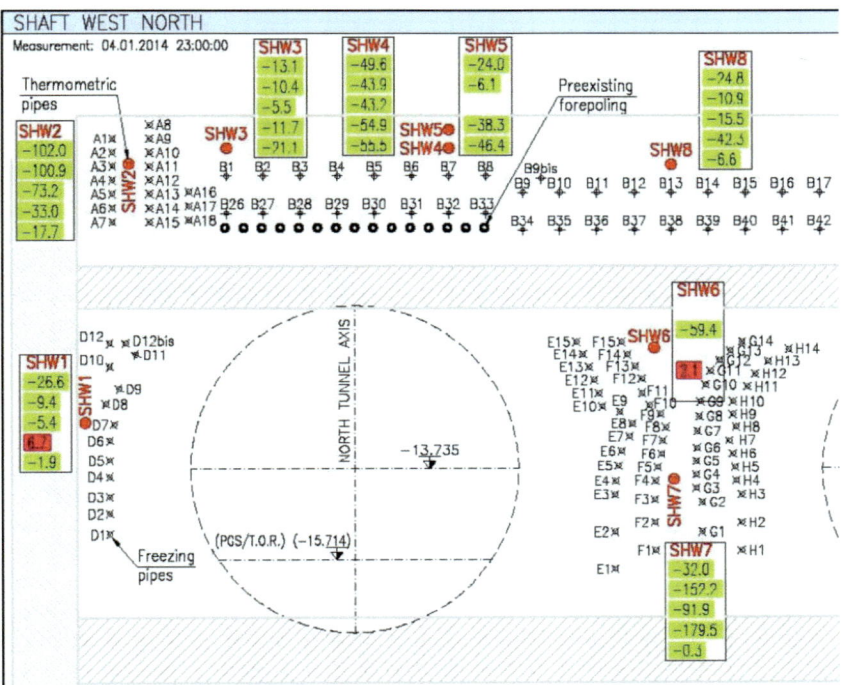

Figura 8-34 Sistema de monitoreo de la temperatura (en grados Celsius) (Mira-Cattó, [62])

Una vez finalizada la etapa I de congelación con nitrógeno líquido, se mantuvo la temperatura durante la etapa II haciendo circular salmuera en las mismas tuberías utilizadas para el nitrógeno líquido, esto es, con el sistema cerrado. El cambio de circuito tomó, aproximadamente, tres días para el túnel. La metodología se decidió entre el diseñador y la empresa, para minimizar la pérdida de volumen corporal congelado.

Durante la etapa de mantenimiento con salmuera, se realizaron las cuatro excavaciones de semi-túnel con el método tradicional, utilizando un martillo hidráulico y un cabezal de corte giratorio. El túnel en el lado norte fue el primero en completarse, seguido por el túnel sur.

Una vez alcanzado los paneles centrales de Wislostrada, los tubos de congelación verticales, ejecutados desde el túnel de Wislostrada, fueron acortados. La posición de corte se obtuvo comparando la posición detectada de los tubos de congelación y el perfil de excavación del túnel topográficamente estudiado. La secuencia de acortamiento se definió para minimizar la interrupción de la circulación de la salmuera en el circuito cerrado. Los grupos de congelación afectados fueron excluidos del circuito y, después del acortamiento, reincorporados al circuito principal.

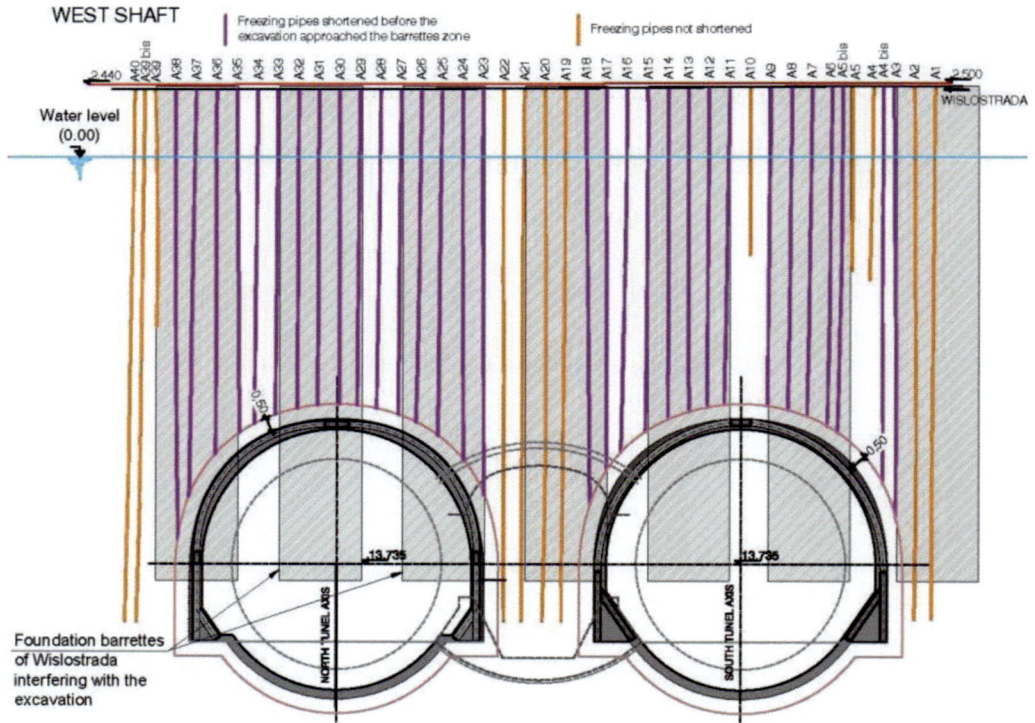

Figura 8-35 acortamiento de las tuberías de inyección (Mira-Cattó, [62])

Las temperaturas del terreno fueron monitorizadas diariamente durante las actividades de excavación. Empleando la salmuera para etapa de mantenimiento, el muro congelado se mantuvo estable sin variaciones significativas en el promedio de temperaturas del terreno.

Tras un levantamiento inicial producido tanto por la perforación con cemento como por las etapas de congelación, no se observó ningún asentamiento durante la excavación de los túneles. Después de cuatro meses desde la finalización de la excavación, los asentamientos variaron de 0,00 mm a 20,00 mm, dependiendo de la zona.

La etapa de congelación, excavación y revestimiento de cada túnel se inició paulatinamente y se realizó simultáneamente. La fase de perforación requirió dos meses. La finalización de cada túnel, desde la congelación hasta la ejecución del revestimiento de los túneles ha requerido otros tres meses. En total, la finalización de todas las obras duró nueve meses y medio.

9.PATOLOGÍAS

En los daños relacionados con las filtraciones de agua al interior de un túnel y los sistemas constructivos de reparación de estas patologías, resulta un factor principal de diferenciación en el tratamiento de esta es la ubicación, extensión y la intensidad de la filtración. Por ejemplo, un goteo escaso en un túnel que contiene equipos eléctricos o electrónicos sensibles puede requerir ser tratado de la misma manera que una filtración continua en un tú nel ferroviario. No obstante, ambos pueden requerir una rehabilitación del revestimiento. El tipo de reparación puede entonces no estar relacionado con la intensidad o tipo de filtración. Es por ello que, la razón para el diferente enfoque en la categorización es debido a los diferentes factores principales involucrados.

Las filtraciones en el interior de un túnel son la causa principal del deterioro del revestimiento de ese túnel y su propio control es capital para la protección de la estructura. Las cuatro categorías de los métodos de reparación necesarios para controlar o eliminar las filtraciones son las siguientes ([3]):

- **Métodos de Sellado Superficial**: Aplicado al intradós del revestimiento, se convierten en parte de la superficie del revestimiento.

- **Métodos de Conducción**: Aplicados en el intradós del revestimiento, donde es posible permitir un drenaje controlado o la canalización del agua hacia la contrabóveda del túnel y a lo largo el túnel; hacia un sumidero para su eliminación.

- **Rehabilitación del Revestimiento**: consisten en medidas adoptadas para establecer o restablecer la impermeabilización el revestimiento.

- **Eliminación en Origen**: consisten en adoptar medidas por fuera del revestimiento del túnel, en el terreno circundante.

Hay que reconocer que estas categorías de métodos definidos anteriormente pueden algunas veces adoptarse de forma simultánea o en combinación con otros métodos adicionales, desarrollados para condiciones específicas, pudiendo no ser totalmente identificados con una u otra categoría. Los métodos de sellado de filtraciones serán también variados dependiendo del tipo de revestimiento. La clasificación, sin embargo, facilitará el proceso de selección de las medidas de reparación apropiadas proporcionando un punto de referencia.

Una categoría adicional relacionada más con la prevención que con la reparación del daño causado por la intrusión de agua, comprende el uso de calor para reducir la actividad térmica y con ello reducir o eliminar el daño por helada.

Los Métodos de Sellado Superficial son sólo apropiados para el sellado de filtraciones de muy bajo caudal. Por lo general, implican la simple aplicación de productos patentados, aunque en estricta conformidad con las especificaciones del fabricante. Las otras tres categorías de métodos de reparación son más complejos en su aplicación, pues requieren gran habilidad y experiencia; estos se consideran con más detalle en secciones posteriores de este documento.

9.1 Rehabilitación del revestimiento de túnel dañado por filtraciones de agua

En este apartado se revisará el estado del arte de la rehabilitación de revestimientos de túnel afectados por filtraciones de agua. Las filtraciones de agua en túneles es la primera causa de daño al revestimiento, por lo que el tratamiento efectivo y la eliminación de este problema es de vital importancia para prolongar la vida útil de un túnel.

Los daños en el revestimiento que requieran la eliminación y sustitución de parte o su totalidad, sólo se podrán reparar cuando las filtraciones de agua se han controlado o eliminado. En consecuencia, este apartado se ocupa del sellado de grietas y juntas en el revestimiento del túnel, a través de las cuales tienen lugar las filtraciones; así como del sellado de revestimientos permeables.

En este tipo de trabajos, la selección del equipo y los materiales adecuados, así como el empleo de personal con experiencia, es indispensable para lograr un buen sellado del túnel. Estos aspectos serán analizados en detalle.

La selección de los equipos se deberá incluir en los planes de inyección o los trabajos de inyección. Estos equipos incluyen bombas, taladros y plantas de mortero. Para pequeñas cantidades, una bomba manual se ajustará mejor, mientras que para mayores cantidades se necesitará una bomba que funcione mediante aire comprimido o energía eléctrica. Los rangos adecuados de presión de trabajo de las bombas van desde 0,5 bar (8psi) a 20 bar (300psi) para la inyección de cementos y minerales. La inyección por otros medios requiere sistemas de alta presión de hasta 150 bar (2200psi). Algunas veces las inyecciones secundarias necesitan presiones de trabajo de hasta 250 bar (3600psi). Igualmente, se empleará una bomba de agua de alta presión para tratar y limpiar las grietas y superficies que van a ser inyectadas. Los taladros para la introducción de los accesorios se podrán perforar mediante una perforadora eléctrica de gran potencia. La selección de las plantas de procesado y mezcla dependerán de los materiales utilizados.

Los materiales de reparación se deberán elegir en función de las dimensiones y de los componentes de los materiales del revestimiento a reparar, el diseño estructural del revestimiento, y las características físicas de las fisuras, juntas y zonas húmedas. También se tendrá en cuenta el volumen a reparar, la disponibilidad del material y el coste. Se dispone de muchos productos para la reparación y sellado de las filtraciones y las reparaciones del revestimiento. No es posible abordar las especificaciones de todos estos productos (propiedad del fabricante en muchos casos) en estas recomendaciones. La Tabla 9-1muestra el uso de los materiales más comunes y normalmente empleados para la reparación de filtraciones.

Tabla.9-1: Empleo de materiales, de acuerdo a ZTV-Riss 88, [3]

Procedimiento a aplicar	Tipos de materiales para filtración de filtración según entidad de los flujos			
	Grado de filtración en coronación / fisuras			
	Seco	Húmedo	Flujo continuo	
			Libre	Con presión
Cierre	EP-perm	EP-perm[1]		
	EP-inj	EP-inj[1]		
	PUR-inj	PUR-inj	PUR-inj	PUR-inj[2]
	CP-inj	CP-inj	CP-inj	CP-inj[3]
	CS-inj	CS-inj	CS-inj	CS-inj[3]
Sellado	EP-inj	EP-inj[1]		
	PUR-inj	PUR-inj	PUR-inj	PUR-inj[2]
	CP-inj	CP-inj	CP-inj	CP-inj[3]
	CS-inj	CS-inj	CS-inj	CS-inj[3]
Unión rígida	EP-inj	EP-inj[1]		
	CP-inj	CP-inj	CP-inj	CP-inj[3]
	CS-inj	CS-inj	CS-inj	CS-inj[3]
Unión elástica	PUR-inj	PUR-inj	PUR-inj	PUR-inj[2]

Leyenda:

	EP-perM	Impregnación con resina epoxy
	EP-inj	Inyección con resina epoxy
	PUR-inj	Inyección con poliuretano
	CP-inj	Inyección con pasta de cemento
	CS-inj	Inyección con suspensión de microcemento

Subíndices: [1] Solamente en materiales tolerantes al agua
[2] inyectar previamente una espuma de actuación rápida
[3] disminuir previamente el flujo de agua

Todos los materiales empleados para detener las filtraciones de agua en un túnel entrarán en contacto con el agua del terreno y la lechada/inyección puede provocar una contaminación inaceptable. Así que deberán ser analizados y aprobados por las autoridades competentes; esto es, responsables de Agua y/o Salud pública, y/o Agencias de protección del medioambiente. Se debe destacar que el empleo de materiales de inyección nocivos y tóxicos, y de agentes que contengan dichos materiales, está prohibido dentro de las fronteras de la Unión Europea y otras jurisdicciones y deben ser evitados.

Los cementos de alto contenido en alúmina empleados para el sellado temporal de las filtraciones en el túnel no se deberán considerar como una reparación permanente para el revestimiento del túnel. Estos cementos de alto contenido en alúmina se degradan con el tiempo y no proporcionan una reparación aceptable a largo plazo.

Es fundamental que los materiales que formen la lechada sean compatibles con el material del revestimiento del túnel y todos sus componentes complementarios, tales como bandas waterstop, membranas impermeables y relleno de juntas. En resumen, las siguientes consideraciones de compatibilidad e idoneidad de los materiales de la lechada con importantes:

(i) Compatibilidad medioambiental de los materiales de la lechada.

(ii) Anchura de las grietas y/o juntas y/o el volumen a reparar

(iii) La compatibilidad de las propiedades del material de la lechada o inyección con las propiedades del revestimiento del túnel.

(iv) Resistencia al lavado por las aguas de filtración del terreno y la resistencia a ataques mecánicos o químicos

(v) Inyectabilidad del material elegido dentro de la superficie de la filtración

(vi) Propiedades y características reológicas de la mezcla

(vii) Distribución del tamaño de partícula (Sólo en cementos)

(viii) Estabilidad de la inyección a diferentes temperaturas, humedades y presiones

(ix)   Durabilidad y resistencia a largo plazo

(x)   Viscosidad de la lechada en las condiciones específicas de la localización; esto es, temperatura y humedad del aire

(xi)   Disponibilidad y coste de los materiales de la lechada

La viscosidad dinámica y cinemática de los materiales se deberá analizar en el laboratorio previa y periódicamente en la ubicación de los trabajos siguiendo los estándares apropiados. Una prueba muy sencilla se puede realizar siguiendo la DIN53211 o similar.

Para asegurar buenos resultados, es fundamental que los trabajos de rehabilitación sean llevados a cabo por trabajadores con cualificación adecuada; bajo la total supervisión de un ingeniero experto y su personal de campo.

9.2 Inyección de grietas

Para obtener los mejores resultados, la inyección o lechada debe rellenar toda la extensión de la grieta dentro de lo posible, así se proporcionará el mejor sellado a las filtraciones de agua, al mismo tiempo que restaurará la integridad estructural del revestimiento.

Para medir la profundidad de las fisuras en relación con el espesor del revestimiento se deberán llevar a cabo las investigaciones necesarias antes de proceder a la inyección. Esta información permitirá ubicar correctamente y con el ángulo optimo respecto a la superficie del revestimiento, los puntos de inyección del relleno (boquillas); a la vez que ayudará en la selección del tipo adecuado de válvula o packer. Si la grieta se extiende la totalidad del espesor del revestimiento (estructura totalmente agrietada), será necesario realizar más investigaciones del terreno alrededor del túnel para establecer el mejor método de inyección.

Las superficies de las fisuras se limpiarán, generalmente por agua a alta presión antes de la instalación de las válvulas. Los tipos de obturadores (packer) y válvulas empleadas dependen del método y el equipo empleado para la inyección. En ciertos tipos de grietas (la mayoría de las grietas abiertas), se podrán situar los puntos de inyección en la superficie del revestimiento; un test servirá para asegurar la idoneidad del sistema. La separación de los puntos de inyección dependerá de la viscosidad de la lechada empleada, la porosidad y dimensiones del revestimiento que va a ser inyectado. Si hay armaduras de refuerzo en la zona de la fisura, la ubicación de los taladros o puntos de inyección se deberá revisar para asegurar que no intercepten con la armadura.

El diámetro de los taladros se dimensionará para ajustarse a los puntos de inyección. El sellado de los puntos de inyección en los taladros se realizará mediante cementos de endurecimiento rápido. Se necesitará un punto de inyección más que los puntos de inyección necesarios para inyectar la fisura, siendo el último o el más alto para permitir la salida del aire. La superficie de la fisura se sellará con mortero de reparación o una mezcla de material especial de sellado. Antes de la inyección, la fisura se lavará con agua para limpiar y humedecer las superficies que serán inyectadas, eliminado los sobrantes de agua mediante aire comprimido.

La inyección de fisuras verticales se iniciará desde el punto bajo, ascendiendo secuencialmente hacia el punto más alto. Cuando se inyectan fisuras horizontales, la inyección se iniciará en un extremo de la fisura y se continuará progresivamente hasta el otro extremo. Tan pronto como la inyección salga por el siguiente punto de inyección, se detendrá la inyección y el punto de inyección se sellará. Entonces la inyección se moverá al siguiente punto y se reiniciará el proceso. La presión de inyección se mantendrá en el último punto de inyección un tiempo mínimo que aseguré la totalidad del relleno antes de detener la inyección y sellar el punto de inyección.

Al finalizar el relleno y después de que la lechada haya fraguado, los puntos de inyección se quitarán y se sellarán usando mortero de cemento Portland endurecido. Si es necesario, el mortero de sellado de la superficie del revestimiento se podrá sanear empleando una fresadora, y se podrá aplicar un mortero específico para parcheados que mejorará la apariencia de la superficie del hormigón.

A título informativo, en Gran Bretaña, un túnel ferroviario de vía estrecha presentaba goteo en varios puntos a lo largo del eje. Las filtraciones se detuvieron mediante la inyección de lechadas especiales entre las dovelas y en las fisuras del hormigón.

9.2.1. Reparación de grietas empleando mortero de cemento

Las grietas con un rango de apertura entre 0,5 mm y 3mm que pueden ser las típicas de grietas de retracción, pueden ser inyectadas empleando una suspensión o pasta de cemento Portland. Se puede emplear pasta de cemento Portland en masa o pasta con estabilizadores, los estabilizadores incluyen bentonita, relleno puzolánico o cenizas volantes. También se pueden añadir aditivos especiales para la expansión de la lechada y/o mejorar la aplicabilidad de la misma. Para optimizar la mezcla de la lechada se realizarán algunas series de ensayos. Solamente se añadirá arena de grano fino para estabilizar la lechada cuando se inyecte en grandes huecos.

La pasta se fabricará en turbo-mezcladora, que sirve para disolver los granos de cemento. La inyección de la pasta se iniciará usando una ratio medio de agua/cemento (a/c ratio) a baja presión. Cuando la inyección se ha completado y se haya comprobado, podría ser necesario realizar más tandas de inyección. En la segunda ronda, se podrá recomendar una relación de agua cemento baja y alta presión de inyección. La separación de los taladros de inyección para Cemento Portland o una lechada a temperaturas sobre 20ºC es normalmente de 0,1 m (4 pulgadas) en un hormigón con gran porosidad, 0,15m en hormigón proyectado y hormigón de porosidad media, y 0,3 m en hormigón de alta calidad de baja porosidad.

9.2.2 Reparación de grietas empleando inyecciones de microcemento

Las inyecciones de microcemento Portland se desarrollaron a principios de los años 80, con una distribución controlada del tamaño de partícula (tamaño máximo de grano d95<16µm), que se puede emplear para rellenar grietas estrechas o fisuras menores de 0,25 mm (1/100 pulgadas). Las inyecciones son por sí mismas menos permeables que la pasta o suspensiones de cemento, han mejorado la durabilidad y una resistencia parecida a las inyecciones químicas, no son tóxicas y pueden ser aplicadas empleando equipos y tecnología de inyecciones de cemento normal. Sin embargo, la inyección endurecida es rígida y frágil y no puede tolerar ningún movimiento.

Las grietas estrechas de menos de 0,5 mm (2/100 pulgadas) son normalmente grietas estructurales causadas por la sobretensión del revestimiento del túnel debido a sobrecargas estáticas o dinámicas. La investigación del proceso de fallo deberá incluir un análisis de las cargas en el revestimiento y la historia del caso. Movimientos, desplazamientos, impactos, asentamientos del terreno, variaciones de temperatura, etc.., pueden ser las causas del agrietamiento, y necesitarán ser estabilizados y tratados antes de que se inicie la inyección. De lo contrario, será esperable que el agrietamiento continúe.

Además del sellado de filtraciones a través de las grietas, la inyección de la lechada sirve para restaurar la integridad estructural del revestimiento mediante el pegado de las caras de la fisura. Se dispone de diferentes tipos de microcemento; en los casos donde los áridos del hormigón son susceptibles de reacciones alcalinas, se deberán emplear cementos de bajo nivel alcalino.

La preparación de las grietas superficiales y las características de los puntos de inyección deberían ser los mismos que los descritos en el siguiente apartado. La estabilización de la suspensión, el equipo empleado, y los procedimientos generales para la inyección se describen más adelante. La inyección no se realizará a temperaturas por debajo de 10 ºC (50ºF) y la ratio agua/cemento debería ser los más bajo posible para reducir la retracción y proporcionar una lechada de gran resistencia.

En caso de haber un gran aporte de agua, es necesario el pretratamiento de la grieta para prevenir el lavado de la lechada. En Japón, un túnel revestido y con diferentes grados de filtraciones, fue tratado con éxito mediante una preinyección de material sellante para reducir el flujo de agua y la obturación de las grietas antes de la inyección.

9.2.3 Reparación de grietas empleando resinas de Epoxy.

Las resinas Epoxy son normalmente mezclas sensibles, y no se pueden emplear en grietas que presentan fugas activas (desde el goteo hasta el flujo continuo) que no se pueden secar. La eficacia de la inyección se reducirá significativamente por presencia de agua o contaminación conformada por sedimentos o polvo en la parte inferior de la grieta.

El uso de resinas epoxy se podrá recomendar exclusivamente para el relleno de grietas secas o húmedas.

9.2.4 Reparación de grietas usando inyecciones químicas.

Las lechadas químicas están compuestas normalmente de dos o más componentes (uretano, sodio, sílice y acrilamida) que se combinan para formar un gel, un precipitado sólido o una espuma. Las inyecciones químicas son particularmente apropiadas para el sellado de grietas estrechas de hasta 0,05mm (0,002 pulgadas) y son adecuadas para el uso en condiciones húmedas.

Las inyecciones de Poliuretano incorporan elementos catalizadores especiales que pueden ser usados como un sistema mono componente, que reaccione rápidamente con el agua, formando una espuma que aumenta 4 veces su volumen. Éstas son particularmente útiles para el sellado inicial de un flujo constante de agua a través de una grieta. Para mejorar los resultados, es necesario realizar una gran cantidad de pruebas para optimizar los procedimientos de sellado, incluyendo la selección de presiones de inyección, temperatura, y ajustes de tiempo. La lechada de espuma no es totalmente rígida y se puede adaptar a pequeños movimientos durante las posteriores inyecciones de lechada para rellenar la grieta completamente.

La mezcla de lechadas químicas se puede realizar empleando una pala o un mezclador de pintura para pequeñas aplicaciones. La bomba de inyección debe tener una capacidad por encima de los 300 bars (4350 psi) y debe ser capaz de mantener la presión en un rango estrecho, cumpliendo con los test de prueba realizados antes de iniciar la inyección. Para grandes reparaciones es útil disponer de una bomba de acero inoxidable especialmente adaptada que permita la alimentación simultanea de los dos componentes.

La preparación de las grietas, la colocación de los puntos de inyección y el sellado de la superficie agrietada antes de comenzar con las operaciones de inyección se describe ampliamente en el Apartado 9.6. La separación de los puntos de inyección varía normalmente de 0,1 m (4 pulgadas) para la inyección en hormigón denso de buena calidad hasta los 0,30 m (12 pulgadas) para mampostería. En caso de flujo de agua constante a través de las grietas el procedimiento de inyección seguirá los siguientes pasos:

- Inyectar la grieta con una inyección de mono componente de uretano para formar una espuma al instante, lo que disminuirá la velocidad y cantidad de agua de las filtraciones

- Inyección de una segunda tanda de lechada que incluye uretano formado por dos o más componentes para formar una resina elástica blanda, que rellenará las grietas. La espuma colocada en la primera fase de la inyección será comprimida. La nueva inyección unirá las dos caras de la grieta y creará el sellado.

En algunos casos podría ser necesario realizar una tercera tanda de inyecciones. Esto puede ocurrir cuando el agua confinada en los poros del hormigón reacciona con la resina inyectada en la segunda fase para formar una espuma que causa la perdida de la unión entre la resina y el revestimiento. Está reducción de la unión puede permitir el reinicio de la filtración de agua a través de la grieta. La tercera tanda de la inyección incluirá una lechada de poliuretano de dos o más componentes que normalmente necesitará un aumento de las presiones de inyección de hasta 250 bares (3600psi). Mientras estas presiones no son perjudiciales para el hormigón sano, se debe tener cuidado para asegurar que no se dañe revestimiento, especialmente en el caso de antigua mampostería de piedra o revestimientos de ladrillos.

La ventaja de las lechadas de poliuretano es el amplio rango de aplicaciones, en las que pueden ser empleadas. En el caso de los materiales de poliéster, la química del sistema de resina puede ser diseñada mediante la variación de la relación de las proporciones de resina / catalizador para proporcionar un material con un rendimiento de mezcla y curado fácil y fiable. La viscosidad de las resinas de uretano puede variar, en función de la velocidad de bombeo y la presión de inyección; bajas velocidades disminuyen la viscosidad y viceversa. Por otro lado, altas velocidades de bombeo combinados con la inyección de grandes cantidades de material disminuyen la penetración de la resina ya que entra en contacto con el agua que se filtra.

La desventaja de emplear una lechada de uretano es la necesidad de llevar a cabo un amplio programa de ensayos en el laboratorio e in situ, para optimizar la mezcla de materiales y los procedimientos de inyección. Además, es necesario emplear un equipo cualificado y con experiencia para completar el sellado exitosamente. También se deberá tener en cuenta que algunos de los materiales actualmente empleados son tóxicos, cáusticos o combustibles (Ver capítulo 7). Por lo tanto, es importante asegurar que las condiciones medioambientales del túnel no se ven afectadas negativamente por el uso de lechadas químicas. Tampoco es posible definir la resistencia a compresión y tensión de la lechada endurecida, que podrá ser importante a la hora de confirmar la integridad estructural del revestimiento reparados.

Ha habido varios ejemplos de aplicaciones de lechadas químicas con éxito:

- Australia ha informado de la obtención de buenos resultados en la detección de las filtraciones en un túnel, mediante el empleo de una inyección combinada de Poliuretano y resinas Epoxy.

- Dos túneles de metro en Bélgica fueron sellados mediante el empleo de un poliuretano mono componente reactivo al agua.

- La junta de construcción entre la losa y los hastiales en una autopista alemana fue sellada empleando tuberías de inyección para inyectar una lechada de Poliuretano monocomponente reactivo al agua. El material se modificó para proporcionar baja viscosidad, penetración profunda y propiedades de alta resistencia.

- En Japón se han empleado inyecciones de dos fases de Poliuretano y resinas Epoxi para sellar revestimientos de túneles.

- Muchos túneles de USA fueron tratados con éxito mediante la perforación de taladros de 5/8 de pulgadas, equipados packers y obturadores e inyectando espumas de poliuretano reactivas agua, aplicadas 2 ó 3 veces hasta que Poliuretano limpio salía de las grietas.

9.3 Reparación de juntas con filtraciones

Las juntas de construcción de revestimientos de hormigón encofrado varían en el diseño desde una simple junta lisa a una junta machihembrada sin adherencia o machihembrada con adherencia y sellado. La junta sellada puede incorporar varias juntas waterstop. La reparación de las juntas de construcción se debería partir de un análisis de los planos de construcción del revestimiento para confirmar la disposición de las juntas y la localización de las juntas waterstop y las armaduras.

En caso de goteo en las juntas de construcción, que incorporan juntas waterstop, la mayoría de las veces el problema está asociado con una mala compactación del hormigón alrededor de la junta waterstop. La ubicación del punto específico de entrada del agua es complicada, ya que el agua tiende a recorrer toda la junta. En la mayor parte de los casos, se tiene que tratar toda la longitud de la junta.

La reparación de juntas rígidas de construcción con o sin adherencia en su plano, se puede llevar a cabo mediante la inyección de cemento Portland o una suspensión de microcemento y, en el caso de juntas húmedas, generando una acanaladura que se extiende a ambos lados de la junta y en toda su longitud, que posteriormente se rellenará y sellará.

La impermeabilización de otros tipos de juntas de construcción, particularmente aquellas con juntas waterstop, se hará preferiblemente empleando lechadas químicas. La inyección de la lechada se realizará a través de taladros separados alrededor de 0,1m (4 pulgadas) a lo largo de la longitud de la junta, ajustando la ubicación de los taladros para evitar las armaduras. En una junta con waterstop interior, se deberá alternar la profundidad de los taladros, así los agujeros pares finalizarán antes de la junta waterstop, mientras que los demás la atravesarán. De esta manera la lechada podrá sellar los dos lados de la junta completamente. En algunos casos las juntas de construcción están equipadas con juntas waterstop en la cara exterior del revestimiento del túnel. En este caso los taladros de inyección se localizan a menos de 0,1 m (4 pulgadas) de la junta de expansión, teniendo en cuenta cualquier variación en el espesor del revestimiento para evitar atravesar la junta de expansión. En todos los casos la separación adoptada en los puntos de inyección, la viscosidad de la lechada y la presión de inyección se deberá confirmar mediante pruebas y ensayos de campo para asegurar el relleno completo y sellado de la junta.

Las juntas de dilatación permiten movimientos en el revestimiento del túnel, causados por la retracción o cambio de temperatura. El diseño de las juntas es parecido al de las juntas de construcción, sin embargo, a menudo incorporan un relleno de junta, que actúa rompiendo la continuidad de la estructura, que después se recubre con un material de sellado colocado a lo largo de la superficie de la junta. El método de sellado tal y como está descrito en esta sección no es adecuado para las juntas de construcción en revestimiento teniendo un espesor de más de 0,30 m (1 pie). Estas juntas se sellarán más eficazmente empleando técnicas de inyección por impregnación.

Con el objetivo de sellar las filtraciones en las juntas dilatación, es necesario eliminar el relleno y el material de sellado. Antes de iniciar la inyección, se aplicará un pegamento especial de sellado alrededor de la superficie de la junta para contener la lechada. La mejor manera de evaluar la separación de los taladros de inyección, la inclinación de los taladros respecto a la superficie de revestimiento, el tipo y viscosidad de la lechada, y las presiones de inyección, es una amplia campaña de ensayos.

En general una buena práctica constructiva es el relleno completo de las juntas, aunque el alcance de la inyección puede variar en función de la presión y la cantidad del flujo de agua, la presencia de huecos y poros en el hormigón.

En los casos en los que es importante adaptarse a los movimientos de las juntas, el exceso de lechada se deberá limpiar de la junta después de finalizar la inyección, y se deberá sustituir el relleno junto con el adhesivo y la superficie de sellado.

Hay dos informes alemanes en los que se trata la aplicación de espuma de poliuretano e inyecciones de epoxi en dos túneles. En el primero, un túnel ferroviario en funcionamiento con filtraciones de agua a través de las juntas, en el cual una gran parte de las juntas se consiguieron sellar. Algunos de los puntos de entrada del agua no se consiguieron sellar según los requerimientos establecidos por el propietario, Deutsche Bahn AG [30], que era un nivel de estanqueidad Clase 1 (completamente seco). En el segundo de los casos que incluía dos túneles de autopista, las juntas de construcción y expansión no se consiguieron sellar adecuadamente, incluso después de tres tratamientos: algunas de las juntas siguen filtrando. En este último caso, el nivel de agua se encuentra hasta 30 metros sobre la clave del túnel, y esto junto con unas condiciones de squeezing alrededor del túnel, son los posibles motivos por lo que no se ha conseguido un sellado efectivo del túnel.

9.4 Sellado de fisuras mediante inyecciones en túneles en roca.

El procedimiento empleado para sellar filtraciones por fisuras en túneles en roca, que ha sido excavada y no tratada, es parecido al empleado para sellar grietas mediante inyecciones en túneles con revestimiento de hormigón. Actualmente se emplean principalmente dos tipos de materiales; geles y resinas con base de Poliuretano; y cementos Portland y microcemento. Con anterioridad al desarrollo de las suspensiones de microcemento, solamente se empleaba cemento Portland al que se añadían aditivos para la trabajabilidad, tales como Bentonita.

Para lograr un buen sellado de las fisuras en roca, es importante la unión de los materiales inyectados y la superficie de la roca. Cada localización es única y se debe analizar a través de un programa de ensayos. Estos ensayos tendrán en cuenta la presión de entrada del agua a través de las fisuras. El ancho de la fisura determinará las propiedades de los materiales que formarán la inyección. Para asegurar una aplicación efectiva de la inyección y evitar la obstrucción anticipada de la inyección antes de finalizar, el tamaño máximo de partícula de la inyección no debe ser mayor a un tercio del ancho de la fisura.

Para conseguir la distribución deseada de las partículas de la inyección o la resina dentro de la fisura de la roca, y para determinar la presión de inyección necesaria, se realizarán ensayos especiales para analizar las propiedades reológicas de la suspensión de microcemento, o las propiedades de la resina. En fisuras extremadamente finas, la selección de la lechada se limitará a suspensiones de microcemento o inyecciones químicas.

Ensayar la permeabilidad de la roca es útil para obtener unos rangos de impermeabilización adecuados. La colocación de los packers y el sellado del vértice de la fisura durante la inyección dependerá de los ensayos antes mencionados y del reconocimiento realizado. Una vez obtenidos los resultados del reconocimiento, el procedimiento para realizar la inyección debería seguir lo descrito en el apartado 6.5.3 para la inyección de suspensiones de microcemento, o en la sección 6.5.5 para la inyección de lechadas químicas; si son aplicables.

9.5 Rehabilitación de zonas húmedas en revestimientos de hormigón mediante inyecciones de impregnación.

Las zonas húmedas en los revestimientos de túneles provienen generalmente de malas cualidades del revestimiento como falta de compactación, mala selección de los áridos, o juntas frías dentro del revestimiento; todas ellas aumentan la porosidad del revestimiento.

Dependiendo de la presión hidrostática en el hormigón, hay diferentes métodos de tratamiento. A bajas presiones, el sellado de la superficie se puede realizar mediante parches de mortero. Si la presión hidrostática es de media a alta, una inyección de impregnación mediante lechada puede sellar la filtración. Para este propósito se dispone de dos tipos de lechadas. Estas son las resinas epoxi, tolerantes al agua, o los materiales basados en uretano.

El primer paso del proceso de inyección es el confinamiento de las zonas húmedas respecto al contorno impermeable de hormigón sano. El diseño de la barrera impermeable que confinará la inyección depende del espesor del revestimiento y la viscosidad de la lechada. La barrera se construirá mediante la inyección de lechada a través de 2 filas de taladros alrededor de la zona húmeda. La separación entre filas y taladros rodeando la zona húmeda será aproximadamente la misma. Entre estas alineaciones, se instalará en la zona húmeda un esquema sencillo de taladros equiespaciados. La profundidad de los taladros para la inyección, que formará la barrera, normalmente variará entre el 40 y el 80% del espesor del revestimiento. Los taladros para la inyección de impregnación dentro de la zona limitada por la barrera se pueden perforar alternativamente a una profundidad del 60-75% del espesor de la barrera. Cuando se están tratando revestimientos armados, está claro que es muy importante ajustar la colocación de los taladros para evitar el cruce con las barras. Después de la inyección, se sellará la superficie del revestimiento considerando un solape de 0,5 m (20 pulgadas) hacia el exterior de la barrera impermeable, empleando un pegamento especial resistente al agua y una mezcla selladora. La inyección se iniciará en un taladro de la fila exterior de la barrera siguiendo progresivamente por los taladros de la fila exterior, después por los de la columna interior que forma la barrera. Si hay agua filtrándose o fluyendo en la zona húmeda, se realizarán inyecciones, posiblemente empleando una inyección de uretano monocomponente que reaccione al agua para disminuir el flujo de agua. Al acabar esto, se llevará a cabo la inyección progresiva en la zona húmeda para completar el sellado. Con la excepción de los casos para sellar las filtraciones de agua activas o flujos, la lechada química adecuada contiene un material multicomponente basado en el uretano.

Para finalizar la inyección, la superficie del tratamiento se podrá sanear mediante fresado, y se restaurará la superficie mediante la aplicación de un parche de mortero, si el acabado de la superficie es importante.

9.6 Eliminación de la filtración en origen

Las filtraciones en túneles pueden provenir tanto de la infiltración del terreno como del vertido de cualquier líquido transportado por el túnel. El tipo de filtración más común son las infiltraciones desde el terreno, que ocurren en túneles ferrocarriles, carreteros o peatonales. Las filtraciones hacia el exterior del túnel ocurren normalmente en conducciones a alta presión en centrales hidroeléctricas, acueductos y conducciones de saneamiento. En general y particularmente respecto a los flujos hacia el exterior, las filtraciones se controlarán mediante el uso de técnicas de reparación de hormigón tal y como describe en el apartado anterior.

Sin embargo, en casos extremos o donde el flujo de agua ha creado una vía para el transporte del suelo o la roca alrededor del túnel, es necesario el empleo de sistemas de tratamiento del terreno, ya sea, para restaurar la integridad estructural del suelo y roca, o para crear una zona impermeable alrededor del túnel. Esto es un tema muy extenso y especializado, que es por lo general específico de cada sitio.

Este apartado solamente considera las infiltraciones de agua hacia el túnel y los métodos más comunes para el tratamiento del suelo y roca alrededor del mismo, identificando los procedimientos de inyecciones más habituales para la eliminación de los flujos de agua del terreno en su origen.

9.6.1 Inyecciones en suelos

El método de inyección en suelos depende del tipo y permeabilidad del terreno. Antes de la selección del método de inyección y el tipo de lechada a emplear, se llevará a cabo un amplio programa de exploración para determinar las propiedades del suelo. Este programa de exploración es parecido al empleado para el diseño de túneles, con la excepción que se debe de prestar más atención a la determinación de la distribución del tamaño de grano y la permeabilidad del suelo.

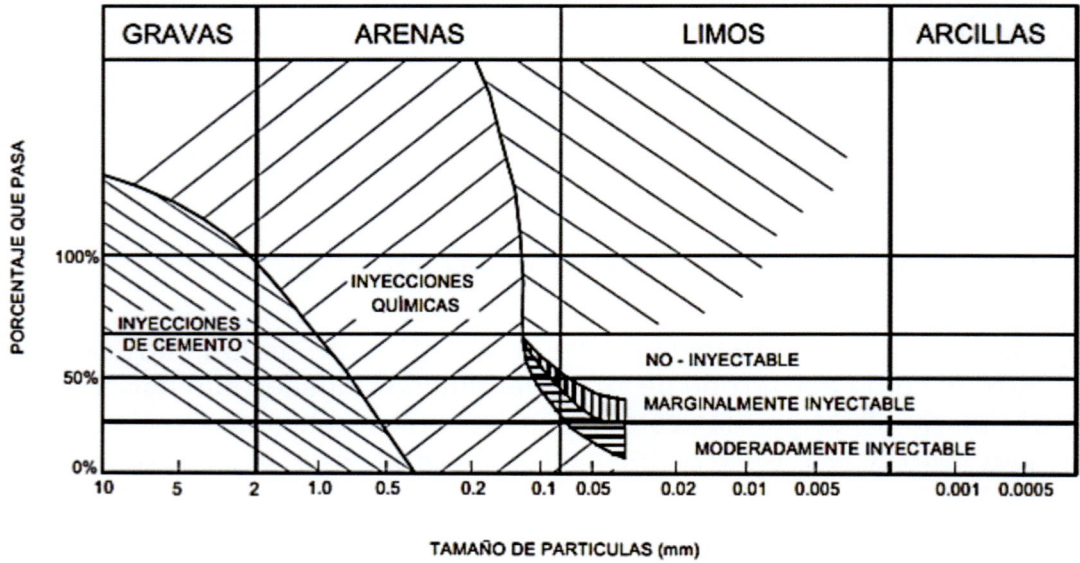

Figura 9-1 Rangos de tamaño de grano para suelos inyectables

La influencia de la distribución del tamaño de grano en la inyectabilidad del suelo fue estudiada por Baker,[6] y se muestra en la Figura 9-1. El programa de investigación deberá incluir el uso de trazadores para determinar las conexiones del área que va a ser inyectada y la de la estructura que se va a proteger. Una vez que se conoce la distribución granulométrica y la permeabilidad, se puede elegir el método más apropiado para una ubicación específica y el material de inyección para la reducción de permeabilidad.

9.6.2 Métodos de inyección.

Los métodos de inyección en suelos para controlar las filtraciones se engloban en tres categorías básicas:

- Inyecciones de impregnación

- Inyecciones de desplazamiento

- Inyecciones de sustitución

Las inyecciones de impregnación son el método más empleado actualmente. En este método la inyección es bombeada a presión y se emplea para rellenar los huecos y los poros en el suelo.

Las inyecciones de desplazamiento (inyecciones de compactación) consisten en la inyección de lechada a gran presión para desplazar el suelo existente y así "compactar" el mismo y rellenar la superficie generada mediante una lechada de cemento.

Las inyecciones de sustitución (jet grouting) consisten en el empleo de jets de alta presión para desplazar el suelo en una localización puntual y sustituir el suelo con lechada de cemento.

La selección del método que se va a emplear se hará al mismo tiempo que la selección del tipo de lechada. En general la inyectabilidad de los suelos está determinada por el porcentaje de finos (porcentaje que pasa por el tamiz 200). Gularte,[37] tomó los métodos definidos anteriormente, relacionándolos con la distribución granulométrica del suelo para definir qué método era normalmente empleado para la reducción de la transmisividad.

La Figura 9-2 muestra la relación entre los métodos de inyección y la distribución del tamaño de grano. Las líneas horizontales (flechas) muestran el grado de éxito de la inyección en relación con la granulometría.

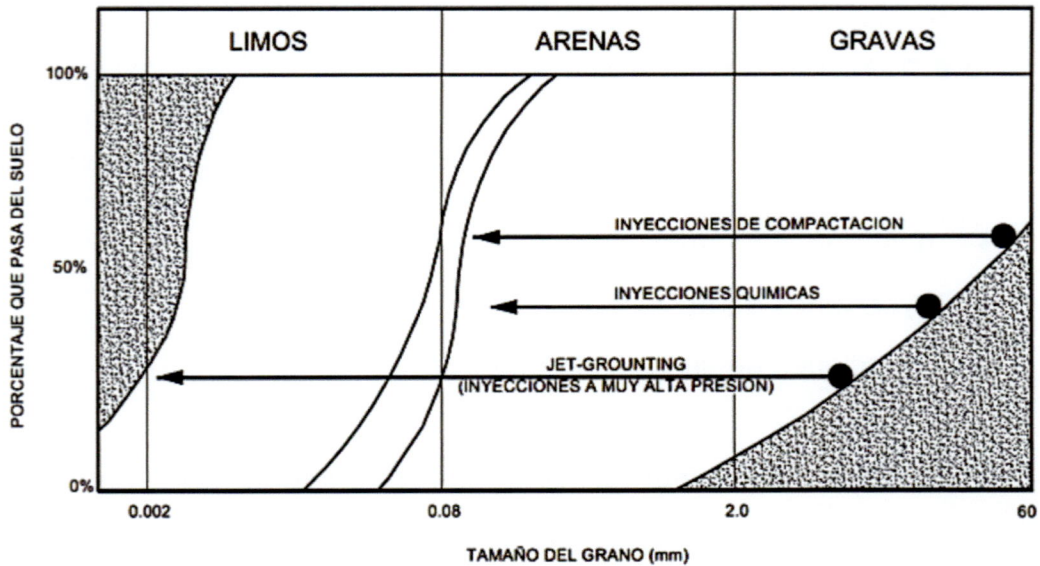

Figura 9-2 Método de inyección según el tipo de suelo.

9.6.3 Inyecciones en roca

Las inyecciones en roca para sellar todo tipo de fisuras y huecos del macizo ha sido una técnica empleada normalmente en estados unidos y Europa en el último siglo. Durante este tiempo el proceso no ha cambiado mucho, sin embargo, el uso de nuevas inyecciones químicas y de partículas ha mejorado la técnica de la inyección en roca y ha conseguido que el sellado de huecos en el macizo rocoso sea más efectivo y eficiente.

La inyección de lechada en el macizo rocoso necesita métodos de perforación más sofisticados que la inyección en revestimientos de túneles. El equipo empleado para la perforación de los taladros (boquillas) se divide en tres tipos básicos:

- **Baja velocidad de rotación/Alto par de rotación**: un equipo de perforación con un gran par, que emplea el empuje de la corona para el progreso del taladro. Este sistema emplea gran tipo de coronas de perforación ajustados al tipo de roca, de cara a perforar a la profundidad indicada y para la inyección de la lechada. Este sistema se emplea para taladros de gran diámetro, normalmente mayores de 100 mm.

- **Alta velocidad/ bajo par de rotación**: se trata de perforadoras de pequeño diámetro que emplean coronas testigueras de diamante. Este sistema se emplea a menudo para obtener muestras de roca para ensayos y se emplea en perforaciones de hasta 100mm.

- **Percusión rotativa**: consiste en la ejecución del taladro mediante el empleo de un martillo de percusión. Este sistema emplea tanto con el martillo montado en fondo o en cabeza, el cual se coloca en la parte inferior de la sarta de perforación y aire comprimido. Se emplean brocas con insertos en botón o pastilla en cruz, y el taladro progresa mediante el impacto de la broca contra la roca.

La selección del método de trabajo adecuado para perforar el taladro hasta la zona que va a ser inyectado depende de la geología del macizo rocoso, la intensidad de la filtración, la disponibilidad de equipos y el costo de la operación de perforación. Hay tres métodos básicos, así como descrito en Bruce, [17] que son las más comúnmente empleados:

- Descendente (fases descendentes) con packer en la parte superior de la perforación

- Descenso con packer en el fondo de la perforación

- Ascendente (fases ascendentes)

Las inyecciones en fases descendentes se emplean donde la roca es débil o altamente fracturada, y necesita ser consolidada en la superficie, antes de la inyección a alta presión en las zonas más profundas. Esto implica la perforación del taladro de inyección a una profundidad específica, colocando el packer en la parte superior del agujero e inyectando antes de la perforación del taladro a una profundidad mayor y repitiendo el proceso. La lechada se lava habitualmente tras primera inyección con objeto de minimizar la reperforación en las sucesivas fases. Algunos profesionales inyectan las siguientes fases con el packer en la parte superior del taladro. Sin embargo, se considera preferible que el packer para cada una de las siguientes fases se localice en el fondo de la fase anterior.

Con las inyecciones en fases ascendentes, el taladro se perfora directamente a la profundidad indicada, antes de iniciar la inyección. La inyección se lleva a cabo en diferentes fases, comenzando con el packer situado en la parte superior de la fase más profunda de inyección. Cuando esta fase se haya inyectado hasta rechazo y la presión se haya disipado, el packer se desplaza a la parte de arriba de la fase superior, repitiéndose el proceso.

9.6.3.1 Selección de lechada

Las lechadas disponibles para inyección, para detener filtraciones y para sellado de hormigones, mampostería y roca de revestimiento en túneles, son de dos tipos:

- Lechadas de partículas

- Lechadas químicas

Las inyecciones de partículas consisten en materiales cementantes, a menudo modificados con cenizas volantes y otros aditivos químicos. Todas las inyecciones de partículas tienen baja toxicidad y no son flexibles después del curado. La falta de flexibilidad es motivo de necesidad de posibles reinyecciones, en caso de que la estructura sufra desplazamientos.

Las propiedades más comunes de las inyecciones de partículas se presentan en la Tabla 9-2. Las inyecciones de partículas se emplean para inyecciones de desplazamiento e inyecciones de sustitución del suelo y roca cercanos. También se emplean para sellar fisuras abiertas en la roca matriz y estabilizar el macizo rocoso.

Las lechadas de partículas se inyectan normalmente con una bomba de pistones o desplazamiento. La mezcla de la lechada depende de la permeabilidad del macizo, flujo de agua, tiempo de curado deseado, y los condicionantes medioambientales de la roca que va a ser inyectada. La separación de los taladros de inyección debe ser diseñada para asegurar la impregnación total de la zona que va a ser inyectada.

La inyección se desarrolla a menudo en numerosas fases con objeto de permitir un fraguado inicial de la lechada, mientras se controla la cantidad de lechada empleada. La presión de inyección depende de la profundidad por debajo del nivel de agua a la que se realizará la inyección y de la permeabilidad de la roca que será inyectada.

Sin embargo, se debe tener cuidado durante la inyección de la lechada para evitar la hidrofracturación del sostenimiento en el proceso de inyección.

Tabla.9-2: Comparación de las propiedades de los materiales de inyección.

Descripción	Viscosidad	Toxicidad	Resistencia	Observaciones
Inyecciones de partículas				
Cenizas tipo F;C	Alta (50cps-2:1)	baja	alta	Rígida
Cemento Tipo I	Alta (50cps-2:1)	baja	alta	Rígida
Cemento Tipo III	Media (15cps-2:1)	baja	alta	Rígida
Microcemento	Baja (8cps-2:1)	baja	alta	Rígida
Microcemento /silicatos	Baja (10cps-2:1)	baja	alta	Rígida
Bentonita	Alta (50cps-2:1)	baja	alta	Rígida
Inyecciones químicas				
Acrilamidas	Baja (2:1)	Alta	baja	Flexible
Acrilatos	Baja	Baja	Alta	Flexible,Pocas posibilidades de exito
Silicatos	Baja (6 cps)	Baja	Alta	No flexible, alta retracción
Lignosulfonatos	Media (8cps)	Alta	Baja	Flexible, alto coste
Poliuretano (MDI)	Alta (100cps)	Media	Baja	Flexible, poca retracción, reactiva al agua
Poliuretano (TDI)	Alta (300 cps)	Media	Baja	Flexible

9.6.3.2 Lechadas químicas

Las lechadas químicas son las que presentan un mayor éxito en el sellado de filtraciones en revestimientos del túnel ocasionadas por infiltraciones desde el terreno. Estas lechadas tienen varios niveles de libertad después de su curado. La viscosidad de la lechada va desde 1cps hasta 300cps. La lechada a emplear es una decisión específica función de la localización y ubicación de cada problema. En general el empleo de una lechada química específica se basa en su capacidad de penetrar adecuadamente la roca o suelo en que va a ser inyectada. La Tabla 9.2 compara algunas de las lechadas químicas más comunes y su capacidad para penetrar suelos y roca en términos de viscosidad, así como presentar otras características tales como toxicidad, resistencia y flexibilidad.

No se debe recomendar el empleo de componentes tóxicos en las lechadas debido al riesgo de contaminar seriamente el agua presente en el terreno con la que entra en contacto.

Las lechadas químicas se inyectan normalmente mediante el uso de bombas de pistón y, en el caso de lechadas multicomponentes, se emplean bombas de pistón, con mezcla en 2 fases, o de desplazamiento. El tipo de bomba dependerá de los requerimientos del fabricante de la lechada y la profundidad a la que la lechada se va a inyectar. Las lechadas químicas se deben poder mezclar fácilmente, y presentar un tiempo de fraguado o gelificación controlable, no ser tóxicas ni corrosivas, ni explosivas; y catalizar con las sustancias más empleadas y ser insensibles a los componentes que normalmente se encuentran en el agua.

Las lechadas químicas se emplean en inyecciones en suelos y roca, donde el empleo de lechadas de partículas no es efectivo debido a la baja permeabilidad del material que se va a inyectar. Normalmente se emplean en arenas finas, limos y suelos arcillosos, y en algunos casos en roca fracturada. En general el coste de las lechadas químicas es mayor que en el de las lechadas de partículas, por lo que no se emplean normalmente a excepción de los casos donde las lechadas de partículas no son efectivas. Las lechadas químicas (poliuretano) se han empleado ampliamente en la aplicación de inyecciones de impregnación para la reparación de túneles ferroviarios en los Estados Unidos y Europa, en localizaciones con actividad sísmica y donde es necesaria una reparación flexible.

El control de la infiltración de agua en los túneles y estructuras subterráneas es un proceso complejo. Se deben tener en cuenta muchos elementos para el control con éxito de estas. La intención de este capítulo es concienciar de que no hay una solución universal para el control de las filtraciones. La selección del método apropiado y la operativa para controlarlas resultan específicos de cada caso concreto.

10. BIBLIOGRAFÍA

[1].   ADIF, 2002: "Línea de alta velocidad a Asturias. Proyecto básico de los túneles de Pajares".

[2].   AETOS, 2018. "Mantenimiento y reparación de obras subterráneas". Guía técnica AETOS, Asociación Española de Túneles y Obras Subterráneas. Madrid.

[3].   AITES-ITA, 2001. "Study of methods for repair of tunnel linings. Etude des methodes la reparation des revetements des tunnels". Working Group nº 6 maintenance and repair. Groupe de Travail nº 6 entretien et repair. Report and Document. Final edition.

[4].   Asencio, Luis E., 2011. "Pantallas continuas de hormigón armado, excavadas con cuchara bivalva". Nota técnica. Especialista de la Dirección de Producción. Geotecnia y Cimientos S.A.

[5].   Atlas Copco. https://atlascopco.com

[6].   Baker, W. H., 1992. "Jet grouting in geotechnical engineering", American Society of Civil Engineers, New York.

[7].   Bayón, E., 2005. "El drenaje de los túneles. Implicaciones constructivas y medioambientales". Ingeotúneles 10. Capítulo 5. U.D. Proyectos E.T.S.I. Minas. Universidad Politécnica de Madrid. Carlos López Jimeno (ed.).

[8].   Batu, V. Aquifer Hydraulics. John Wiley & Sons, Inc. USA. 1988

[9].   Bauer. https://www.directindustry.es/prod/bauer-maschinen-gmbh/product-59203-875325.html

[10].   Bear, J., 1972. "Dynamics of Fluids in Porous Media".

[11].   Bear, J. and Dagan, G. 1964. Some exact solutions of interface problems by means of the hodograph method. Jur. Geophysical Research. 69, 2, 1563-1572

[12].   Bell, F.G. (1993). "Engineering treatment of soils". E & F Spon, Londres.

[13].   Bickel, 1996. "The tunnels engineering handbook", Second edition, Chapman hall, New York.

[14].   Bielza, A., 1999. "Manual de técnicas de tratamiento del terreno". Grupo de Proyectos de ingeniería. E.T.S.I. Minas. Universidad Politécnica de Madrid. Carlos López Jimeno (ed.), 432 pp.

[15].   Boulton, N.S. (1954) The Drawdown of the Water Table under Non-Steady Conditions near a Pumped Well in an Unconfined Formation. Proceedings of the Institute of Civil Engineers, 3, 564-579.

[16].   Bransby Williams, G. (1922). Flood discharge and the dimensions of spillways in India. The Engineer (London) 121: 321-322

[17].   Bruce, D.A., 1999. "Rock grouting contemporary concepts in materials, methods, and verification, proceedings", ASCE Geo-Institute, University of Illinois.

[18].   Bouwer, H. 1969. Theory of seepage from open channels, in Advances in Hydroscience. Vol 5, 121-172, Ven Te Chow, Ed. Academic Press, New York

[19].   Bouwer, H. 1978. Groundwater Hydrology. McGraw-Hill Inc., New York

[20].   Caron, C., 1982. "The state of grouting in the 1980's, grouting in geotechnical Engineering". American Society of Civil Engineers, ASCE. New York. pp:346-358.

[21].   Cooper, H.H. and C.E. Jacob, 1946. A generalized graphical method for evaluating formation constants and summarizing well field history, Am. Geophys. Union Trans., vol. 27, pp. 526-534.

[22].   Castanedo, F.J., 2009. "Drenaje e impermeabilizaciones". Módulo de excavaciones subterráneas. Máster de ingeniería geológica. Tema XIII. Facultad de Ciencias Geológicas. Universidad Complutense de Madrid.

[23].   Ciria, 1979. "Report on tunnel waterproofing". London, UK.

[24].   Ciria, 1979. "Tunnel Waterproofing Report, nº 81". Construction industry research information and association, London, UK.

[25].   Colombo, G, 2010. "Il congelamento artificiale del terreno negli scavi della metropolitana di Napoli: valutazioni teoriche e risultati sperimentali". Rivista italiana di Geotecnica 4/2010

[26].   Cuéllar, V. "Inyecciones por fracturación e inyecciones de impregnación". Laboratorio de Geotecnia del CEDEX. Ministerio de Fomento. Madrid.

[27].   Dagan, G. 1989. Flow and Transport in Porous Formations. Springer-VErlag, Berlin

[28].   Dagan,G. and Bear, J. 1968. Solving the problem of interface upconing in coastal aquifers by the method of small perturbations. Jour. of Hydraulic Research. 6,1,15-44

[29]. Dupuit, J, 1863. Études Théoriques et Pratiques sur le Mouvement des Eaux dans les Canaux Découverts et à Travers les Terrains Perméables. Dunod, Paris

[30]. Der bundesminister fur verkehr, abteilung strassenbau, (the federal minister of transport, section road construction): ztv-riss 88ds 853, 1993. "Eisenbahntunnel planen, bauen und instandhalten [planning, building, and maintenance of railway tunnel]", Karlsruhe: Deutsche Bahn Ag.

[31]. DIN 53211, issue 04, 1974. "Test of paint materials, determination of the time of effusion with". DIN-CUP no. 4.

[32]. Fomento Construción y Contrata: "Estación de Sol Renfe Cercanías. Madrid" Informe técnico 117, 2010

[33]. Garshol, K., 2012. "Preinyecciones de excavación para túneles en roca". Meyco global underground, Division of BASF construction chemicals ltd., (Switzerland). Actualizado y traducido por Hartmunt Claussen.

[34]. Gioda, G. and Desideri, A. 1988. Some numerical techniques for free surface seepage analysis. In Proceedings of the 6th international Conference on Numerical Methods in Geomechanics , Innsbruck, Austria, 11-15 April. Edited by G.Swoboda, Balkema, Rotterdam, vol.1 , pp 71-84

[35]. González de Vallejo, L.I., et al., 2002. "Ingeniería Geológica". Editorial Pearson Eeducación, S.A.

[36]. Guerra, J.C, 2018. "Mecánica de suelos. Conceptos básicos y aplicaciones". Dextra editorial, S.A. Madrid.

[37]. Gularte, F.B., 1989. "Grouting practice for shafts, tunnels, and underground excavations". Sort course notes, University of Wisconsin-Milwakee.

[38]. Hantush, M.S. and C.E. Jacob, 1955. Non-steady radial flow in an infinite leaky aquifer, Am. Geophys. Union Trans., vol. 36, no. 1, pp. 95-100.

[39]. Hong Kong's civil engineering and development department. 2021 "Geotechnical manual for slopes" available in https://www.cedd.gov.hk/eng/publications/geo/geo-gms/index.html

[40]. Hubbert, M. 1953. Entrapment of petroleum under hydrodynamic conditions. Bulletin of American Association of Petroleum Geologist. Vol 37, 1954-2026

[41]. Hubbert, M.K. 1987. Darcy's law: its physical theory and application to entrapment of oil and gas, in History of geophysics. Vol 3, 1-26, C.S. Gilmor, Series Editor, AGU, Washington, DC.

[42]. Escribano, M., Mataix, C. y López Jimeno, C., 2015. "Manual de aspectos ambientales de los túneles". Grupo de Proyectos de ingeniería. E.T.S.I. Minas. Universidad Politécnica de Madrid. Carlos López Jimeno (ed.).

[43]. Ferrer, S.L. http://ferrersl.com

[44]. Forchheimer, P. 1930. Hydraulik. Teubner Verlagsgesellschaft, Stuttgart.

[45]. Haack, Dr. Alfred, 1985. "Wasserundichtigkeiten bei unterirdischen bauwerken [leakages in underground facilities], forschung + praxis, u-verkehr und unterirdisches bahn". Albafachverlag Deusseldorf, Germany.

[46]. Haack, Dr, Alfred, 1993. Ds 853, "Eisenbahntunnel planen, bauen und instandhalten [planning, building and maintaining of railway tunnels]". Detsche Bahn Ag., Germany.

[47]. Haack, Dr. Alfred., 1991. "ITA report: water leakages in subsurface facilities; required watertighness, contractual matters, and methods of redevelopment, tust", Pergamon press vol. 6, no 3, pp. 273-282.

[48]. Hantush, M. S., C. E. Jacob, Nonsteady radial flow in an infinite leaky aquifer, Eos Trans. AGU, 361, 95–100, 1955.

[49]. Harr, M.E. 1962. Ground water and seepage. McGraw-Hill Inc., New York

[50]. IGME 2003, Instituto Geológico y Minero de España. https://info.igme.es/cartografiadigital/geologica/Magna50.aspx

[51]. ISCHEBECK IBÉRICA, "Sistema de agotamiento de agua WELLPOINT". http://www.ischebeck.es/assets/files/agotamientoagua/Cat%C3%A1logo%20Wellpoint%2016022012.pdf

[52]. Jacob, C.E. 1963. Correction of Tawdowns caused by a pumped well tapping less than the full thickness of an aquifer. In: Bentall, R. (ed.): Methods of determining permeability, transmissibility and drawdown. U.S.Geol.Survey, Water Supply Paper 1536-1:272-282.

[53]. Jiménez Salas, J.A. (1982) "Conclusiones. Simposio sobre uso industrial del subsuelo". Madrid. T-2. Ponencias y Discusiones. 127-143.

[54]. Jiménez Salas, J.A. y A.A. Serrano (1984) "Condiciones geotécnicas del túnel bajo el Estrecho de Gibraltar". Revista de Obras Públicas. Julio – Agosto. 553-553.

[55]. Karol, R.H. 1990. "Chemical grouting", Second edition, Marcel Dekker, New York.

[56]. Kuesel, T.R., 1982. "The tunnel engineering handbook", Van Nostrand Reinhold Co. New York.

[57]. Kvarner,J., Snilsberg P,2008: "The Romeriksporten railway tunnel — Drainage effects on peatlands in the lake Northern Puttjern area, Engineering Geology" Volume 101, Issues 3–4, Pages 75-88, ISSN 0013-7952, https://doi.org/10.1016/j.enggeo.2008.04.002.

[58]. Lawson, C. 1982. "Filter Criteria for geotextiles: Relevance and use" Journal of Geotechnical Engineering Volume 109, Issue 12

[59]. Lembo Fazio, A. and R. Ribacchi, 1984: "Influence of seepage on tunnel stability", in Design and Perfoman of Underground Excavations. ISRM Symp. Cambridge. Ed. By E.T. Brown and J.A. Hudson, 173-182.

[60]. Martí, J.V., González, F., Yepes, V., 2004. "Temas de procedimientos de construcción. Mejora de terrenos". Editorial de la Universidad Politécnica de Valencia. ref. 2004.844.

[61]. Menard: Soil Mixing https://menardoceania.com.au/technique/soil-mixing/

[62]. Mira-Cattó, F. Pettinaroli, A.M.R., Rovetto, E., 2016: "Ground freezing combined method for urban tunnel excavation". DFI-India: 6th conference on deep Foundation Technologies for Infrastructure Development in India IIEST Shibpur-Kolkata, India

[63]. Mitchell, J.K., 1981. "Soil improvement: state of the art". Department of Civil Engineering. University of California.

[64]. Moench, A.F., 1985. Transient flow to a large-diameter well in an aquifer with storative semiconfining layers, Water Resources Research, vol. 21, no. 8, pp. 1121-1131.

[65]. Molina, C., 2015. "Soluciones de tablestacado en la construcción de un emisario subfluvial en Ciudad de la Costa (Uruguay)". Ischebeck Ibérica, S.L.

[66]. Muskat, M. 1937. The Flow of Homogeneous Fluids through Media, McGraw-Hill Inc. , New York. Reprinted by J.W. Edwards, Ann Arbor, 1946

[67]. Neuman, S. P. (1972). Theory of flow in unconfined aquifers considering delayed response of water table. Water Resources Research, 8(4), 1031–1045

[68]. Oteo, C.S.,1982: "Presiones de agua sobre el túnel en el caso de solución drenada". Coloquio Internacional sobre la factibilidad de una comunicación fija a través del Estrecho de Gibraltar. Madrid. Secegsa. 719-726

[69]. Pérez Valcárcel, J.B., 2004. "Excavaciones urbanas y estructuras de contención". Ediciones Cat. Colegio Oficial de Arquitectos de Galicia.

[70]. Papadopulos, I.S. and H.H. Cooper, 1967. Drawdown in a well of large diameter, Water Resources Research, vol. 3, no. 1, pp. 241-244.

[71]. Piskunov, N. Cálculo integral y diferencial. Editorial Mir. Moscú, Rusia 1977

[72]. Polubarinova-Kochina, P.YA. 1962. Theory of Ground Water Movement. Translated from the Russian by J.N. Roger de Wiest, Princeton University Press, Princeton, NJ.

[73]. Powers, J.P., 1992. "Construction dewatering: new methods and applications". Ed. Wiley et al., New York.

[74]. Preene, M., Roberts, T., Powrie, W., 2016. "Groundwater control – design and practice", 2nd edition. Construction industry research and information association, Ciria report c750, London.

[75]. Quintero Sagre, J. " Hidràulica de pozos". Curso internacional de manejo y protección de acuíferos. Universidad Nacional de Colombia. Santafè de Bogotá. Agosto 1994

[76]. RODIO KRONSA, "Trenchmix". https://www.rodiokronsa.es/exclusivas/trenchmix/

[77]. Resulima, "ACHIQUES DE AGUA DEL NIVEL FREATICO EN SEVILLA". https://www.empresadesatascossevilla.es/2015/08/achiques-de-agua-del-nivel-freatico-en-sevilla.html

[78]. Rojas,S. 2009: "Tuneles" Universidad de las Andes.

[79]. Russel, H.A., 1988. "The inspection and rehabilitation of transit tunnels". Parson Brinckerhoff Quade & Douglas, inc. New York.

[80]. Sanger f.j., Sayles f.h. (1979) – Thermal and rheological computations for artificially frozen ground construction. Engineering Geology, n. 13, pp. 311-337

[81]. Santos, A., Martínez, JM, García, J.L. & Garrido, C., 2000. "Sistema de mejora prefijada del terreno compatible con movimientos milimétricos del entorno". Libro homenaje a José Antonio Jiménez Salas. Geotecnia en el año 2000, Ministerio de Fomento, Madrid, pp: 217-225.

[82]. Secretaría de obras y Servicios. Gaceta Oficial del Distrito Federal., 1995 "Normas técnicas complementarias para instalaciones de abastecimiento de agua potable y drenaje. No. 300. Tomo X

[83]. Schneebeli, G., 1974. "Muros pantalla. Técnicas de realización. Métodos de cálculo". Editores Técnicos Asociados, S.A. Barcelona.

[84]. Soletanche-Bachy. https://www.soletanche-bachy.com/es/nuestras-soluciones/

[85]. Sterrett, R. J. 2007. Groundwater and Wells, 3rd edition. New Brighton: Johnson Screens

[86]. Su, K. and Wu, H. 2017 "An Analytical method for groundwater inflow into a drained circular tunnel", Groundwater Doi. 10.1111/gwat.12513

[87]. Taylor, D. 1961. Principios fundamentales de Mecánica de suelos. Continental Publicaciones.

[88]. Thiem, G., 1906, Hydrologische Methoden: Leipzig, Germany, J.M. Gebhardt, 56 p.

[89]. Theis, C. V. (1935). The relation between the lowering of the piezometric surface and the rate and duration of discharge of a well using ground water storage. Transactions - American Geophysical Union, 16(3), 519–524

[90]. Tomlinson, M.J., 1982. "Diseño y construcción de cimientos". Urmo, S.A. de Ediciones, Bilbao, 825 pp.

[91]. Ward, W.H., and M.J. Pender, 1981. Tunnelling in soft ground - General Report, 10th. ICSMFE, Stockholm, 19-52.

[92]. Welch, P., 1984. "Control of water infiltration by injection techniques for underground transportation structures", American Public Transit Association conference.

[93]. Winterkon, H.F. & Pamukcu, S., 1991. "Soil stabilization and grouting", Foundation engineering handbook, Van Nostrand, New York, pp: 317-369.

[94]. Yepes, V. (2016). "Procedimientos de construcción de cimentaciones y estructuras de contención". colección Manual de referencia. Editorial Universitat Politècnica de València, 326 pp., 480 pp.

[95]. Yepes, V. (2020). "Procedimientos de construcción de cimentaciones y estructuras de contención". Colección Manual de Referencia, 2ª edición. Editorial Universitat Politècnica de València, 480 pp. Ref. 328. ISBN: 978-84-9048-903-1.

[96]. Yussuf, S.M, Chauhan, H.S., Kumar, M., and Srivastava, V.K.1994. Transient canal seepage to sloping aquifer, Jour. Irrigation and Drainage Engineering. Asce, Vol. 120, No.1, 97-109

[97]. UNE-EN 12715:2021: Ejecución de trabajos geotécnicos especiales. Inyección.

[98]. Manzano, E. (2017). "Congelación del terreno para la ejecución de túneles bajo "cut-and-cover" existente en el Metro de Varsovia". Grupo Terratest. 17ª Jornadas Técnicas SEMSIG-AETESS.

Imagen contracubierta: "Presa de Frieira", Pontevedra. (Noviembre 2007)